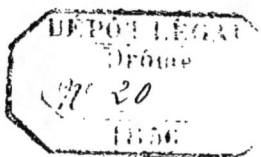

LA SCIENCE

DES FONTAINES.

S

Avis.

Tout exemplaire de cet ouvrage non revêtu de la signature ou de la griffe de l'auteur, sera réputé contrefait.

LA SCIENCE
DES FONTAINES

OU

MOYEN SUR ET FACILE DE CRÉER PARTOUT

DES SOURCES D'EAU POTABLE

Par **M. J. DUMAS**

Membre du Corps enseignant.

VALENCE

CHEZ E. FAVIER ET Cie

LIBRAIRES-ÉDITEURS, GRAND'-RUE.

1856.

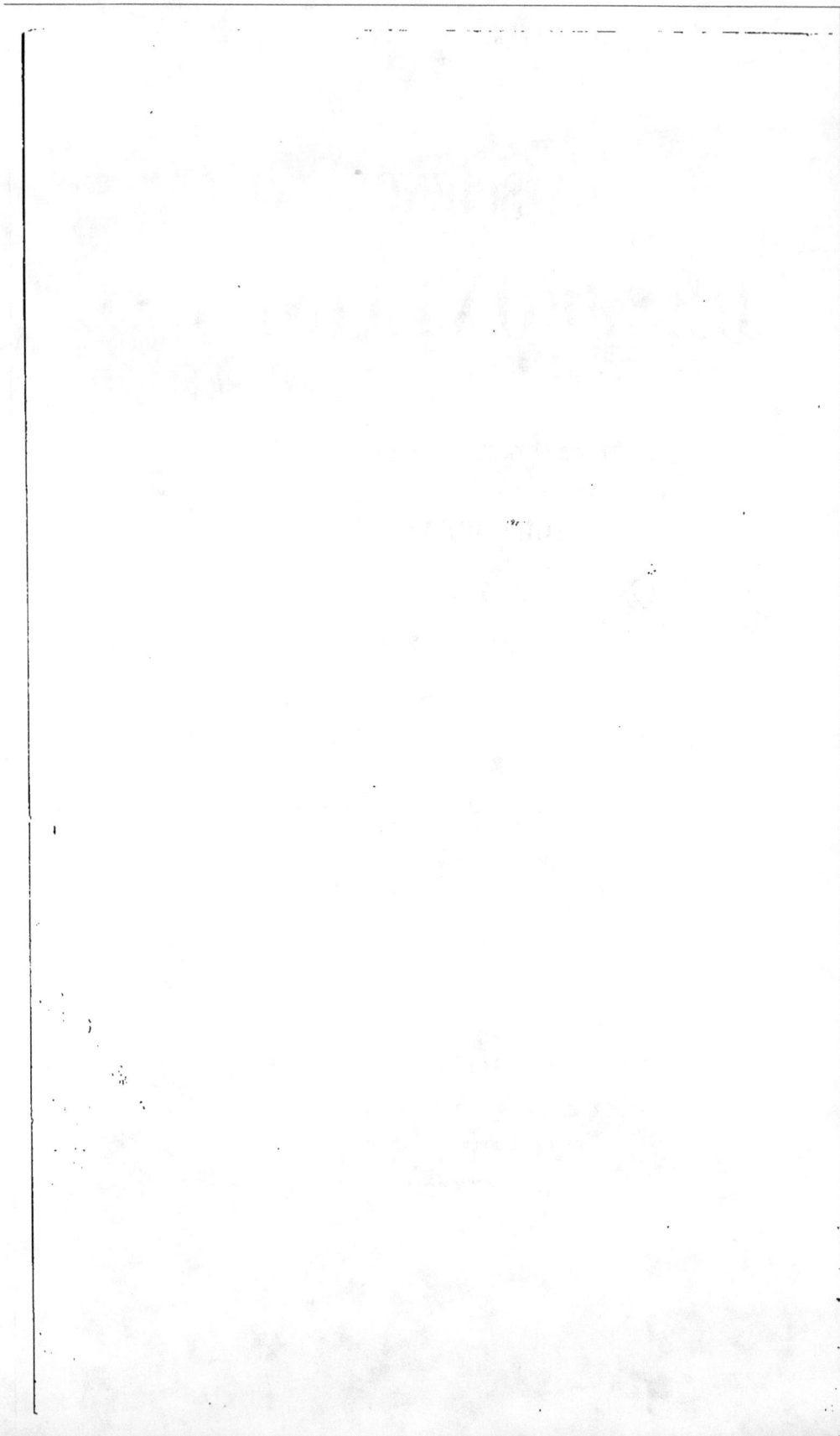

PRÉFACE.

—o·o&o·o—

Le livre que nous offrons au public est un ouvrage d'utilité générale.

1° *Son utilité est incontestable;* car les applications du système de Fontaines qu'il renferme doivent donner de l'eau potable, qui est le fluide le plus nécessaire à la vie, après l'air que nous respirons.

2° *Son utilité est générale;* car les applications du système ne sont pas restreintes à quelques localités particulières, mais elles peuvent s'étendre généralement dans le monde entier, et en particulier dans toutes les contrées où il pleut de temps en temps par précipitations un peu considérables.

Partout où il pleut de temps à autre, l'application de notre système donnera de l'eau.

Dans les localités en pente et dominées, ou par des collines ou par des montagnes présentant des vallées plus ou moins larges, notre système donnera des Fontaines jaillissantes et à jet permanent.

Dans les pays plats qui ne sont pas dominés par des montagnes ou par des collines, ou par quelques plateaux, notre système donnera des Fontaines permanentes dont la fidélité ne se démentira jamais. Toutefois, ces Fontaines ne jailliront pas, elles resteront tranquilles et cachées sous le sol, comme la Fontaine de *Molins* (Jura).

Notre livre est fait pour toutes les localités qui manquent d'eau et de moyens faciles d'en obtenir; or le nombre de ces localités est très-grand. Car, pour ne parler que de notre pays, nous trouvons en France une quantité prodigieuse de points qui sont, presque chaque année, véritablement désolés par le manque d'eau nécessaire aux usages domestiques.

Pourtant, la France, en fait de sources, de Fontaines, de ruisseaux, de rivières, etc., est la contrée du monde qui a été la plus largement dotée par la nature. Elle possède environ 9,000 cours d'eau qu'une main providentielle semble y avoir distribués à dessein, dans toutes les directions, et dont plus de 200 sont des rivières navigables ou flottables. Eh bien! dans cette belle contrée, si riche en eaux courantes, combien ne compte-t-on pas de villes, de villages, d'habitations rurales non agglomérées qui manquent d'eau pendant une bonne partie de l'année?

Que ne doit-on pas dire des contrées moins favorisées que la France? Le nombre des sites qui sont privés d'eau est incalculable.

C'est pour toutes ces localités en souffrance que nous avons travaillé. L'application de notre système leur assurera largement et au delà du nécessaire, de l'eau potable de première qualité, et même des moyens divers d'irrigations, d'où résultera le bien-être pour une foule d'habitations aujourd'hui trop à plaindre.

Créer de véritables Fontaines naturelles et permanentes dans les localités qui sont totalement déshéritées de sources et qui sont éloignées des cours d'eau, et augmenter le nombre des Fontaines naturelles déjà existantes dans certaines localités moins dépourvues; tel est le but de notre système.

Tous les hommes éclairés, tous les hommes de bien, tous ceux qui, par les fonctions qu'ils remplissent ou par l'autorité dont ils sont investis, exercent de l'influence sur les populations, sont invités à répandre et à populariser ce livre, afin que notre système général de Fontaines produise le plus grand bien possible. Par cette invitation, nous croyons les convier à une œuvre méritoire; parce que nous sommes persuadé qu'il résultera un bien immense de la propagation de ce système de Fontaines.

Ce système général de Fontaines que nous publions étant fondé sur les raisonnements de la science, nous avons dû rappeler certains phénomènes physiques qui trouvent leur application dans les développements de notre théorie; en sorte que cette théorie n'est qu'une déduction des principes scientifiques actuellement admis.

Pour la rédaction des diverses parties de cet ouvrage nous avons puisé aux meilleures sources; nous avons suivi les auteurs (*) qui sont le plus au-

(*) Arago, Bailly, Biot, Elie de Beaumont, Bouchardat, Deguin, Desmarest, Despretz, Francœur, Gay-Lussac, Mariotte, Parmentier, Perrault, Person, Rozet, Saigey, etc., etc.

niveau de la science actuelle ou dont les ouvrages ont trait plus ou moins directement au sujet qui nous occupe; et *principalement nous avons consulté la nature.*

Nous livrons au public le résultat de plus de vingt années d'études, de longues méditations et de très-nombreuses recherches.

Nous n'avons pas cru nécessaire de faire observer dans le cours de cet ouvrage que le moyen sûr et facile que nous développons pour créer des Fontaines nouvelles, ne doit pas être confondu avec le drainage; on comprendra aisément, par le peu de mots que nous allons dire, ce qui distingue ces deux procédés.

Le drainage est une invention qui remonte à une antiquité probablement très-reculée; il a été connu des anciens, car plusieurs auteurs latins en font mention; entre autres Palladius, dans son livre *de re rusticá,* 5ᵉ siècle de l'ère chrétienne.

Le drainage est donc un procédé ressuscité des anciens, qui depuis quelques années seulement est employé avec succès en Angleterre, en Ecosse, etc., pour l'assèchement des terres qui souffrent d'un excès d'humidité, afin de rendre ces terres propres à la culture.

Cette méthode, fort intéressante sans doute, qui a déjà produit beaucoup de bien, et qui paraît destinée à rendre d'immenses services, diffère essentiellement de notre système de Fontaines.

En effet, le système général de Fontaines que

nous publions *est nouveau*. Il *n'a été pratiqué ni indiqué nulle part*, que nous sachions, et, bien différent du drainage, il crée des Fontaines permanentes ou même des moyens d'irrigations, *dans les localités qui manquent de sources, ou dans les terres qui souffrent d'un excès de sécheresse.*

Notre théorie est donc nouvelle, et nous pouvons ajouter qu'elle possède le mérite de l'actualité ; car, depuis quelques années, on a reconnu tous les avantages qui sont amenés dans une population par des Fontaines permanentes fournissant de l'eau potable au delà du nécessaire. Aussi, dans plusieurs localités, des travaux immenses ont été déjà exécutés pour obtenir de l'eau courante; et sur beaucoup d'autres points des travaux analogues sont en voie d'exécution. Tous les jours , dans une multiplicité de communes on interroge le sol çà et là, on cherche des sources par divers moyens , on demande des Fontaines à la terre. Bientôt ce désir naturel et bien légitime de se procurer de l'eau potable, sera excité par l'exemple de proche en proche , et se manifestera jusque dans les moindres villages, ou même dans les simples habitations rurales.

Nous devons ajouter aussi que nous nous sommes efforcé de rendre notre travail accessible à toutes les intelligences, et en même temps le plus complet sur cette matière, afin que notre livre réponde pleinement au titre que nous lui avons donné.

Enfin, la lecture attentive de ce livre démontrera que notre but est d'éclairer les esprits sur le fait capital des Fontaines naturelles, et, par la création de Fontaines nouvelles faites à l'instar de celles de la nature, de venir en aide, de procurer de la bonne eau potable et même des moyens d'irrigations aux villes, aux communes rurales, aux habitations agglomérées ou non agglomérées que la soif tourmente depuis des siècles.

TABLE MÉTHODIQUE DES MATIÈRES.

⊷⊶⊰⊙⊶⊙⊱⊷⊶

Livre Premier.

NOTIONS PRÉLIMINAIRES.

Livre Quatrième.

ORIGINE DES FONTAINES NATURELLES.

Livre Cinquième.

CRÉATION DE FONTAINES NATURELLES.

LIVRE PREMIER.

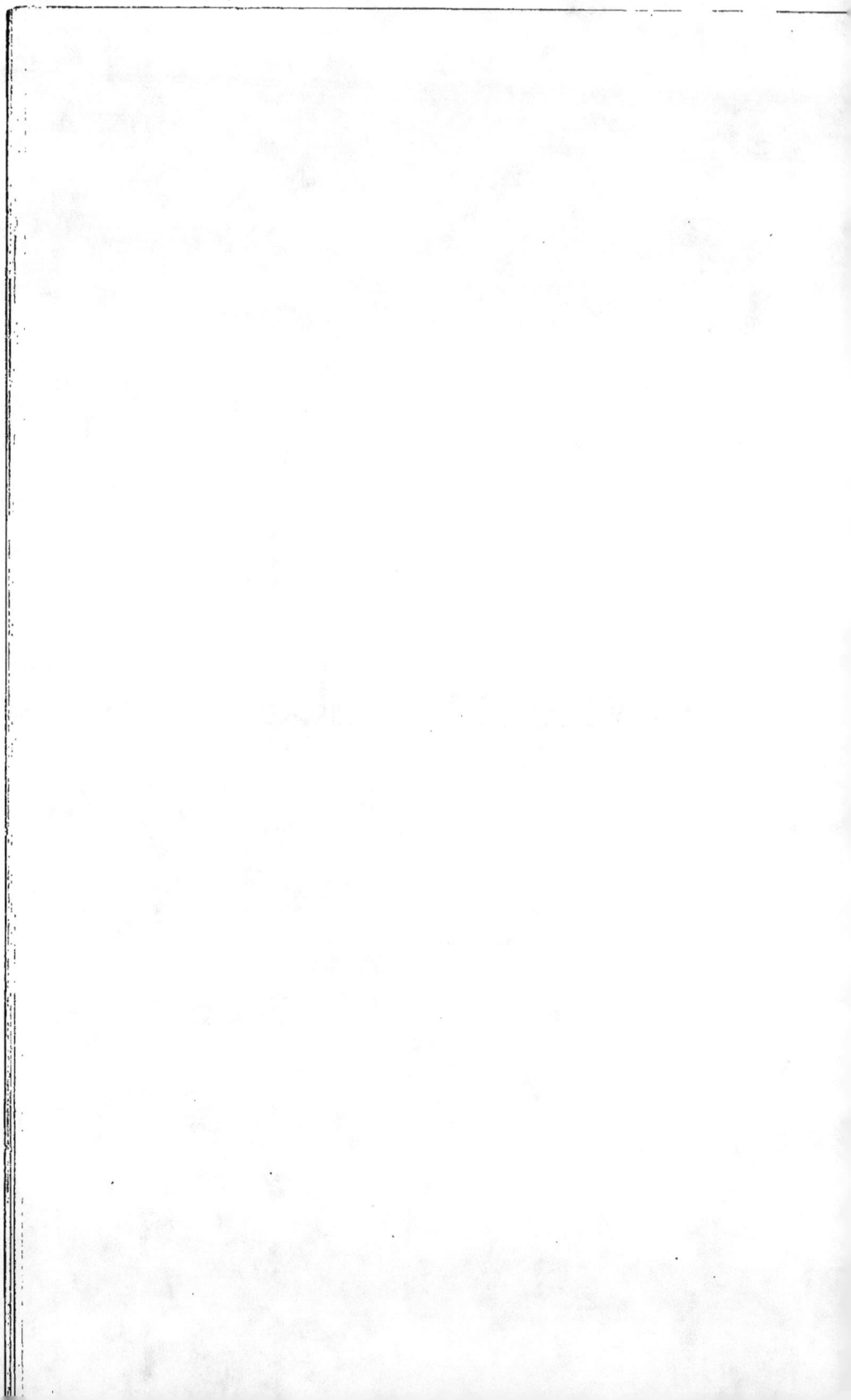

LA
SCIENCE DES FONTAINES.

LIVRE PREMIER.

NOTIONS PRÉLIMINAIRES.

CHAPITRE PREMIER.

DE LA VAPEUR D'EAU.

§ 1er. — *Formation de la Vapeur.*

La vapeur d'eau est transparente et invisible. Dès qu'elle cesse d'être invisible, c'est un brouillard ou un nuage, comme il sera dit plus tard.

Ainsi cette espèce de fumée qui s'élève de la surface de l'eau bouillante n'est pas de la vapeur : elle est formée de très-petites gouttes d'eau qui voltigent dans l'air par l'action de la chaleur qu'elles ont puisée dans le foyer de leur dégagement, et qui, étant parvenues à une distance plus ou moins grande du point de départ, disparaissent et se tranforment en véritable vapeur invisible et transparente.

La vapeur se forme par vaporisation ou par évaporation.

La vaporisation est la formation de la vapeur dans le sein même de la masse liquide. Ce phénomène dépend de la température à laquelle l'eau est soumise et de la pression de l'air.

L'évaporation est la formation de la vapeur à la surface libre du liquide mis en contact avec l'air. Ce phénomène a lieu à toute température et sous toutes les pressions atmosphériques.

1° VAPORISATION DE L'EAU.

Tout le monde a observé les phénomènes suivants que présente l'eau exposée sur le feu dans un vase découvert.

A mesure que la chaleur pénètre dans la masse liquide, on voit d'abord se former une multitude de petites bulles contre les parois auxquelles la chaleur est appliquée. Ces bulles qui, après avoir traversé le liquide de bas en haut, viennent crever à la surface supérieure, ne sont pas formées de vapeur; ce sont des bulles d'air atmosphérique qui se trouvait dissous dans l'eau et qui reprend sa liberté par l'action de la chaleur.

Après ce premier dégagement, d'autres bulles se forment et montent comme les précédentes en traversant le liquide; mais elles crèvent et se liquéfient avant d'arriver à la surface. Ces secondes bulles sont formées de vapeur, puisqu'elles se liquéfient. Ce sont ces secondes bulles qui en se formant et se liquéfiant, produisent dans le liquide ce bruit particulier appelé *frémissement*. Lorsque la

température du liquide est devenue assez élevée
pour que cette seconde espèce de bulles puisse traverser de bas en haut toute la masse sans se liquéfier, et même y prendre naissance à diverses hauteurs, on remarque dans la masse liquide ces
secousses convulsives, ces mouvements brusques
et par soubresauts que l'on appelle *ébullition*.

C'est alors qu'a lieu le phénomène de la vaporisation. Mais dans ce phénomène, la vapeur ne
s'échappe de l'intérieur de la masse que lorsqu'elle
a reçu par l'action de la chaleur une force élastique
capable de vaincre le poids de la colonne liquide,
plus celui qui provient de la pression qu'exerce
l'atmosphère sur le liquide lui-même.

D'après cela, on conçoit que le point d'ébullition de l'eau dépend de la pression atmosphérique;
c'est-à-dire que si cette pression diminue, le liquide se
mettra en ébullition à une température plus basse;
et si cette pression augmente, l'ébullition n'aura lieu
qu'à une température plus élevée. Ainsi l'eau devra
bouillir à des températures plus basses sur les
montagnes élevées que dans les plaines, ou dans
les vallées profondes; parce que sur les sommets
des hautes montagnes, la pression de l'air est bien
moindre que dans les plaines ou dans les vallées
au niveau de la base.

La vapeur a la même température que celle du
liquide d'où elle se dégage. Ainsi la vapeur de
l'eau bouillante a la même température que cette

eau ; elle a 100 degrés du thermomètre centigrade quand la pression de l'air est 0^m, 76^c.

Tant que l'eau est en ébullition, sa température demeure invariable à 100 degrés ; de sorte que tout le calorique que l'on ajoute est absorbé par la vapeur qui se forme et qui se dégage avec d'autant plus de force que le foyer de chaleur est plus considérable. Ce calorique nommé *Latent*, parce qu'il est *caché*, *dissimulé*, et qu'il n'agit pas sur le thermomètre, s'appelle aussi *calorique de vaporisation de l'eau*. Ce calorique latent, est la quantité de chaleur nécessaire pour maintenir l'eau à l'état de vapeur; quantité très-grande, car elle est égale à la chaleur nécessaire pour élever de 550 degrés l'eau qui a été réduite en vapeur.

2° ÉVAPORATION DE L'EAU.

Personne n'ignore les faits suivants :

L'eau exposée à l'air se dissipe peu à peu d'elle-même, avec plus ou moins de lenteur, et finit par disparaître totalement.

Le linge mouillé se sèche en peu de temps, c'est-à-dire qu'il perd son eau, lorsqu'on l'étend en plein air et qu'on le déploie convenablement.

Les plantes fraîches que l'on coupe ou qu'on arrache et que l'on expose à l'air, se dessèchent au bout de quelques jours.

Ce sont là des phénomènes d'évaporation.

La vapeur formée par évaporation a toujours la température de l'eau dont elle tire son origine.

De plus, le phénomène de l'évaporation amène un
abaissement de température dans le liquide qui
s'évapore; car on sait (page 20), que l'eau en passant de l'état liquide à l'état gazeux, absorbe une
grande quantité de calorique. On conçoit donc,
d'après celà, que la masse liquide doit perdre d'autant plus de chaleur que l'évaporation est plus
prolongée, ou qu'elle s'opère plus rapidement.

Mais le phénomène le plus remarquable que présente l'évaporation est celui-ci :

Il se forme dans un espace déterminé la même
quantité de vapeur, que cet espace soit vide ou
plein d'air, pourvu que l'air soit sec; avec cette
différence seulement que la formation de la vapeur
est instantanée dans le vide, tandis que dans l'air
elle se forme d'autant plus lentement que l'air avec
lequel elle doit se mêler est plus condensé. De
sorte que la vapeur mélangée avec l'air se dispose
comme si elle était seule.

De ce fait il résulte :

1° Que la formation de la vapeur n'est pas due
à l'action dissolvante de l'air.

2° Que la présence de l'air n'empêche pas la formation de la vapeur; seulement l'air gêne le développement de la vapeur en lui opposant une résistance mécanique. Toutefois, dans cette résistance,
l'air n'agit pas à la surface de l'eau comme le ferait
un piston massif et imperméable; parce qu'il présente des pores larges et nombreux où la vapeur

peut pénétrer à la façon de l'eau qui passe à travers le sable ou qui traverse une éponge.

Il suit de là, qu'à l'air libre, la vapeur qui s'exhale d'un vase découvert s'insinue dans l'air atmosphérique et s'y filtre de couche en couche jusqu'aux limites de l'atmosphère, comme nous le verrons ci-après.

L'abondance de l'évaporation dépend de plusieurs causes :

1° De l'étendue de la surface liquide ou humide qui s'évapore. La diminution du liquide est proportionnelle à l'étendue de la surface exposée à l'air.

2° De la température de l'air, et de la quantité de vapeur dont il est déjà chargé.

3° Et principalement du vent, c'est-à-dire du renouvellement des couches qui sont en contact avec la surface qui s'évapore.

§ 2. — *Mesure de l'évaporation.*

On peut mesurer par un moyen très-simple la quantité d'eau qui s'évapore, dans un lieu déterminé, soit pendant un jour ou pendant un mois, soit même pendant une année entière.

A cet effet, on remplit à moitié d'eau un vase carré ou circulaire, d'un décimètre de profondeur et d'un décimètre d'ouverture. On place ce vase en plein air ; et l'on mesure, jour par jour, mois par mois, la perte que le liquide éprouve en hauteur. Par de simples additions, on parvient à connaître la perte que l'eau éprouve en hauteur dans la durée d'une année entière.

On a trouvé ainsi qu'à Paris et aux environs l'évaporation enlève une couche d'eau de 8 décimèt. pendant une année ; dans le midi de la France c'est 0^m, 9 ; et en Angleterre, 0^m, 7 seulement.

Passons maintenant aux causes qui influent sur la quantité de vapeur contenue dans un espace déterminé.

L'expérience a démontré que la vapeur d'eau jouit dans certaines limites, des propriétés des gaz ; elle est compressible et dilatable ; ses molécules sont dans un état continuel de répulsion, et cherchent toujours à s'écarter davantage. L'effort qu'elles exercent pour se répandre dans un espace plus grand se nomme *la force élastique*, *le ressort ou la tension de la vapeur*.

Nous avons dit (page 21), que dans un espace limité, il se forme la même quantité de vapeur, que cet espace soit vide ou occupé par l'air. Toutefois, cette quantité de vapeur dépend de la température du lieu et de l'étendue de cet espace.

Ainsi, dans un vase clos, vide ou plein d'air, on peut doubler, tripler, etc., la quantité de vapeur qui s'y développe, en doublant, triplant, etc., la capacité du vase. De même aussi, en faisant varier la température dans un vase d'une capacité déterminée, la quantité de vapeur qui se développera dans ce vase, augmentera avec la température et diminuera avec elle ; de sorte que, si l'on a déjà de la vapeur dans un vase clos, à une certaine température, et qu'ensuite cette température vienne à baisser, une partie de la vapeur est forcée de se réduire en eau.

Force élastique de la Vapeur. — Relativement à la force de ressort que la vapeur acquiert dans le vase clos, cette force augmente avec la température jusqu'à faire éclater le vase, et diminue avec elle; de sorte que la vapeur se contractant par la diminution de température, peut parvenir à se liquéfier, si la température baisse suffisamment.

La force élastique de la vapeur varie aussi avec la pression. Si l'on diminue la pression, le volume de la vapeur augmente, à cause de la faculté expansive des substances gazeuses; mais la tension ou force de ressort diminue. Au contraire, si l'on augmente la pression, le volume de la vapeur diminue et la tension augmente. L'effet d'expansion peut se produire indéfiniment; mais on trouve une limite au second effet, car les diminutions successives de volume conduisent à une pression telle que la vapeur se liquéfie graduellement plutôt que d'augmenter encore sa tension. Dans cette dernière circonstance, on dit que le vase est *saturé* de vapeur, et que la vapeur est à son maximum de densité, ou de force élastique, ou de tension, ou de pression.

La vapeur peut prendre différents degrés de tension lorsqu'elle est isolée du foyer de son dégagement. Mais lorsque la vapeur est en contact avec le liquide qui la produit, elle est toujours à son maximum de tension. On mesure la pression ou force élastique de la vapeur d'eau au moyen de la colonne de mercure qu'elle peut soulever. Le tableau suivant donne les pressions de la vapeur d'eau exprimées en millimètres de mercure, depuis la température — 20 degrés jusqu'à celle de l'eau bouillante.

Tempér⁻ʳᵉˢ.	Pressions Maximum.	Tempér⁻ʳᵉˢ.	Pressions Maximum.
— 20°	1ᵐᵐ 3	30°	30ᵐᵐ 6
— 10	2, 6	40	53, 0
0	5, 1	50	88, 7
5	6, 9	60	144, 7
10	9, 5	70	229, 1
15	12, 8	80	352, 1
20	17, 3	90	525, 3
25	23, 1	100	760, 0

VOLUME DE LA VAPEUR, SON POIDS. — Sous l'action de la chaleur, la vapeur se dilate successivement de la 267ᵉ partie de son volume pris à zéro, pour chaque degré d'augmentation de température; pourvu qu'on lui livre de l'espace pour s'étendre. Elle peut ainsi multiplier son volume indéfiniment.

D'après les expériences de M. Gay-Lussac, la vapeur d'eau portée à 100 degrés de température, sous la pression ordinaire de 0ᵐ, 76 et prise à son maximum de densité, occupe un espace 1698 fois plus grand que le volume du liquide dont elle provient.

M. Gay-Lussac a aussi mesuré le poids de la vapeur. A la température zéro et sous la pression 76 centimètres, il a trouvé 1^{gr} 299 pour le poids d'un litre d'air, et 0^{gr} 810 pour le poids d'un litre de vapeur d'eau. D'où il suit que le poids de la vapeur d'eau n'est que les 5/8 de celui de l'air, sous le même volume, à égalité de pression et de température.

§ 3. — *Mesure de la chaleur latente.*

Nous avons déjà dit que l'eau, en changeant d'état, absorbe une certaine quantité de calorique qui est dissimulé, et qu'on appelle chaleur latente. Ainsi la glace devient liquide par l'absorption d'une certaine quantité de chaleur latente, et l'eau passe à l'état de vapeur en absorbant une nouvelle quantité de calorique. D'où il suit que la vapeur d'eau renferme plus de calorique latent que l'eau.

La glace prise à la température zéro, absorbe 75 degrés de chaleur en passant à l'état liquide sans élever sa température, c'est-à-dire que dans ce changement d'état, elle absorbe 75 unités de chaleur qui demeure latente.

Et l'eau en passant à l'état de vapeur absorbe une quntité de chaleur latente que l'on estime à environ 5 fois et demi la chaleur qu'il faut pour élever de zéro à 100 degrés la température de l'eau.

La chaleur latente se mesure, soit par la méthode des mélanges, soit par le calorimètre de glace.

On trouve ainsi que la chaleur latente de l'eau, ou calorique de fluidité de l'eau, est de 75 nnités; et que le calorique latent de la vapeur d'eau à 100 degrés, ou calorique de vaporisation de l'eau, est 537 unités de chaleur.

Puisque la chaleur latente de la vapeur est celle qui est nécessaire pour maintenir l'eau à l'état gazeux, on peut croire que cette quantité de chaleur latente reste la même à toutes les températures de la vapeur. Par conséquent, la vapeur froide qui se forme aux plus basses températures absorbe aussi 537 unités de chaleur par kilogr.

D'après ce qui précède, on peut juger de l'énorme quantité de chaleur latente qui est absorbée dans la fusion de la glace et dans le passage de l'eau à l'état gazeux.

RÉAPPARITION DE LA CHALEUR LATENTE. — La chaleur latente absorbée par l'eau dans les changements d'état dont nous venons de parler n'est pas détruite; elle est dissimulée momentanément. Le retour du corps à son état primitif la fait reparaître, soit que la vapeur se transforme en eau, soit que l'eau passe à l'état de glace. Cela est constaté par l'expérience.

Il y a donc réapparition de la chaleur latente, et l'on peut admettre que la vapeur d'eau en passant à l'état liquide met en liberté 537 unités de chaleur, et que l'eau en devenant glace dégage 75 unités de chaleur par chaque kilogramme.

§ 4. — *Vapeur dans l'atmosphère.*

D'après ce qui a été dit (pages 19 et 20), on conçoit qu'il se forme une masse énorme de vapeur d'eau soit accidentellement par vaporisation sur une multiplicité de points, soit continuellement par évaporation sur toutes les surfaces liquides ou humides. Ces exhalaisons incessantes de vapeur d'eau montent et se répandent dans l'atmosphère, en se disposant par couches de densité décroissante de bas en haut, suivant un arrangement tout à fait analogue à celui qu'affectent les couches d'air. De sorte que le globe terrestre se trouve enveloppé par deux atmosphères, l'une d'air et l'autre de vapeur, lesquelles sont formées d'après les mêmes lois et se déploient simultanément dans le même espace.

Cette décroissance de densité dans les couches de vapeur a été constatée par M. Gay-Lussac, lors de son voyage aérostatique, depuis la surface du sol jusqu'à la hauteur de 7000 mètres, qui est le point le plus élevé de l'atmosphère où l'homme soit parvenu.

D'après les observations de M. Gay-Lussac, et en représentant par 100 la densité de la vapeur à la surface de la terre, on a formé le tableau suivant qui donne les quantités de vapeur d'eau à différentes hauteurs.

à la surface du sol	100		à	4000 mètres	21
à	1000 mètres	80	à	5000 —	12
à	2000 —	62	à	6000 —	9
à	3000 —	42	à	7000 —	7

Il est donc ainsi établi que jusqu'à la hauteur de 7000 mètres, la vapeur s'étend dans l'atmosphère par couches de densité décroissante.

Mais il a été établi aussi par les recherches de M. Gay-Lussac, que dans les circonstances ordinaires la pesanteur spécifique de la vapeur d'eau n'est que les 5/8 de celle de l'air (page 26). Par conséquent, la vapeur d'eau doit monter indéfiniment dans l'air, en vertu de sa légèreté relative, et s'échelonner en couches de densité décroissante jusqu'aux limites de l'atmosphère.

§ 5. — *Effets de la vapeur dans l'atmosphère.*

La Vapeur d'eau, ainsi établie autour du globe terrestre, produit dans l'atmosphère trois effets : 1° elle force l'air à se dilater; 2° elle occasionne des phénomènes météréologiques; 3° enfin elle forme les nuages.

1er *Effet.* — Le 1er effet est rendu manifeste au moyen d'un ballon de verre, plein d'air sec, dans lequel on introduit une petite quantité d'eau, et que l'on ferme exactement. Bientôt la vapeur d'eau se forme dans le vase jusqu'à saturation; et la force de ressort du mélange est égale à la somme des tensions de l'air et de la vapeur, de sorte que la pression intérieure est plus forte que la pression extérieure. Si l'on ouvre le vase, une partie du mélange gazeux qu'il contient s'échappe au dehors jusqu'à ce que la force de ressort du mélange fasse équilibre à la pression de l'air extérieur. Cette quantité du mélange qui est sortie du vase prouve que l'air a été forcé de se dilater dans le vase par l'action de la vapeur d'eau qui s'est répandue entre ses molécules. On peut donc conclure que dans l'atmosphère l'air augmente son volume à mesure que de nouvelles quantités de vapeur surviennent dans son sein.

2me *Effet.* — Nous savons (page 26), que la vapeur d'eau ne pèse que les 5/8 de l'air, sous le même volume et dans les mêmes circonstances de température. Conséquemment, l'air atmosphérique qui s'est dilaté par la présence de la vapeur doit peser moins que lorsqu'il n'était pas mêlé de vapeur d'eau. Ainsi donc l'air humide pèse moins que l'air sec. Mais pendant que la vapeur monte et s'insinue dans l'air atmosphérique, il y a nécessairement une lutte entre ces deux substances gazeuses, qui tendent sans cesse à se mettre en équilibre et à se repousser mutuellement. De là des vents locaux, des vents partiels, des vents ascendants. De plus, si des circonstances accidentelles dans les régions atmosphériques gènent ou empêchent les dilatations de l'air, et que néanmoins la vapeur continue à se former dans les basses régions, la saturation aura lieu dans ces hauteurs, et la moindre cause amènera une précipitation de cette vapeur, dont une partie repassera à l'état de liquide. De là la pluie. Là se trouve aussi la cause de l'abaissement de la colonne barométrique, lorsque le temps doit être

pluvieux, puisque l'air chargé de vapeur est spéci-
fiquement plus léger que l'air sec.

3me *Effet*. — Des luttes incessantes que se li-
vrent l'air et la vapeur, il résulte que celle-ci
s'ouvre des passages à travers les couches d'air et
monte en se disposant par couches de densité décroissante jusqu'aux limites de l'atmosphère.
Dans ces ascensions progressives, elle rencontre
successivement des régions d'air qui sont de plus
en plus froides. Bientôt les températures basses
qu'elle éprouve la forcent à se condenser et à réunir en très-petites gouttelettes ses molécules les
plus voisines. Le nombre très-considérable de ces
gouttelettes intercepte totalement les rayons du
soleil, ou trouble simplement la transparence de
l'air, et constitue des nuages.

Ces nuages se résolvent toujours en pluie,
car les très-petites gouttelettes dont ils sont formés
étant plus pesantes que l'air qui les entoure, doivent tomber. C'est à cause de ces pluies fines descendant des régions élevées de l'atmosphère, que
nous voyons les nuages isolés, minces, et de peu
d'étendue, se déformer dans leurs contours, diminuer peu à peu, ou même se dissiper complète-
ment.

Mais ces pluies fines qui tombent des nuages isolés, n'arrivent pas toujours à la surface du sol;
parcequ'elles rencontrent en descendant des couches
d'air de plus en plus chaud dans lequel elles se ré-
chauffent et se transforment en vapeur. Si l'air n'est

pas saturé, cette vapeur remonte vers le nuage dont elle s'était séparée, et s'y condense de nouveau. Mais ces retours de gouttelettes ne s'appliquent pas toujours aux points qu'elles avaient laissés vides, en abandonnant la masse nuageuse; de sorte que, bien que les nuages persistent, ils changent de forme et varient visiblement dans les contours irréguliers qui leur servent de limites.

§ 6. — *Origine de la pluie.*

D'après ce qui précède, on conçoit que la pluie tire son origine de la présence de la vapeur d'eau dans l'atmosphère et des condensations que cette vapeur éprouve par la rencontre des couches d'air froid.

Une foule de faits qui se passent journellement, nous représentent en petit le phénomène de la formation de la pluie dans les régions de l'atmosphère. Par exemple, quand on découvre la soupière dans laquelle on a versé le potage bouillant, la vapeur qui s'était condensée au contact du couvercle froid se réunit spontanément en gouttes d'eau sous ce couvercle et ruisselle vers la terre. Mais on peut rendre palpable le phénomène de la formation de la pluie avec un appareil de verre.

Si l'on met dans un vase de verre un peu haut une certaine quantité d'eau de manière à laisser un intervalle assez grand entre la surface du liquide et le couvercle du vase; et si l'on chauffe le vase par dessous en maintenant le couvercle à une température basse au moyen d'eau froide qu'on renouvelle au besoin; la vapeur qui se dégagera par l'action de la chaleur, montera jusqu'au couvercle, s'y attachera et s'y condensera; puis elle formera des gouttelettes qu'on verra tomber dans le vase en forme de pluie.

Ce qui se passe ici en petit est absolument le même phénomène que celui qui a lieu en grand dans l'atmosphère. Pour comprendre cela, il suffit de considérer l'atmosphère comme un grand vase dont le fond est formé par les lits des fleuves, des rivières, des lacs, des mers et de toutes les surfaces humides; les hautes régions en constituent le couvercle. Les vapeurs qui s'exhalent de toutes les surfaces liquides ou humides montent dans cet immense vase jusqu'à ce qu'elles soient parvenues dans des régions d'air assez froid, au contact duquel elles se condensent et forment des nuages qui se résolvent en pluie.

On a pu remarquer plus d'une fois dans le lointain et par un beau soleil de longues traînées de pluie s'échapper d'un groupe de nuages et se précipiter vers la terre. C'est là le phénomène de la pluie rendu évident et observé au moment même de sa manifestation, comme dans le vase de verre clos dont nous avons parlé.

Telle est l'origine de la pluie.

Nous terminerons ce chapitre par la question suivante :

3

On pourrait demander s'il a toujours plu dans les temps passés, et si dans les siècles à venir la pluie continuera de tomber sur la terre comme elle tombe de nos jours.

M. Saigey que nous avons suivi sur plusieurs points, a traité (*Petite Physique du Globe*) des questions analogues à celle-ci.

Voici la réponse à cette question :

Il nous importe peu de savoir si la pluie est tombée sur la terre pendant les premiers âges du monde; cette question ne peut d'ailleurs être traitée qu'en raisonnant sur des hypothèses plus ou moins hasardées, ce qui ne résout rien. Nous savons toutefois que depuis l'origine des temps historiques la pluie est tombée annuellement pour féconder la terre; et nous devons présumer que dans les temps les plus reculés le phénomène de la pluie avait lieu pour faciliter la croissance des végétaux, pour assurer la vie des animaux, et pour préparer la terre à recevoir l'homme.

Mais il nous intéresse de savoir si la pluie continuera de tomber dans les âges futurs avec la même intensité qu'elle a de nos jours.

Sans aucun doute, on peut répondre, que la pluie continuera de tomber sur la terre comme elle tombe de nos jours, tant qu'il plaira au Créateur de conserver son œuvre. Car la pluie modérée, la pluie réglée par les saisons est un bienfait de Dieu, une des grandes harmonies de la création et la condition essentielle de la vie des plantes et des animaux. Aussi toutes les contrées jouissent de ce bienfait, excepté l'Egypte, où il ne pleut presque jamais. Il est vrai aussi que pour cette contrée les débordements périodiques du Nil remplacent les arrosements de la pluie.

Mais outre que nous avons la garantie dont nous venons de parler (certitude de foi et de confiance dans la sagesse divine), la science donne la garantie suivante :

La pluie dépend : 1° du décroissement successif de température à mesure que l'on s'éloigne du sol ; 2° de la masse limitée et de l'étendue actuelle de l'atmosphère ; 3° de la fixité de la température moyenne actuelle du sol et de la masse du globe.

Or, 1° le décroissement de température à mesure qu'on s'éloigne du sol a été constaté.

2° Si l'atmosphère augmentait, soit dans sa masse, soit dans son étendue, la quantité de pluie pourrait diminuer considérablement, ou même se réduire à rien. Mais aucune raison ne porte à présumer que l'atmosphère subisse jamais ni une augmention des éléments gazeux qui la constituent, ni un surcroît de dilatation dans sa masse actuelle.

3° Les recherches de M. Arago et les calculs de MM. Laplace et Libri établissent que depuis plus de 2000 ans la température de la surface de la terre n'a pas éprouvé de changements notables. Et que la température moyenne de la masse du globe n'a pas diminué d'un centième de degré depuis 2500 ans.

Ce qui prouve que si la température moyenne de la masse du globe et de la surface de la terre a été plus élevée dans les temps primitifs, elle a atteint déjà sa limite de décroissement, et que l'on peut regarder comme fixe la température moyenne actuelle.

On peut donc assurer que la pluie continuera indéfiniment de tomber sur la terre, dans les âges à venir, avec la même intensité qu'elle a de nos jours.

CHAPITRE II.

—

GLOBE TERRESTRE.

§ 1. — *Pesanteur*.

Les corps qu'aucun obstacle ne retient et qu'on abandonne à eux-mêmes tombent, jusqu'à ce qu'ils rencontrent la terre ou quelqu'autre corps qui les arrête.

On a donné le nom de *pesanteur* à la force qui fait tomber les corps. On la définit ainsi : la pesanteur est la tendance à tomber, considérée indépendamment de la masse.

La masse d'un corps est la quantité de matière que ce corps contient.

Cette tendance à tomber que possèdent les corps a pour cause l'attraction que le globe terrestre exerce sur les substances matérielles répandues à sa surface ; et cette attraction du globe terrestre n'est qu'un cas particulier de la force générale qui sous le nom de gravité semble régir l'univers.

La pesanteur ne dépendant que de l'attraction de la terre, elle est la même pour tous les corps. On ne doit pas confondre la pesanteur avec le poids.

Le poids d'un corps est la force avec laquelle ce corps tend à tomber. Le poids varie avec la masse du corps. On mesure le poids d'un corps par l'effort nécessaire pour retenir ce corps ; et cet effort doit être doublé, triplé, etc., si la masse ou la quantité de matière de ce corps est doublée, triplée etc. ; tandis que la pesanteur ne varie pas pour un corps quoique la masse varie.

La chute des corps est soumise à des lois qui ont été découvertes par Galilée et Huygens, il y a près de deux siècles. Voici les énoncés de ces lois.

1re *loi*. — Les espaces parcourus par un corps qui tombe librement sont entre eux comme les carrés des temps employés à les parcourir.

En effet, les expériences ont constaté qu'un corps qui tombe librement pendant une seconde parcourt 15 pieds en nombre rond, ou 4^m,9 ; que pendant deux secondes, il parcourt non pas 30 pieds, mais 60 pieds, ou 4 fois 15 pieds ; en 3 secondes, 135 ou 9 fois 15 ; en 4 secondes, 240 ou 16 fois 15, etc. ; ce qui donne le tableau suivant :

Temps employés.	Carrés des temps.	Espaces parcourus.
1"	1	15 pieds.
2"	4	60 ou 4 fois 15
3"	9	135 ou 9 fois 15
4"	16	240 ou 16 fois 15

2me *loi*. — Les espaces parcourus successivement par un corps dans chaque seconde de sa chute forment une progression arithmétique dont les termes suivent la raison des nombres impairs 1, 3, 5, 7, 9, etc.

En effet, d'après le tableau précédent, l'espace parcouru en une seconde est 15 pieds, et l'espace parcouru en 2 secondes est 60 pieds. Il y a donc 45 pieds ou 3 fois 15 pieds parcourus pendant la 2me seconde. De même l'espace parcouru en 3 secondes étant de 135 pieds ou 9 fois 15 pieds, et l'espace parcouru dans 2 secondes étant 60 pieds, il s'ensuit que le corps a parcouru 135—60=75 pieds, ou 5 fois 15 pieds pendant la 3me seconde. En continuant ce petit calcul sur le tableau qui précède, on trouvera que le corps parcourt 105 pieds dans la 4me seconde, ou 7 fois 15 pieds; 135 pieds ou 9 fois 15 pieds pendant la 5me seconde, etc.; et l'on voit que ces nombres ainsi trouvés : 15, 45, 75, 105, 135, etc., sont entre eux comme les nombres impairs 1, 3, 5, 7, 9, etc.

3me *loi.* — Dans le mouvement accéléré que prend un corps qui tombe, la vitesse est proportionnelle au temps.

En effet, la force qui fait tomber les corps ayant pour cause l'attraction de la terre, cette force agit continuellement sur le corps pendant toute la durée de la chute. Elle fait parcourir 15 pieds dans chaque seconde et donne une vitesse de 30 pieds. Ainsi, d'après la loi précédente, le corps parcourt 45 pieds dans la 2me seconde; c'est qu'il a parcouru 15 pieds en vertu de l'action attractive de la terre, et 30 pieds en vertu de la vitesse acquise pendant la 1re seconde. Pareillement les 75 pieds que le corps parcourt dans la 3me seconde proviennent de 15 pieds parcourus en vertu de l'action de la terre pendant la 3me seconde, et 60 pieds parcourus en vertu de la vitesse acquise en 2 secondes, etc. De sorte que l'accroissement de vitesse est toujours de 30 pieds à chaque seconde, et l'on a le tableau suivant :

Temps de la chute.	Vitesse acquise.
1"	30 pieds.
2"	60 pieds ou 2 fois 30
3"	90 — ou 3 — 30
4"	120 — ou 4 — 30
etc.	etc.

4me loi. — Tous les corps, quelle que soit leur nature, quel que soit leur état, tombent suivant la verticale ; et dans le vide, ils tombent tous de la même hauteur dans le même temps.

On donne le nom de verticale à la ligne de repos du fil à plomb, et cette ligne, qui donne la direction de la pesanteur, est perpendiculaire à la surface des eaux tranquilles.

La chute verticale des corps est un fait bien constaté par l'expérience.

Pour prouver que, dans le vide, tous les corps tombent de la même hauteur dans le même temps, on renferme dans un tube large et d'environ deux mètres de longeur, des morceaux de papier, de liége, de cire, de plomb, de bois, etc. On purge d'air ce tube, au moyen de la machine pneumatique ; puis on le renverse promptement, et tous ces corps de poids différent en parcourent la longueur dans le même temps, car on les voit tomber tous ensemble.

De cette 4me loi, il résulte que si un corps change d'état, par exemple, s'il passe de l'état solide à l'état liquide, ou de l'état liquide à l'état gazeux, *il est soumis toujours à la même force ;* lors.

même qu'il serait divisé et subdivisé en un nombre presque infini de parties. Et s'il conserve sa masse, c'est-à-dire, toutes ses molécules, *il doit conserver aussi le même poids*.

Des quatre lois énoncées ci-dessus découlent les conséquences suivantes :

La pesanteur est la cause des mouvements qui animent, pour ainsi dire, les corps répandus à la surface de la terre.

C'est la pesanteur qui fait couler les liquides, et les porte à se diriger vers les lieux les plus bas.

C'est la pesanteur qui fait rouler les corps solides, lorsque étant situés sur des pentes déclives, ils sont débarrassés accidentellement des obstacles qui les arrétaient, soit par la base, soit par tout autre point de leur enveloppe; et se trouvent ainsi abandonnés à eux-mêmes.

C'est aussi la pesanteur qui, s'associant aux autres lois de la matière et à celles de la mécanique, donne la solidité, la fixité à nos habitations et à tous nos édifices. Car, ôtez la pesanteur, et aucune construction stable ne sera possible. En effet, sans la pesanteur, tous les corps grands et petits seraient dans un équilibre indifférent; ils céderaient à la plus légère impulsion, et prendraient avec une égale facilité toutes les directions, toutes les positions imaginables.

C'est encore la pesanteur qui produit les précipitations de pluie et de neige vers la terre; c'est elle qui assigne des limites d'ascension aux vapeurs, aux nuages, à tous les corps qui montent dans l'atmosphère en vertu de leur légèreté relative, comme à ceux qui sont lancés par des forces d'intensité diverses, et les ramène sur le sol. Elle étend ainsi le domaine de notre planète jusqu'à des régions très-éloignées de sa surface.

Tels sont les résultats des lois de la pesanteur; lois admirables, dont le concours incessant se combine avec les autres lois de la matière pour produire le mouvement, l'ordre et l'harmonie qui régnent sur le globe terrestre.

§ 2. — *Constitution de l'intérieur du globe.*

D'après les principes de la géologie, notre globe serait formé de deux parties principales; savoir : une masse fluide et une écorce solide qui l'enveloppe de toutes parts.

1° MASSE FLUIDE DU GLOBE.

Par de nombreuses observations faites à diverses latitudes, il a été constaté que le globe possède une chaleur intérieure qui lui est propre et qui ne tient aucunement à l'influence des rayons solaires.

D'une part, l'expérience prouve que dans les climats tempérés le thermomètre demeure stationnaire à une profondeur de 24 mètres sous le sol; la température y est constamment de 11 degrés, pendant toute l'année. C'est ce qu'on appelle la couche de température invariable.

D'autre part, les observations prises à diverses profondeurs par M. Tréba dans les mines de Saxe, celles du célèbre professeur Cordier, faites dans les départements du Tarn, du Calvados et de la Nièvre, et celles de M. Arago sur la température de l'eau de plusieurs puits forés, entre autres sur l'eau du puits foré de Grenelle, qui descend jusqu'à 505 mètres sous le sol, ont constaté que, à partir de la couche où le thermomètre demeure stationnaire toute l'année, la température augmente à mesure que l'on s'enfonce dans la terre; et que cet accroissement de température est moyennement d'un degré pour chaque 30 mètres de profondeur, quand on descend successivement dans les entrailles du globe terrestre.

En partant de ces données fournies par l'observation, et prenant comme constant l'accroissement d'un degré de température pour chaque 30 mètres d'enfoncement, le calcul donne 100 degrés, qui est la température de l'eau bouillante, à 3000 mètres de profondeur seulement; et l'on trouverait la température de 1000 degrés à 30000 mètres de profondeur. Cette dernière chaleur est capable de mettre en fusion toutes les roches connues.

Ces résultats rigoureusement déduits font admettre l'existence actuelle d'une chaleur centrale, qui est propre au globe terrestre, et la fusion ignée de l'intérieur de notre planète. M. Cordier pense que cette fusion commence à une profondeur d'environ 100 kilomètres, ou 25 lieues. La Planche I représente une coupe théorique du globe terrestre d'après cette opinion.

En admettant (ce qui peut très-bien avoir eu lieu), que primitivement notre globe ait été une masse à l'état d'incandescence, un long refroidissement aurait favorisé la formation d'une croûte allant toujours en s'épaississant. Sur cette croûte encore récente, et augmentant son épaisseur lentement par des accroissements successifs, l'action du feu de plus en plus central aurait produit à diverses époques des ondulations, des dépressions plus ou moins étendues, et çà et là des déchirures; puis l'élévation des continents, les soulèvements des montagnes, en un mot les inégalités saillantes dont la surface du sol se montre hérissée; comme on voit encore, de temps à autre, mais très-rarement, surgir de petites îles du sein des mers. De là la formation des vallées, des bassins des rivières, des fleuves et des mers; de là les chutes brusques, les pentes rapides, et les diverses inclinaisons de terrain dirigeant dans tous les sens des cours d'eau qui vont animer et féconder la nature; de là aussi l'explication des volcans, qui sont des soupiraux de l'immense fournaise intérieure que recèle l'écorce solide de la terre.

Et en effet, les études géologiques ont fait reconnaître des marques d'immenses bouleversements qui ont eu lieu dans l'intérieur du globe, et des traces de révolutions successives qui ont ravagé sa surface.

Ainsi, tous les faits d'observation se lient et s'accordent parfaitement entre eux ; leur concours fait admettre la fusion ignée primitive de notre globe et la fluidité actuelle de sa masse intérieure.

Mais ici deux questions se présentent : 1° le refroidissement de notre globe continue-t-il à s'opérer, et ne doit-on pas présumer que peu à peu notre planète finira par perdre complétement la chaleur qu'elle possède? 2° Les violentes commotions intérieures qui ont agité notre planète à diverses époques ne peuvent-elles pas se renouveler?

Ces questions ne doivent inspirer aucune crainte, car aujourd'hui tout tend à prouver que les forces de la nature sont en équilibre ; ce qui semble promettre une stabilité parfaite et une durée indéfinie à l'ordre actuel des choses.

En effet, 1° Laplace a démontré que depuis les premières observations astronomiques qui datent de plus de 3,000 ans, la longueur du jour n'a pas varié sensiblement, et que la température moyenne de la terre n'a pas diminué de 0,5 de degré. On peut donc considérer cette chaleur comme constante et conclure qu'elle a atteint sa dernière limite de décroissement.

2° Quand aux commotions intérieures du globe ; depuis les temps historiques, il n'y en a pas eu de capable de bouleverser le monde. Seulement quelques secousses partielles, quelques tremblements de terre tout à fait locaux et de très-courte durée sont venus, à divers intervalles, déranger la superficie du sol sur quelques points. Une pareille durée de calme à peu près général prouve que l'écorce de la terre est depuis longtemps consolidée, et donne la presque certitude que les commotions primitives du globe ne se renouvelleront pas.

2° ÉCORCE SOLIDE DU GLOBE.

D'après ce qui précède, l'écorce solide du globe terrestre aurait une épaisseur peu considérable, relativement aux vastes dimensions de la masse totale. Toutefois, nous sommes loin de connaître cette écorce, bien que son épaisseur ne soit pas 1/200 du rayon de notre planète.

Si les montagnes n'existaient pas, nous ne connaîtrions que la superficie de la terre, ou tout au plus une mince pellicule qui nous aurait été découverte par les faibles profondeurs où l'homme peut pénétrer en creusant des puits, et des galeries souterraines.

Mais les soulèvements des montagnes ont mis à nu et exposé au jour des matériaux qui avaient leurs gisements primitifs à certaines profondeurs, et ont ainsi dévoilé la structure intérieure d'une portion de la masse solide.

Soit par l'élévation des montagnes, soit par les profondeurs les plus grandes où l'homme a poussé ses travaux, nous connaissons de l'écorce solide du globe terrestre une épaisseur qui est moindre que la millième partie du rayon de la terre dont la longueur moyenne est de 6,367,400 mètres. Cette épaisseur connue est de 6,300 mètres ; elle se mesure en calculant la hauteur verticale depuis le sommet des plus hautes montagnes jusqu'au fond des mines les plus profondes.

Les recherches des géologues ont constaté :

1° que l'écorce solide de la terre est composée de matériaux divers, et que ces matériaux ont été remués et bouleversés par de puissantes forces intérieures.

2° Que malgré la confusion que présentent les débris de roches dont se compose la croûte du globe, on a pu reconnaître un ordre de formation de ces matériaux, lequel ordre de formation a été trouvé constamment le même partout où les Géologues ont interrogé le sol.

D'après ces recherches, la partie connue de l'écorce solide du globe est composée de deux sortes de terrains essentiellement distincts.

1° Les terrains neptuniens, tels que les calcaires, les argiles, les sables, qu'on appelle aussi terrains de sédiment, parce qu'ils ont été déposés du sein des eaux, et dont les plus anciens sont les plus profonds.

2° Les terrains plutoniques, tels que les granits, les porphyres, les laves, qui ont une origine ignée, et dont les plus profonds sont au contraire les plus récents.

Ces terrains présentent des étages, des divisions dont nous devons parler. Mais nous croyons à

propos de déterminer auparavant la signification
de certaines expressions fréquemment employées
en géologie.

Roches. — Les minéraux simples ou les associa-
tions de plusieurs minéraux conservant constamment les mêmes caractères de composition et de
structure, ont produit les grandes masses de la portion solide du globe auxquelles on a donné le nom
de roche. Tels sont les granits, les schistes, les
calcaires grenus, compactes, etc.

Formations. — La réunion de plusieurs roches,
qui a été produite d'une manière déterminée, comme par les volcans, par les eaux de la mer, par les
eaux douces, a recu le nom de formation.

Terrain. — La réunion de plusieurs formations
constitue un terrain.

Stratification. — On nomme ainsi le parallélisme
qui existe entre toutes les masses minérales dont se
compose un terrain. C'est principalement dans les
roches des terrains neptuniens que l'on remarque
la stratification; ces roches se trouvent divisées par
couches presque parallèles entre elles et d'épaisseur
variable. Généralement les faces terminales de ces
couches se rapprochent beaucoup du plan; mais
souvent aussi elles sont des surfaces courbes ou très-
irrégulièrement ondulées, et présentent des sinuosités qui ne se correspondent pas toujours dans
l'une et dans l'autre des deux faces voisines. C'est à

cause des irrégularités qu'affectent souvent les faces contiguës, qu'on rencontre çà et là des vides
entre les couches disposées les unes sur les autres.

STRATE. — Chacune des couches qui composent
une masse stratifiée se nomme strate.

FAILLES. — Dans les soulèvements des montagnes, dans les bouleversements que l'écorce du
globe a éprouvés à diverses époques par l'action des
forces intérieures, les roches ont été fracturées çà
et là, et il en est résulté des solutions de continuité,
des fentes en nombre infini et de dimensions diverses, auxquelles on a donné le nom de failles.

DYKES. — Nom donné à des filons pierreux, verticaux, qui se présentent de la même manière
à travers différents terrains, et qui sont comparables à des murs. Ce mot Anglais correspond au
mot français digue.

FOSSILES. — On entend par fossiles les empreintes
de diverses sortes que l'on trouve dans les couches
du globe, et qui proviennent des corps organisés
qui vivaient à l'époque où se formait le terrain
qui les renferme.

SOL. — On nomme ainsi la couche superficielle
de la terre dans laquelle les végétaux enfoncent
leurs racines.

On distingue diverses espèces de sol, à cause de
la proportion très-variable des substances terreuses qui constituent, suivant les localités, la cou-

che superficielle de la terre. Aussi, selon que telle
ou telle autre substance prédomine dans la composition d'un sol, on dit :

Sol siliceux, sol calcaire, sol argileux, etc.

La plupart des sols sont formés presque en totalité par quatre substances, savoir : la silice, le
carbonate de chaux, l'alumine et l'humus. D'après
M. de Mirbel, les caractères qui font distinguer ces
quatre substances sont les suivants :

« La silice en poudre est rude au toucher; elle
n'attire ni ne retient l'humidité; ses particules
mouillées ne contractent aucune liaison.

» Le carbonate de chaux en poudre est très-
doux au toucher; on y reconnaît quelques propriétés alcalines. Cependant, il est peu soluble dans
l'eau; il aspire sensiblement l'humidité et se réunit
en masses que la sécheresse et un faible choc ramè-
nent bientôt à l'état pulvérulent.

» L'alumine en poudre n'est pas moins douce au
toucher que le carbonate de chaux. Dans cet état
elle aspire l'humidité, la retient fortement, et se
prend en pâte ductile que la sécheresse durcit et
fait fendre; alors elle ne s'imbibe que très-lente-
ment.

» L'humus, qui n'est autre chose que le résidu
de la décomposition naturelle des substances végé-
tales et animales, est une matière brune, onctueuse,
lâche, élastique, légère, qui aspire l'humidité de
l'atmosphère encore plus vivement que l'alumine

réduite en poudre, mais qui la laisse échapper avec une grande facilité. Cette matière ne se prend point en pâte; l'action journalière de l'air et de la lumière la décompose. »

Après ces définitions nous devons parler des divisions des étages que présentent les terrains dont se compose l'écorce solide du globe. Toutefois, nous ne pouvons pas donner ici la description de toutes ces divisions géologiques; nous renvoyons les lecteurs aux ouvrages spéciaux.

Nous allons donner l'énumération des principaux terrains qui composent l'écorce solide de la terre d'après l'ordre dans lequel ils se succèdent, en allant de haut en bas, c'est-à-dire, en commençant par les plus modernes, et en les séparant en deux classes principales.

1° TERRAINS NEPTUNIENS.

Formations madréporiques.

Terrains modernes.	Tourbes. Détritus. Alluvions. Blocs erratiques.
Terrains tertiaires.	Terrain subapennin. Dépôts de la Bresse. Terrain de molasse. Terrain parisien. Gypse, calcaire grossier, argile.
Terrains secondaires.	Terrain crétacé. Craie blanche, craie marneuse. Terrain jurassique. Craie verte, grès vert, oolite, lias. Terrain triasique. Marnes irisées, calcaire conchylien, grès bigarré.

| *Terrains primaires.* | Terrain pénéen. Calcaire pénéen, grès rouge.
Terrain houiller. Grès houiller, calcaire carbonifère.
Terrain dévonien. Vieux grès rouge.
Terrain silurien. Calcaire et schiste charbonneux.
Terrain cambrien. Calcaire et schistes. |

2° TERRAINS PLUTONIQUES.

| *Terrains agalisiens.* | Terrain granitique.
Terrain porphyrique. |
| *Terrains pyroïdes.* | Terrain trachitique.
Terrain basaltique.
Terrain volcanique. |

Dans les subdivisions de ces deux classes principales de terrains, l'ordre de succession est positivement inverse ; et ces subdivisions se rapportent à des époques successives de formation.

Les terrains plutoniques ne sont pas fossilifères, mais tous les terrains neptuniens renferment des empreintes et des restes de corps organisés.

On peut se procurer à peu de frais des collections toutes faites des différentes roches qui constituent l'écorce du globe terrestre. Chaque échantillon portant une étiquette qui en donne le nom, ces collections fournissent un excellent moyen d'apprendre facilement à distinguer les diverses substances que renferme le globe. Pour apprendre leur manière d'être et leur mode de gisement, il faut lire les ouvrages de géologie et surtout consulter la nature.

Les terrains neptuniens sont généralement stratifiés et principalement composés de couches

tantôt régulières, tantôt irrégulières, les unes perméables, les autres imperméables à l'eau. Ce sont
des assises de calcaires divers, de quartz, de différentes argiles, de sables, de grès variés, de schistes, etc., disposées les unes sur les autres, et aussi
les unes à côté des autres, suivant les localités.
Mais ces couches ne poussent jamais de ramifications dans les roches qui les suivent ou qui les
précèdent.

Les terrains plutoniques, au contraire, se présentent en filons et en grosses masses transversales au milieu des autres. Poussés par des forces
intérieures très-énergiques, ils ont fracturé, sou-
levé et percé çà et là en une foule de points les terrains neptuniens des diverses époques de formation;
puis sont venus s'intercaler parmi ces derniers,
en y pénétrant par les failles produites, et ont
coulé dessus en plusieurs endroits.

Sans doute, ces forces intérieures, en pro-
duisant des soulèvements sur certains points et par
suite des affaissements sur d'autres points, ont
modifié légèrement la régularité mathématique de
la forme sphérique de notre planète; mais un de
leurs effets a été l'apparition des continents, et la
réunion des eaux dans les lieux les plus bas. Car
si la terre était véritablement sphérique, si tout
était de niveau à sa surface, elle serait enveloppée
complétement par une mer sans rivage, et les animaux terrestres n'existeraient pas. Mais les soulèvements successifs ont élevé les continents au-

dessus des eaux, et , suivant l'expression à la fois simple et pittoresque des Saintes Ecritures , *l'aride parut.*

Un autre effet produit par les forces intérieures du globe, c'est le soulèvement des montagnes qui circonscrivent les plaines, et la formation des bassins de tous les cours d'eau. Les terrains plutoniques, en soulevant et déchirant les terrains neptuniens, ont redressé les bords des déchirures ; de sorte que le périmètre des plaines s'élevant dans le voisinage des montagnes et se redressant sur les faces des roches ignées qui les ont soulevées, constitue l'enceinte des bassins dans le fond desquels les couches neptuniennes ont conservé leur position à peu près horizontale. Dans ce redressement des bords des déchirures, les diverses couches perméables et imperméables viennent s'épanouir et s'appuyer sur les versants des montagnes. Là, elles se présentent à nu et reçoivent les eaux pluviales qui s'infiltrent à travers les couches perméables. Ces tranches ainsi situées constituent les véritables prises d'eau des sources , des fontaines, et de tous les cours d'eau qui vivifient les continents.

La Planche II donne l'idée des effets produits par les soulèvements et le redressement des tranches sur les versants des montagnes; la même figure représente la coupe verticale d'un bassin géologique formé entre des montagnes voisines, et indique les couches horizontales ainsi que les tranches soulevées et redressées.

Dans le paragraphe suivant nous reviendrons avec détails sur le fait capital des montagnes et de toutes les inégalités de la surface du sol.

§ 3. — *Constitution de la surface du globe.*

Considéré à la surface, le globe présente des terres et des mers, des montagnes, des vallées, des fleuves et des rivières.

On a donné le nom de mer à l'universalité des eaux salées répandues à la surface du globe dont elles couvrent les 3/4. On reconnaît cela sans peine par la simple inspection d'une carte mappemonde; et on reconnaît de plus que l'hémisphère Nord présente à peu près 3 fois plus de terre que l'hémisphère Sud. D'où l'on voit que les soulèvements des terres ont été plus abondants dans l'hémisphère boréal, et que l'Océan occupe presque en totalité l'hémisphère austral.

UTILITÉ DE LA MER. — La mer est une source intarissable de bien, non seulement parce qu'elle nourrit une partie du genre humain par les produits de la pêche, et qu'elle comble des profondeurs immenses creusées entre des contrées extrêmement distantes, qu'elle relie entre elles; mais aussi, et principalement parce qu'elle entretient la végétation et la vie à la surface des continents.

En effet, cette masse liquide se transforme sans cesse en vapeurs qui montent dans l'atmosphère et y produisent tous les météores aqueux, savoir :

les nuages, la pluie, la grêle, la neige, etc., qui sont portés par les vents sur les terres. Une partie des eaux provenant de ces météores tombe directement sur la mer, et l'autre partie se précipite sur les continents. Celle-ci, après avoir arrosé les terres sous forme de pluie bienfaisante, circule à la surface du sol ou dans l'intérieur, alimente les Fontaines, forme des ruisseaux, des rivières, des fleuves qui animent, embellissent, fécondent les contrées où ils coulent, et vont se jeter dans la mer dont ils tirent leur origine; rendant ainsi à ce réservoir les eaux qu'ils en ont reçues, et qu'ils recevront de nouveau et successivement par voie d'évaporation, de condensation et de précipitation de pluies.

Cette circulation continuelle des eaux qui passent sucessivement de la mer dans l'atmosphère, de l'atmosphère sur le sol, et du sol à la mer, entretient à la surface des continents une humidité convenable à la végétation, fertilise la terre, et la rend capable de nourrir des habitants. Ce commerce permanent de circulation des eaux établi entre la mer, l'atmosphère et la terre durera aussi longtemps qu'il existera des mers, une atmosphère et des continents. Admirable harmonie qui ne se lasse point; dont l'effet est toujours le même, et qui, par ses accords incessants, concourt avec les autres lois providentielles à perpétuer le mouvement, la végétation et la vie à la surface de la terre.

Montagnes, Collines, etc. — On appelle montagne toute élévation un peu considérable de la surface du globe. Une petite montagne prend le nom de colline.

On appelle monticule et butte toute colline isolée et d'une médiocre élévation.

Les diverses parties qui constituent une montagne sont la base, le pied, les flancs, la crête ou faîte, qu'on appelle aussi sommet.

La base est la face par laquelle la montagne touche le sol.

Le pied est le périmètre de cette base.

Les flancs sont les faces adjacentes à la base et qui viennent se couper ou se réunir à l'arête opposée à la base; c'est-à-dire, à l'intersection obtuse ou aiguë des deux flancs, et qui terminent le faîte d'une montagne. Les flancs d'une montagne portent aussi le nom de versants, parce qu'ils versent les eaux pluviales dans les plaines.

La crête ou faîte est cette arête opposée à la base. La crête s'appelle aussi ligne de partage des eaux, parce que, à cette ligne les eaux pluviales se partagent réellement. Une partie suit la pente d'un versant, l'autre partie suit la pente du versant opposé.

Escarpement. — Quand les flancs d'une montagne sont peu inclinés à la base, ou sont à peu près verticaux, on les appelle escarpements.

Aiguilles. — Quand le sommet d'une montagne

est très-aigu , ce qui arrive toutes les fois que la base a peu d'étendue par rapport à la hauteur, on lui donne le nom d'aiguille.

PLATEAUX. — Si les flancs d'une montagne ne se coupent pas, ou ne se réunissent pas suivant une arête commune, alors ils se terminent au haut de la montagne, laissant entre eux un certain intervalle. Cet intervalle est occupé par une plaine parallèle ou non à la base, qui prend la dénomination de plateau. On conçoit que le plateau sera plus étendu suivant qu'il sera plus rapproché de la base; et réciproquement qu'il sera moins étendu, s'il est plus éloigné de la base.

Les plateaux ne sont jamais bien réguliers. Au contraire, ils présentent ordinairement beaucoup d'inégalités à leur surface; et, outre qu'ils penchent diversement vers telle ou telle autre partie de la montagne, on y distingue presque toujours une espèce de crête qui forme la ligne de partage des eaux.

COTEAU. — On appelle coteau tout versant cultivé d'une montagne ou d'une colline.

Les montagnes sont rarement isolées; au contraire, elles se trouvent ordinairement réunies et groupées d'une infinité de manières.

CHAINES. — On appelle chaîne une réunion de montagnes importantes, s'étendant en longueur dans de certaines directions, et jetant à droite et à gauche des ramifications qui se prolongent plus ou moins et qui se présentent diversement rapprochées les unes des autres.

CHAÎNON. — On appelle chaînon toute série irrégulière de montagnes formant embranchement, et qui se détachent de la chaîne principale. On confond souvent le chaînon avec le contrefort.

CONTREFORT. — C'est une saillie perpendiculaire à la montagne. Il forme les vallées transversales. Quand le contrefort est très-court, il prend le nom de renflement.

RAMEAUX. — On appelle rameaux les subdivisions latérales ou terminales des chaînons et des contreforts qui ont quelque étendue, et qui forment les vallons. Chaque rameau peut être considéré comme une chaîne simple.

Les chaînes, les chaînons, les rameaux, les contreforts ont, comme les montagnes, leurs bases, leurs pieds, leurs versants, leurs crêtes, et peuvent être terminés par des plateaux dans les parties supérieures.

CIMES. — Dans une chaîne de montagnes on remarque toujours des protubérances qui s'élèvent au-dessus des parties adjacentes et qui sont souvent assez éloignées du faîte. Ces protubérances s'appellent des cimes, ou des sommets.

VALLÉES. — Les chaînons, les rameaux, les contreforts, admettent entre eux, en se groupant, des dépressions plus ou moins considérables qui partent du faîte. Ces dépressions s'appellent des vallées.

Au point de départ, les vallées sont de peu d'étendue; mais à mesure qu'elles s'éloignent de ce point, souvent elles s'élargissent considérablement et se terminent en vastes plaines. Les flancs qui laissent entre eux la dépression forment ceux de la vallée. On les nomme aussi versants.

Vallon. — Une vallée de peu d'étendue prend quelquefois le nom de vallon.

Col. — Les montagnes groupées en forme de chaînes laissent souvent entre deux sommets un espace qui fait communiquer entre elles les vallées de deux versants opposés. Cet espace, ce cran, dans le faîte d'une chaîne de montagnes, porte le nom de col.

Défilé. — C'est un passage resserré entre deux escarpements.

Croupe ou Pate. — C'est le point où la crête d'un rameau ou d'un contrefort se subdivise et se ramifie pour s'abaisser en collines.

Berges. — On appelle berges les flancs en regard des hauteurs dans l'intervalle desquelles se trouve le fond de la vallée.

Ainsi, d'après ce qui précède, toute chaîne de montagnes présente une masse principale, des rameaux, des contreforts, et peut être comparée à une immense cryptogame sortie du sol, divisée en rameaux nombreux, irréguliers, et plus ou moins redressés.

La plupart des définitions qui précèdent sont tirées de l'*Art de lever les plans*, par M. Thiollet.

UTILITÉ DES MONTAGNES. — Les montagnes de tout ordre, et en général toutes les inégalités qui hérissent la surface des continents, ont une utilité remarquable et constituent une des grandes harmonies de la création.

Si la surface des continents ne présentait ni montagnes ni collines, et par conséquent aucune dépression de terrain, cette surface serait parfaitement unie. Alors les eaux pluviales demeureraient dans le lieu même où elles seraient tombées directement ; car, la régularité de la surface ne les solliciterait pas à s'épancher plutôt vers un point que vers un autre. L'évaporation de ces eaux s'opérerait donc à la surface même qui les aurait reçues.

Or, il est constaté par des expériences nombreuses que généralement, dans un vase ouvert, l'évaporation est plus considérable que la quantité moyenne de pluie.

Donc, sur une foule de points, la quantité moyenne de pluie ne saurait suppléer à l'évaporation. Donc, sur ces mêmes points, les terres seraient desséchées, improductives et conséquemment inhabitables pendant une grande partie de l'année.

Mais avec les montagnes et les collines, et par suite avec les vallées et toutes les dépressions diverses que présente le globe à sa surface, les eaux pluviales ne peuvent que rarement demeurer à la place où elles sont tombées directement. Les pentes, les inégalités de la surface les sollicitent à se diriger vers les lieux bas et à s'y réunir. De sorte que, étant ainsi rassemblées, elles présentent d'autant moins de surface à l'évaporation qu'elles ont plus de profondeur; et elles éprouvent par là même une évaporation bien moins considérable.

Quant à la partie des eaux pluviales qui s'est infiltrée, qui est descendue au-dessous de la surface du sol, elle ne s'évapore pas immédiatement; elle se concentre sous terre. Sa destination est d'alimenter les sources et la végétation.

Le rôle que jouent les montagnes de tout ordre et les diverses inégalités qui hérissent la surface des continents, a donc pour effet de rassembler les eaux dans des lieux plus ou moins profonds; de leur présenter des pentes qui les dirigent et les mettent en mouvement; enfin, de leur donner une distribution telle que la quantité des eaux pluviales, quoique inférieure à l'évaporation possible, suffise aisément à entretenir les lacs, les Fontaines et le cours perpétuel des ruisseaux, des rivières et des fleuves.

3° FLEUVES, RIVIÈRES, RUISSEAUX.

Si tout était uni et de niveau à la surface des continents, s'il n'y existait point d'inégalités, de collines, de montagnes entrecoupées de vallées et de plaines, il pourrait bien y avoir précipitation de pluies; mais, à cause du défaut de pentes, il n'y aurait ni fleuve, ni rivière, ni ruisseau sur les terres; aucun cours d'eau ne viendrait féconder, embellir et animer la surface des continents. Mais avec les pentes, les divers cours d'eau qui prennent leur sources dans les montagnes, en descendent, soit sous la forme d'un simple filet, ou d'un modeste ruisseau, soit avec l'impétuosité d'une grande rivière ou d'un fleuve.

Les eaux provenant des météores atmosphériques tombent sur la terre et coulent en obéissant aux lois de la pesanteur, pour se rendre dans les lieux bas. Quand elles ne se portent pas directement à la mer par l'ensemble des plis, des dépressions du terrain, ou des canaux naturels qui y aboutissent, elles filtrent à travers les couches perméables des collines ou des montagnes, et vont former intérieurement des réservoirs qui sont l'origine des ruisseaux, des rivières et des fleuves.

Lit. — L'espace dans lequel chaque cours d'eau est renfermé s'appelle son lit. Quand il s'agit d'un ruisseau, c'est-à-dire de tout cours d'eau d'une faible importance et qui se jette dans une rivière, le lit prend alors la dénomination de berceau.

Ruisseau. — On appelle ainsi tout cours d'eau naturel d'une faible importance et qui se jette dans une rivière ou dans un fleuve.

Rivière. — C'est un cours d'eau naturel de

quelque importance qui se jette dans une autre rivière ou dans un fleuve.

FLEUVE. — Cours d'eau naturel, d'une importance supérieure à celle d'une rivière, et qui se jette dans la mer.

Ces trois dernières définitions étant un peu vagues, nous croyons devoir donner ici, d'après M. Charles Renier, l'importance exprimée numériquement qui fait distinguer les cours d'eau en ruisseaux, en rivières et en fleuves.

1° Un cours d'eau prend rang parmi les fleuves, quand, dans son état ordinaire, il mène 100 métr. cubes d'eau et au-dessus par seconde. La Seine, à Paris, roule environ 150 mètres cubes d'eau par seconde ; la Garonne, à Toulouse, en mène environ 150, dans son état ordinaire ; le Rhône, à Lyon, plus de 600 ; et le Rhin, à Strasbourg, plus de 1000 mètres cubes.

2° Un cours d'eau qui dans son état ordinaire mène de 1 à 12 mètres cubes d'eau par seconde, est appelé rivière. De 30 à 40 mètres cubes, c'est déjà une rivière navigable, à moins de circonstances particulières.

Quand un cours d'eau, dans son état ordinaire, mène moins d'un mètre cube d'eau par seconde, c'est un ruisseau.

Plus tard nous indiquerons les moyens employés pour jauger les cours d'eau.

RAVIN. — Le lit d'un cours d'eau prend le nom

de *Ravin*, lorsque c'est une déchirure de la montagne sur le plan de pente primitive, habituellement à sec et qui ne reçoit que les eaux sauvages ou passagères ; et l'on appelle *eaux sauvages*, celles qui lavent la surface du sol dans les grandes pluies.

RAVINE. — Quand le ravin est inondé, il prend le nom de *Ravine*.

TORRENT. — On désigne ainsi tout cours rapide et tumultueux d'eaux sauvages, sans régularité, qui étant produit accidentellement par la réunion de plusieurs ravins, roule ou se précipite en grondant sur un lit rocailleux et porte à un fleuve ou à une rivière un tribut de peu de durée, tantôt faible tantôt énorme, et ordinairement trouble.

AFFLUENTS. — Les ruisseaux s'enflent et grossissent en ramassant dans leurs cours d'autres petits ruisseaux et deviennent des rivières. Les petits ruisseaux ainsi absorbés par un ruisseau principal s'appellent *affluents*.

Tous les ruisseaux qui se jettent dans une rivière sont les affluents de cette rivière. Les rivières à leur tour sont des affluents des fleuves qui, coulant dans un lit toujours plus large à mesure que le nombre des tributaires s'accroît, vont rendre leurs eaux à l'Océan.

Quand un cours d'eau qui se jette dans la mer n'a pas une étendue considérable, il conserve le nom de rivière ou même celui de ruisseau.

Les cours d'eau ont tracé et ont creusé successivement leurs lits dans les vallées et dans les plaines qui en sont la continuation, d'après les lois
de la pesanteur, en se dirigeant toujours vers les
points les moins élevés, franchissant en cascades
plus ou moins bruyantes les escarpements, se
pliant et se repliant autour de chaque obstacle
insurmontable et trop lourd pour être entraîné, et
tournant brusquement une masse de rochers ou
l'angle saillant d'une montagne. Aussi les lits des
fleuves, des rivières, des ruisseaux, présentent-ils
des sinuosités nombreuses qui leur ont été impo-
sées par des accidents de terrain et par des circonstances locales.

Bassin. — On entend par bassin d'un fleuve l'ensemble des lits des différents cours d'eau qui se réunissent à un cours principal pour se rendre à la
mer. Le bassin d'un fleuve se divise en bassins de
rivières qui ont chacune leur bassin particulier. Les
bassins sont des dépressions de terrain plus ou
moins considérables. Le bassin de l'Océan est formé
par une continuation de dépressions immenses et
profondes. Les dépressions de moyenne étendue
constituent les bassins des mers particulières, et
celles qui ont des dimensions médiocres forment
les bassins des fleuves et des rivières.

Régime. — Lorsque des pluies viennent enfler les
fleuves et les rivières, les crues qui en résultent
ne se manifestent pas simultanément dans toutes

les parties du cours. Les niveaux sont plus élevés
sur les points voisins des terres qui ont reçu directement les eaux pluviales. Il faut qu'il s'écoule
après la pluie plusieurs heures ou même plusieurs
jours, suivant la largeur et la longueur de la rivière, pour que les mêmes niveaux s'établissent
dans toute la longueur des cours d'eau. Quand les
niveaux restent les mêmes, on dit qu'il y a régime.

ETIAGE. — Le niveau des eaux varie dans les rivières d'une saison à l'autre. On appelle étiage le
niveau moyen le plus bas.

UTILITÉS ET INCONVÉNIENTS DES COURS D'EAU. — Les
cours d'eau réguliers sont un des principaux éléments de la richesse d'un pays, soit qu'ils se présentent en masse imposante, comme les fleuves et
les rivières navigables, soit sous les modestes proportions des petites rivières ou même des ruisseaux.
Le commerce, l'industrie, l'agriculture d'un pays
jouissent d'une prospérité qui est en rapport direct
avec le nombre et l'étendue des cours d'eau qu'il
possède; et ce que nous disons d'un pays peut se
dire aussi d'une contrée, d'un état, d'un continent.

Cette règle de prospérité est tellement vraie que
son exactitude ne se discute point; elle est admise
par tout le monde. Car les avantages que présentent les fleuves et les rivières, leur utilité dans l'a-
griculture et dans le développement industriel
des peuples, le rôle important qu'ils jouent comme
voie de communication dans les transactions

commerciales, etc., sont des faits parfaitement
connus aujourd'hui et bien acquis à la science de
l'économie politique. Qui ignore, en effet, que les
fleuves et les grandes rivières fournissent au commerce des voies faciles et économiques pour le
transport des marchandises; que les petites rivières
et même les ruisseaux offrent à l'industrie d'innombrables moteurs à bon marché; et que l'agriculture peut assurer en quelque sorte le résultat
de ses travaux, et multiplier ses produits, quand
elle a de l'eau à sa disposition ?

Heureuses donc les contrées qui ont été dotées
par la nature de nombreux cours d'eau !

Sous ce rapport, la France a reçu une magnifique part. Elle est placée entre trois mers vers lesquelles coulent avec une régularité remarquable
ses fleuves et ses rivières, dont la distribution (qu'on
dirait intelligente), leur permet d'arroser, de
fertiliser son vaste territoire et de baigner les murs
de ses principales cités.

Les nombreux cours d'eau que possède la France
coulent dans six bassins principaux, et vingt-cinq
bassins secondaires. Ces bassins, tant principaux
que secondaires, comprennent environ 9000 cours
d'eau, dont plus de 200 sont des rivières navigables ou flottables.

Aussi, cette heureuse position de la France avait
été remarquée par le géographe Strabon. Cet auteur
nous a laissé sur les Gaules des pages dans lesquelles
il fait entrevoir les brillantes destinées futures de

cette terre Gauloise qu'il voyait si heureusement située et dotée de tant de fleuves ou rivières navigables, et d'innombrables cours d'eau, de médiocre importance, mais distribués avec une sagesse
infinie. « Il semble (dit-il, livre 1), qu'un Dieu
tutélaire ait élevé ces chaînes, ces montagnes,
rapproché ces mers et dirigé le cours de tant de
fleuves, pour faire un jour de la Gaule le lieu le
plus florissant du monde. » Or, la prédiction de ce
géographe de l'antiquité, s'est déjà réalisée. D'après
ce qui précède, il devient donc évident que, si
l'on pouvait augmenter le nombre des cours
d'eau dans un pays, dans une contrée, ce serait
y amener par là même un véritable accroissement
de prospérité.

Nous verrons plus tard par quel moyen il est
non seulement possible, mais facile, de multiplier
les cours d'eau dans un pays, dans une contrée,
sans nuire en aucune manière à l'importance des
fleuves, des rivières, des ruisseaux déjà existants.

Après avoir fait ressortir les avantages que présentent les cours d'eau, il est juste de parler aussi
de leurs inconvénients, des variations auxquelles
leur rég.me est sujet, et principalement des crues
excessives et des inondations qui amènent des résultats déporables.

Les inconvénients de la plupart des cours d'eau
sont de donner de l'eau froide ou gelée en hiver et
chaude en été; de rouler des eaux troubles chaque
fois qu'il pleut par précipitation un peu considé-

rable; et de n'offrir en général dans la saison des chaleurs, après une longue sécheresse, qu'une eau sale qui a l'odeur du poisson et de la vase. Ces trois inconvénients bien connus de tout le monde font accorder aux eaux de rivière, et surtout aux eaux des rivières de médiocre importance, une place très-inférieure dans la classification des eaux potables.

En outre, presque tous les cours d'eau éprouvent des variations notables dans leur régime. Le débit de leurs eaux est tantôt fort, tantôt faible, et dépend du concours de diverses circonstances, ou de la combinaison de plusieurs causes.

Mais les plus grands inconvénients des cours d'eau sont leurs débordements, qui portent le ravage et la désolation dans les terres livrées à leur impétuosité.

Ici nous laisserons parler M. Jules Coutin, que nous avons déjà suivi sur plusieurs points. Il s'exprime ainsi :

« C'est aujourd'hui une question vraiment palpitante et à l'ordre du jour en France, que l'étude de ces fléaux qui, depuis le commencement du siècle surtout, ravagent avec une effrayante périodicité quelques-unes de nos provinces les plus riches et les plus prospères. Nous sommes encore en ce moment sous l'impression pénible des désastres de 1840 et de 1846, et cependant, nous le voyons avec peine, on ne travaille pas assez, selon nous,

à combattre dans leurs causes ces sources de mal-
heurs et de désolations. L'esprit public est doulou-
reusement frappé à leur apparition; mais le danger
passé, les eaux rentrées dans leur lit, on n'y songe
plus guère qu'au sein des populations ravagées,
et là encore, sur les bords mêmes du fleuve, s'en-
dort-on souvent dans un fatal repos, dont on ne
doit être tiré que par de nouvelles catastrophes.
Inconcevable indifférence, digne du Sicilien qui
se bâtit des villes nouvelles sur les cités anciennes,
couvertes des laves encore fumantes de l'Etna.

« De nombreuses causes ont été assignées aux
inondations; mais un fait a semblé décisif : c'est
que les inondations ne sont devenues fréquentes et
régulières, pour ainsi dire, que depuis la funeste
tendance des propriétaires à convertir en terres défrichées les forêts qui couronnent les montagnes.
Le reboisement a donc paru le moyen le plus naturel et le plus efficace pour combattre le mal à sa
source. Les forêts, en effet, jouent un rôle très-important dans la formation des fleuves et des rivières; elles entretiennent à leurs sources une humidité favorable, y forment un humus épais composé
de feuilles et de détritus des bois qui retiennent
les eaux, les distillent dans le sein de la terre, et
les empêchent ainsi de se répandre dans les vallées
avec la violence des torrents. »

Sans doute, le reboisement des montagnes serait
un bon moyen de donner plus de régularité au débit des sources et par suite au régime des rivières

et des fleuves. Il modifierait certainement la sou-
daineté des grandes crues, en contraignant les
eaux pluviales à se répandre dans les vallées avec
moins de violence. Mais il ne saurait empêcher dans
tous les cas les inondations.

En effet, dans les siècles qui ont précédé le nôtre, et bien avant que l'on eût commencé à convertir les forêts en terres défrichées, il y a eu des
débordements de fleuves et de rivières qui ont
porté le ravage et la désolation sur les terres rive-
raines. Cela a été constaté par divers historiens
des temps passés. Car, bien que, à ces époques plus
ou moins reculées de l'époque actuelle, on n'eût
pas généralement, comme de nos jours, l'heureuse
habitude d'enregistrer tous les faits de quelque
importance; néanmoins, l'histoire mentionne un
bon nombre de débordements remarquables,
soit par la durée, soit par l'étendue et la grandeur des désastres. Par exemple, pour la Seine,
on compte 17 inondations depuis l'an 583 jusqu'à
1788; pour la Loire, 23 débordements entre l'an
379 et l'an 1791; pour la Garonne, une inondation en 1678 et un autre en 1783; pour le Rhône,
23 débordements depuis l'an 580 jusqu'à l'année
1651; etc.

En 1196, la Seine déborda tellement que le roi
Philippe-Auguste fut contraint d'abandonner son
palais de la Cité.

Au mois de Juin 1426, le soir même de la fête
de la St-Jean, la Seine déborda si subitement

qu'elle éteignit les feux allumés sur la place de Grève.

Le 8 Juin 1427, les eaux de la Seine atteignirent le premier étage des maisons placées sur ses bords.

En mars 1615, les eaux de la Loire dépassèrent le seuil de l'église des Capucins à Saumur.

Plusieurs de ces années de grande inondation ont conservé dans diverses localités la dénomination d'*années du déluge*.

On voit donc par ce qui précède que le reboisement des montagnes ne serait pas un moyen assez efficace pour empêcher les inondations.

Au livre cinquième de cet ouvrage nous indiquerons un moyen sûr de diminuer considérablement les inondations et même de les rendre impossibles.

CHAPITRE III.

DE L'ATMOSPHÈRE.

§ 1er. — *Constitution de l'atmosphère.*

L'atmosphère est la masse entière d'air qui enveloppe de toute part le globe terrestre.

L'air atmosphérique est transparent, il n'a par lui-même ni odeur, ni saveur; il est pesant, compressible, élastique.

Les propriétés physiques de l'air sont des faits bien acquis à la science; car ils ont été constatés par des expériences nombreuses.

Mariotte, physicien français du 17e siècle, a découvert la loi suivant laquelle s'exerce la force élastique de l'air. Cette loi est ainsi formulée : *la force élastique de l'air est en raison inverse du volume.*

Les trois propriétés physiques de l'air, savoir : la pesanteur, la compressibilité et l'élasticité ont pour résultat nécessaire la constitution atmosphérique; c'est-à-dire qu'en vertu de ces trois propriétés l'air des couches inférieures de l'atmosphère doit être plus condensé que celui des couches supérieures.

COMPOSITION DE L'ATMOSPHÈRE. — L'air atmosphérique est composé d'oxigène et d'azote, dans le rapport de 21 parties de son poids d'oxigène et de 79 parties d'azote sur 100 parties de son poids. En outre, il contient de la vapeur d'eau et une petite quantité d'acide carbonique.

Une propriété remarquable et très-utile à connaître de l'air atmosphérique, *c'est qu'il se dissout dans l'eau et se mêle naturellement avec elle par le simple contact prolongé pendant quelque temps.* Dans les circonstances ordinaires, l'eau dissout une quantité d'air qui est environ la 30° partie de son volume.

L'air contenu en dissolution dans l'eau s'en sépare et reprend l'état gazeux quand l'eau se congèle ou quand elle est mise en ébullition.

L'air mêlé avec l'eau la rend *légère, digestive, agréable à boire.*

L'eau bouillie, purgée d'air, *est fade à la bouche et lourde à l'estomac.*

§ 2. — *Limite de l'atmosphère.*

On n'a pas besoin de démontrer le fait suivant, car il est admis de tout le monde.

L'atmosphère, ainsi que les mers et tous les corps mobiles qui sont répandus à la surface de la terre, participent au mouvement de rotation dont le globe terrestre est animé.

Il suit de là que les molécules qui composent la masse atmosphérique, sont sollicitées par deux forces, savoir : l'attraction de la terre qui tend à rapprocher ces molécules vers la surface et le centre du globe; et la force centrifuge, résultant du

mouvement de rotation qui tend à éloigner ces molécules et à les disperser dans l'espace. L'existence
de ces deux forces simultanées et contraires fait admettre une limite à l'atmosphère.

En effet ; d'une part, il est constaté par une foule
d'expériences qu'à la surface de la terre la force
attractive est plus grande que la force centrifuge,
puisque les corps lancés par une impulsion quelconque reviennent toujours au sol. Et d'autre part,
on sait que la force d'attraction diminue à mesure
que la distance au sol augmente, tandis que la
force centrifuge augmente à mesure que le rayon
s'allonge. Ces deux forces doivent donc finir par
devenir égales ; d'où il suit que là où ces deux forces se neutralisent mutuellement, là aussi doit se
trouver la limite de l'atmosphère.

La hauteur de l'atmosphère n'a pas encore été
déterminée d'une manière précise. On a trouvé par
le calcul qu'elle ne dépasse pas cinq fois le rayon
terrestre ou 7500 lieues, sans pouvoir affirmer
que ce chiffre donne l'épaisseur exacte de l'atmosphère, et qu'elle va au delà de 13 lieues.

§ 3. — *Pression atmosphérique.*

L'air exerce des pressions dans tous les sens sur
les corps qui y sont plongés. On met en évidence
et l'on mesure la pression de l'air par divers moyens;
entre autres par l'emploi de l'instrument appelé baromètre. Dans cet appareil la colonne de mercure

s'arrête à une hauteur d'environ 76 centimètres. Le poids de cette colonne fait équilibre au poids d'une colonne d'air de même base et qui aurait pour hauteur la hauteur même de l'atmosphère.

D'après cela, on peut évaluer numériquement la pression de l'air sur une surface donnée, en partant d'une unité de mesure connue, par exemple le centimètre carré. Or, on sait qu'un centimètre cube de mercure pèse 13^{gr}, 6 ; donc une colonne de mercure de 76 centimètres de hauteur et d'un centimètre carré de base pèse 13^{gr}, 6 × 76 = 1033^{gr}. Et puisque sur un seul centimètre carré la pression atmosphérique est de 1033 grammes, cette pression sera répétée sur une surface donnée autant de fois que cette surface contiendra de centimètres carrés.

D'après ce calcul très-simple, on estime que la pression atmosphérique exercée sur le corps de l'homme équivaut moyennement à 1600 kilogr., ou 320 quintaux métriques; ce qui faisait dire plaisamment au physicien Haüy : *Voilà pourtant le poids dont étaient chargés les anciens philosophes qui niaient sérieusement la pesanteur de l'air.*

En comparant le poids du mercure et celui de l'air, on trouve que le mercure pèse 13^{gr}, 6 fois autant que l'air. Par conséquent une colonne de mercure de 28 pouces, ou 76 centimètres de hauteur pèse autant qu'une colonne d'eau de même base et qui serait de 13,6 fois plus haute. Ainsi pour faire équilibre à la pression de l'atmosphère par une colonne d'eau, il faudrait donner à la colonne d'eau, environ 10 mètres et demi, ou 32 pieds de hauteur.

§ 4. — *Des Vents.*

Les météores se forment dans le sein de l'atmosphère, et les vents sont comptés au nombre des météores. Dans le chapitre IV, nous traiterons spécialement des météores aqueux, tels que les brouillards, les nuages, la pluie, la neige, la grêle, etc. Ici nous parlerons en peu de mots de la fréquence des vents, de leur influence, et de leur usage.

On entend par vent tout mouvement de l'air dont une partie se déplace, en formant un courant d'une étendue considérable, par l'effet d'une impulsion ou d'une aspiration.

Les vents sont réguliers ou irréguliers. Les premiers ont une direction et une durée à peu près constantes; les seconds soufflent capricieusement dans diverses directions, en temps divers, et avec des fréquences relatives très-remarquables.

FRÉQUENCE DES VENTS. — En France, les vents qui l'emportent sur les autres par leur fréquence relative sont les vents du Nord et du Sud, dans le bassin de la Saône et du Rhône; les vents du Nord-Ouest et de l'Ouest dans le bassin de la Garonne et de l'Aude; et dans les départements de l'Hérault, du Gard, de Vaucluse et des Bouches-du-Rhône, c'est le Mistral ou vent du Nord-Ouest qui est le plus fréquent et le plus violent.

INFLUENCE DES VENTS. — Les vents exercent une grande influence dans les divers changements d'état qu'éprouve l'air atmosphérique. Les Romains les appelaient les *grands arbitres des bonnes saisons*, ainsi qu'il est constaté par une inscription votive qu'on lit encore sur un monument trouvé en Afrique, près de Constantine, et qui fut tracée par la 3ᵉ légion romaine, en ces termes : *Ventis bonarum tempestatum potentibus, leg. III.*

C'est principalement par leur température et leur direction que les vents rendent l'air froid ou chaud, sec ou humide. Ainsi, les vents que nous reconnaissons en France comme étant en général secs et froids, sont ceux du Nord, du Nord-Est, et de l'Est qui soufflent après avoir traversé le continent Européen. Au contraire, les vents du Sud, et du Sud-Ouest, sont ordinairement humides et chauds ; ils arrivent chargés des vapeurs qu'ils ont balayées sur les mers, et portent la pluie sur la majeure partie de la France.

USAGE DES VENTS. — Les vents ont divers usages. Nous ne parlerons pas de l'utilité des vents sur mer pour faire marcher les vaisseaux à voiles ; de l'emploi qu'en fait l'industrie pour mettre en mouvement des pompes et des moulins ; de leur action dans le renouvellement de l'air des villes et des habitations quelconques ; de l'influence qu'ils exercent dans l'atmosphère, influence qui a pour effet de faire varier la température, de rendre l'air froid

ou chaud , et d'amener la sécheresse ou l'humidité ;
mais nous dirons qu'un usage très-important des
vents est celui-ci :

Ils promènent en divers sens les nuages ; ils les
pressent , condensent leur vapeur et la réduisent
en pluie. Ainsi , les vents sont des agents qui servent à l'arrosement des contrées qu'ils fréquentent
et y entretiennent les sources , les rivières , les fleuves , la végétation des plantes ; en un mot, le mouvement et la vie.

CHAPITRE IV.

—

HYGROMÉTRIE ET MÉTÉOROLOGIE.

1° HYGROMÉTRIE.

§ 1er. — *Degrés d'humidité de l'air.*

Le mot *hygrométrie* signifie *mesure de l'humidité*.

Cette mesure s'applique à l'humidité de l'air, c'est-à-dire, à la quantité de vapeur d'eau répandue dans l'air.

On vend dans le commerce une foule de petits appareils appelés hygroscopes, qui peuvent faire reconnaître s'il y a plus ou moins d'humidité dans l'air. A cause de cette propriété, ils sont supposés annoncer la pluie et le beau temps.

Ces hygroscopes peuvent suffire pour donner des indications grossières, mais ils n'annoncent pas d'une manière bien certaine ni le beau temps ni la pluie; ils indiquent seulement l'humidité, sans fournir une mesure exacte de l'état hygrométrique du lieu où ils se trouvent.

On appelle état hygrométrique d'un lieu le rapport qui existe entre la quantité d'eau en vapeur que l'air de ce lieu contient réellement, et celle qu'il contiendrait, s'il était saturé. Ou, ce qui est la même chose, c'est le rapport des forces élastiques de vapeur d'eau correspondant à ces deux circonstances.

Ce rapport s'appelle degré d'humidité.

Les instruments qui font connaître le degré d'humidité, ou qui donnent des indications capables de faire trouver le degré d'humidité, s'appellent hygromètres.

De tous les hygromètres en usage, le meilleur est celui de Saussure, qu'on appelle aussi hygromètre à cheveu.

L'hygromètre de Saussure n'a que deux points exacts : le point 0° qui marque l'extrême sécheresse, et le point 100° qui marque l'humidité extrême. C'est-à-dire qu'au point 0° la tension de la vapeur est réellement nulle, et qu'au point 100° la tension de la vapeur est à son maximum. Les degrés intermédiaires de l'arc sur lequel l'aiguille se promène, sans jamais atteindre les extrémités dans les circonstances ordinaires et en plein air, ne font pas connaître les différents degrés de tension où se trouve la vapeur contenue dans l'air à différentes températures.

De plus les degrés intermédiaires ne désignent pas la quantité de vapeur qui est contenue dans l'air. Ils désignent une augmentation ou une diminution d'humidité, mais sans faire connaître la quantité absolue de vapeur d'eau que l'air contient sous la température du moment.

Aussi, on ne doit pas confondre les degrés de l'hygromètre avec les degrés d'humidité. Par exemple, si l'aiguille de l'hygromètre marque 50°, il ne faut pas conclure que l'air contient la moitié ou les 50/100 de l'humidité qu'il pourrait contenir à cette température, s'il était saturé. Car, dans ce cas, l'hygromètre devrait marquer 72°, comme on va le voir dans la table des degrés d'humidité.

TABLE DES DEGRÉS D'HUMIDITÉ.

DEGRÉ de L'HYGROMÈTRE.	DEGRÉ D'HUMIDITÉ.	DEGRÉ de L'HYGROMÈTRE.	DEGRÉ D'HUMIDITÉ.	DEGRÉ de L'HYGROMÈTRE.	DEGRÉ D'HUMIDITÉ.
0	0, 00	34	17, 10	68	44, 89
1	0, 45	35	17, 68	69	46, 04
2	0, 90	36	18, 30	70	47, 19
3	1, 35	37	18, 92	71	48, 51
4	1, 80	38	19, 54	72	49, 82
5	2, 25	39	20, 16	73	51, 14
6	2, 71	40	20, 78	74	52, 45
7	3, 18	41	21, 45	75	53, 76
8	3, 64	42	22, 12	76	55, 25
9	4, 10	43	22, 79	77	56, 74
10	4, 57	44	23, 46	78	58, 24
11	5, 05	45	24, 13	79	59, 73
12	5, 52	46	24, 86	80	61, 22
13	6, 00	47	25, 59	81	62, 89
14	6, 48	48	26, 32	82	64, 57
15	6, 96	49	27, 06	83	66, 24
16	7, 46	50	27, 79	84	67, 92
17	7, 95	51	28, 58	85	69, 59
18	8, 45	52	29, 38	86	71, 49
19	8, 95	53	30, 17	87	73, 39
20	9, 45	54	30, 97	88	75, 29
21	9, 97	55	31, 76	89	77, 19
22	10, 49	56	32, 66	90	79, 09
23	11, 01	57	33, 57	91	81, 09
24	11, 53	58	34, 47	92	83, 08
25	12, 05	59	35, 37	93	85, 08
26	12, 59	60	36, 28	94	87, 07
27	13, 14	61	37, 31	95	89, 06
28	13, 69	62	38, 34	96	91, 25
29	14, 23	63	39, 36	97	93, 44
30	14, 78	64	40, 39	98	95, 63
31	15, 36	65	41, 42	99	97, 81
32	15, 94	66	42, 58	100	100, 00
33	16, 52	67	43, 75		

Cette table due aux expériences de M. Gay-Lussac, donne les degrés d'humidité correspondants aux degrés de l'hygromètre de Saussure.

Le degré d'humidité déterminé par le secours de cette table et de l'hygromètre à cheveu, s'appelle humidité relative, pour la distinguer de l'humidité absolue, qui est la quantité de vapeur d'eau contenue dans l'air sans avoir égard à sa température, et par conséquent à ce qu'il pourrait contenir.

Les observations hygrométriques prouvent que l'air n'est jamais très-rapproché de la sécheresse extrême, ni de l'extrême humidité. Les plus grandes variations dans l'humidité de l'air font mouvoir l'aiguille de l'hygromètre entre 30° et 95°. De sorte que, dans le temps des plus grandes sécheresses, l'air contient encore plus de 1/6 de la vapeur nécessaire à sa saturation ; et dans le moment des grandes pluies, il ne contient que les 9/10. D'après les observations hygrométriques déjà enregistrées, il est probable qu'en France l'humidité relative varie moyennement entre 40 et 85 pour cent ; et qu'en général dans les temps ordinaires l'aiguille de l'hygromètre se maintient entre 70° et 75° ; ce qui montre que généralement à la surface de la terre, l'air est à moitié saturé.

Quand on prend une observation hygrométrique à diverses hauteurs, l'humidité paraît augmenter ; et il résulte des observations faites sur le Foulhorn en Suisse, à 2671 mètres au-dessus du niveau de la mer, par MM. Bravais et Martins, qu'en moyenne, l'humidité relative est plus forte sur les montagnes. Ce résultat explique un grand nombre de phénomènes météorologiques.

On a aussi constaté par les observations que le mois de décembre est le plus humide, et le mois d'août le plus sec; que le matin, avant le lever du soleil, l'humidité est à son maximum; qu'elle diminue ensuite jusqu'à midi, et augmente de nouveau dans le courant de la nuit; que l'air, en général, est plus humide en automne et *que la quantité de vapeur est d'autant plus grande qu'on s'approche davantage de l'équateur.*

2° MÉTÉOROLOGIE.

§ 2. — *Brouillards.*

La météorologie comprend l'ensemble de tous les météores, c'est-à-dire, des phénomènes qui se passent dans le sein même de l'atmosphère; tels que les brouillards, la formation de la pluie, des nuages, des trombes, des étoiles filantes, etc.

Ces météores se distinguent en météores aqueux et en météores ignés. Nous parlerons seulement de quelques-uns des météores aqueux et d'abord des brouillards.

Les brouillards sont des amas assez denses de très-petits globules liquides, qui deviennent visibles par l'agglomération, et qui se déposent facilement sur les corps voisins.

Saussure a examiné ces globules à l'aide d'une lentille de verre. Il a reconnu que ces globules sont sphériques, et il les a vu flotter et voltiger dans l'air avec une légèreté qui prouve qu'ils sont creux. Il les a nommé, par ce motif, vapeur vésiculaire.

Saussure a constaté aussi, par des expériences, que la fumée qui se forme dans l'air au-dessus d'un liquide noir est composée de particules arrondies et blanchâtres.

Ces vapeurs vésiculaires s'étendent ordinairement sur le sol en couches peu épaisses, et mouillent les corps qu'elles enveloppent.

Le phénomène de la vapeur vésiculaire est le résultat de la condensation que fait éprouver à la vapeur d'eau répandue dans l'air, tout abaissement suffisant de température pour qu'il y ait saturation.

Alors, la vapeur d'eau prenant la disposition vésiculaire, peut se précipiter continuellement, jusqu'à ce que la température du lieu s'élève de quelques degrés.

D'où il suit que toutes les fois que le brouillard se montre quelque part, c'est que l'air est saturé d'humidité.

Les brouillards se forment, soit sur les eaux, soit sur le sol. Mais les circonstances de leur formation ne sont pas les mêmes dans ces deux cas.

1° Les brouillards sur les eaux se forment quand l'air ambiant est plus froid que l'eau, et que la

température de cet air est assez basse pour condenser jusqu'à saturation la vapeur qui s'exhale de la
surface liquide. Alors les vapeurs qui se séparent
de l'eau montent dans l'air en vertu de leur force
d'expansion, et bientôt elles deviennent visibles
par la condensation, comme celles qui s'élèvent
au-dessus de l'eau bouillante, ou comme la vapeur
de l'air expiré qui se condense, en hiver, au moment où elle sort de la bouche.

Telle est la formation des brouillards que
l'on observe en automne et au commencement de
l'hiver, sur les lacs, et sur les rivières dont l'eau
est plus chaude que l'air ambiant.

C'est la même cause qui produit sur les mers polaires, où l'eau est toujours chaude relativement
à l'air ambiant, les brouillards presque perpétuels
que l'on appelle *brumes polaires*.

2° Les brouillards sur le sol se forment au contraire quand l'air est plus chaud que le sol. Ils sont
dus au refroidissement nocturne du sol et de l'atmosphère.

Le sol froid condense la vapeur d'eau répandue dans la couche d'air en contact avec lui, et
cette vapeur prend la disposition vésiculaire. C'est
le même phénomène qui obscurcit momentanément les verres de lunettes, lorsqu'on passe d'un
lieu froid, dans un lieu chauffé et humide. Il se
forme spontanément sur les deux faces des verres
des lunettes un mince brouillard qui se dissipe

graduellement à mesure que les verres se mettent en équilibre de température avec l'air ambiant.

C'est principalement dans les lieux humides, sur les prairies, que l'on voit les brouillards se manifester après le coucher du soleil. Les brouillards disparaissent ordinairement pendant le jour, lorsque l'air ayant été chauffé suffisamment par le soleil, a acquis la faculté de contenir une plus grande quantité de vapeur d'eau.

Toutefois, l'eau peut être plus chaude et le sol plus froid que l'air, sans qu'il y ait formation de brouillards. Car, si l'air est sec, la vapeur d'eau ne se précipite point ; elle demeure encore invisible malgré l'abaissement de la température.

§ 3. — *Nuages.*

Lorsque la vapeur se condense et prend la disposition vésiculaire dans les régions élevées de l'atmosphère, elle donne naissance à ce que l'on nomme nuage.

Le nuage est donc, comme le brouillard, un amas de vapeur vésiculaire. C'est ce qui a fait dire au célèbre Monge, qu'un brouillard est un nuage dans lequel nous nous trouvons ; et qu'un nuage est un brouillard éloigné de nous.

Les nuages se tiennent suspendus à une élévation quelconque dans l'atmosphère dont ils troublent la transparence. Leur suspension est analogue à celle des ballons, des aérostats ; ils montent

ou ils descendent jusqu'à ce que leur poids soit en
équilibre avec le poids de la colonne d'air de même
diamètre qui est au-dessus d'eux.

La force d'ascension dont les nuages sont animés
tient à deux causes.

La première naît de la formation même de la vapeur vésiculaire dans une région d'air dont la basse
température a condensé la vapeur d'eau. En effet,
l'eau seule, par sa viscosité et la mobilité de ses molécules, forme les parois de ces vésicules. Il s'opère
alors un commencement de liquéfaction de la vapeur d'eau, et par suite un dégagement considérable de calorique au profit de la substance gazeuse
qui se trouve sous cette enveloppe liquide. Donc,
l'air de ces vésicules, qui est relativement plus
chaud et conséquemment plus léger que l'air envi-
ronnant, doit monter.

La deuxième cause vient de la chaleur que les
nuages reçoivent directement du soleil par les
rayons qu'ils interceptent, et aussi des rayons de
calorique que la terre leur envoie.

D'après cela, on conçoit que la pluie doit-être
calorifique pour toute localité où elle se forme, car
la liquéfaction du nuage fait crever les vésicules
qui le composent. L'air chaud des vésicules étant
ainsi rendu à la liberté, se mêle à l'air moins chaud
qui environne le nuage, et lui communique sa
chaleur.

Parmi les phénomènes atmosphériques, les
nuages sont les plus communs. La présence ou

l'absence des nuages, leur élévation ou leur abaissement, les diverses formes qu'ils affectent, les cou-
leurs qu'ils revêtent, les modes de leurs groupe-
ments, leurs distances respectives, leur épaisseur,
changent l'aspect de l'atmosphère et lui donnent
des physionomies variées qu'il est très-intéressant
d'étudier; parce qu'on peut en déduire bien plus
sûrement que par le secours des hygromètres ou
du baromètre les indications sur l'état atmosphérique et sur les changements prochains du temps.

Mais l'étude de ces diverses circonstances nous
conduirait trop loin; d'ailleurs elle n'entre pas
précisément dans le plan de cet ouvrage. Il
nous suffira donc de les avoir indiquées, et nous
dirons seulement quelques mots sur l'élévation
des nuages.

L'élévation des nuages est loin d'être toujours
la même. Généralement les nuages s'élèvent à 1000
ou 1200 mètres. Ce sont les nuages que nous
voyons ordinairement de la surface de la terre. Mais
il existe d'autres nuages au-dessus de ceux-là, que
nous ne voyons pas, et qui s'élèvent à 5000^m, ou
6000^m, ou 7000^m et au delà. Car M. Gay-Lussac, dans
son ascension aérostatique, s'étant élevé, le 15 septembre 1804 à 6980^m, vit au-dessus de lui des
nuages qui lui semblèrent aussi éloignés que ceux
qu'on voit de la terre. D'après ce fait constaté dans
l'ascension de M. Gay-Lussac, on peut aisément
supposer que d'autres nuages existent dans des
régions encore plus élevées de notre atmosphère.

§ 4. — *Pluie, sa formation.*

On donne le nom de pluie à l'eau qui tombe en gouttes des régions atmosphériques sur la terre, à divers intervalles, et en quantité très-variable.

De tous les phénomènes atmosphériques, le plus intéressant à étudier pour nous c'est la pluie. Aussi, nous consacrerons cinq chapitres à l'étude détaillée de cette partie de notre ouvrage.

Nous considérerons la pluie dans les causes de sa formation; dans les causes occasionnelles de sa fréquence; dans les causes qui rendent ses précipitations plus ou moins abondante; nous donnerons le moyen de mesurer la quantité moyenne annuelle de pluie, et nous indiquerons cette quantité moyenne annuelle pour un bon nombre de localités; enfin nous dirons quelques mots sur l'utilité de la pluie.

FORMATION DE LA PLUIE.

Nous connaissons la cause de l'existence des nuages; c'est un abaissement local de température dans la vapeur d'eau que contient l'atmosphère.

La formation de la pluie provient de la liquéfaction des nuages.

Or, la liquéfaction des nuages peut avoir plusieurs causes.

1° Si deux courants opposés accumulent les nuages et les pressent dans une même région atmosphérique;

2° Si un courant d'air froid abaisse subitement la température de la vapeur vésiculaire et opère un rapprochement considérable des globules humides qui composent les nuages;

3° Si plusieurs vents ayant des directions différentes, agitent vivement et en sens divers les masses nuageuses;

4° Si les éclats du tonnerre occasionnent des perturbations violentes dans une région atmosphérique chargée de gros nuages.

Dans les deux premiers cas, il s'opère un excès de saturation. Les vésicules des nuages se rapprochent, se pressent, se collent, s'unissent ensemble; leur pesanteur spécifique fait descendre le nuage, qui laisse tomber par un espèce de trop plein, sur la terre, la vapeur liquéfiée.

Dans les deux derniers cas, les vésicules se mêlent vivement, s'entrechoquent, crèvent et se détruisent; alors l'eau qui forme les parois de ces vésicules se réunit en gouttelettes, cesse d'être soutenue dans l'atmosphère, à cause de sa pesanteur spécifique, et se précipite sur la terre.

Telles sont, à ce qu'il nous paraît, les causes de la formation de la pluie; en résumé, c'est toujours par un effet de saturation, ou par un temps d'orage que la pluie se forme.

Ces deux causes principales font distinguer deux sortes de pluie : les pluies qui proviennent d'un simple excès de saturation, et les pluies d'orage.

1° Les pluies qui sont dues à un simple excès de

saturation sont ordinairement fines et légères; c'est une espèce de poussière humide, tamisée par l'atmosphère. Elles descendent verticalement, ou suivant une ligne légèrement oblique à l'horizon, parce que au-dessous des nuages qui produisent les pluies menues, l'atmosphère n'est pas agitée. Ces pluies ne viennent pas de fort haut. Ordinairement elles sont générales, c'est-à-dire que leur précipitation s'opère sur une grande étendue. Leur caractère est de n'avoir pas d'impétuosité, d'être à peu près également continuelles, et de persister assez longtemps lorsqu'elles ont commencé. Cette chute monotone se remarque pendant la saison pluvieuse de l'année.

2° Les pluies d'orage tombent ordinairement de fort haut. Elles se précipitent en gouttes très-larges et très-grosses, qui tombent avec rapidité suivant une ligne toujours oblique et variable dans sa direction, parce que l'atmosphère est fort agitée par des vents impétueux qui vont en sens divers. Ces pluies n'ont aucune généralité; elles se précipitent sur une bande plus ou moins large de la terre. D'abord ce sont de grosses gouttes d'eau clair-semées qui commencent à tomber; celles-ci sont bientôt suivies par d'autres gouttes tellement serrées, qu'elles semblent tomber en masse. La durée de leur précipitation est courte; mais elles tombent si abondamment, qu'en peu de temps elles remplissent les vallées et les lits des torrents, font

déborder les rivières, et occasionnent souvent des
inondations désastreuses.

Les causes occasionnelles de la fréquence des
pluies sont : l'influence des vents, des montagnes
et du lieu.

1° INFLUENCE DES VENTS. — Dans les régions équatoriales du globe on remarque une correspondance
constante et périodique entre les saisons des vents
et les saisons des pluies.

Ainsi, les vents réguliers appelés moussons régnent pendant six mois, l'une d'avril à octobre; l'autre d'octobre à avril. Les moussons soufflent vers
le Nord-Est tout le temps que le soleil est au Nord
de l'équateur; et elles soufflent vers le Sud-Est tant
que le soleil est au Sud de l'équateur. Les pluies
suivent la direction de ces vents réguliers; elles durent plusieurs mois avec de médiocres interrup-
tions et se reproduisent à peu près aux mêmes époques de chaque année. De sorte que, de même qu'il
y a deux saisons de vents, de même il y a deux
saisons alternativement l'une pluvieuse, et l'autre
sèche.

Cette concordance entre les pluies régulières et
les vents réguliers qui règnent dans les régions
équatoriales et qui surviennent périodiquement
aux mêmes époques de chaque année, prouvent
évidemment qu'il y a une relation de cause à effet

dans la reproduction constante de ces deux phénomènes.

A mesure que l'on s'éloigne des régions équatoriales, l'alternance régulière d'une saison pluvieuse
et d'une saison sèche disparaît peu à peu. Ainsi,
dans l'Europe on remarque qu'il pleut de temps
à autre dans toutes les saisons de l'année, avec des
différences marquées; mais les vents ont sur ces
pluies d'Europe une influence certaine.

Les vents pluvieux de l'Europe sont le Sud, le
Sud-Ouest et l'Ouest. Sans doute, il pleut aussi en
Europe par d'autres vents, mais c'est beaucoup
moins souvent, et ces pluies fournissent des précipitations beaucoup moins considérables.

Il est aisé de comprendre l'influence des vents du
sud, du Nord-Ouest et d'Ouest sur les pluies d'Europe. En effet, ces vents poussent avec eux des
quantités très-considérables de vapeur d'eau qu'ils
ont balayées sur les mers. Ces vapeurs se refroidissent et se condensent dans l'atmosphère au-dessus
des continents et retombent à l'état de pluie.

Généralement, il pleut dans un pays, lorsque
les vents des mers voisines soufflent sur la contrée, parce que ces vents sont chargés des vapeurs
qui s'élèvent sur les mers. Ces vapeurs, arrivées
dans des latitudes plus froides, se condensent et
se précipitent en pluie.

2° INFLUENCE DES MONTAGNES. — On doit aussi admettre l'influence des montagnes dans la fréquence
des pluies.

7

Les Alpes, les Pyrénées, et les montagnes intérieures de la France fournissent des exemples sans
nombre de l'influence des montagnes sur la fréquence des pluies. Ces grandes élévations de terrains sont des points d'arrêt pour les nuages que
les vents charrient.

De plus, sur la cime des pics élevés, sur les sommets des hautes montagnes, non seulement les
nuages s'arrêtent et s'y amoncèlent; mais aussi les
brouillards, formés durant la nuit sur la plaine et
dissipés après le lever du soleil, escaladent les
montagnes voisines jusqu'aux points les plus élevés, où ils forment par leur réunion comme un
immense chapeau qui cache les points culminants
de ces hauteurs. Des nuages épais s'amoncèlent sur
ces crêtes, des orages épouvantables y éclatent, et
laissent précipiter sur ces cimes des masses d'eau
qui transforment bientôt la plaine en lacs immenses,
coupés par des torrents rapides qui descendent des
montagnes et se croisent en divers sens.

Le groupement des nuages sur les sommets élevés tient à deux causes :

L'une, c'est que les nuages s'élèvent dans l'atmosphère en vertu de leur légèreté relative, et
montent jusqu'à ce que leur poids spécifique fasse
équilibre à celui de la couche d'air qui les porte.
Alors ils peuvent flotter dans la couche horizontale
où ils se trouvent.

La seconde est due à l'attraction. Les nuages qui
flottent librement, et qui se trouvent dans la sphère

d'attraction de la montagne, sont sollicités à se rapprocher vers le point attirant, où ils se réunissent quand ils ne sont point emportés par des vents violents.

Par là se trouve aussi expliqué ce fait remarquable : que pendant qu'il pleut fortement sur les montagnes élevées, il arrive souvent que le ciel est serein dans les plaines voisines, ou qu'il y tombe à peine quelques gouttes de pluie.

Par là on conçoit aussi que si la fréquence des nuages qui s'arrêtent sur les sommets des montagnes ne fait pas toujours pleuvoir dans ces lieux élevés, elle y entretient du moins un degré habituel d'humidité qui est souvent plus considérable que dans la plaine ; ce qui s'accorde avec les observations de MM. Bravais et Martins (page 86).

3° INFLUENCE DU LIEU. — Une autre cause de la fréquence des pluies est purement locale. Elle tient à la position topographique du lieu. Le voisinage ou l'éloignement de la mer, des rivières, des montagnes, rend plus communs ou moins communs les brouillards et les nuages ; et par suite la fréquence des pluies varie. Cette dernière influence se trouve expliquée par ce qui précède.

§ 6. — *Causes de l'abondance des pluies.*

Les causes qui influent sur l'abondance des pluies sont la quantité plus ou moins grande de vapeur d'eau répandue dans l'air, le climat, la saison, et la température.

1° La quantité de vapeur répandue dans l'air. — On sait que la pluie n'est autre chose que la liquéfaction de la vapeur d'eau répandue dans l'air. Si l'air était privé de vapeur, la pluie ne serait donc pas possible. Conséquemment, plus l'air contiendra de vapeur d'eau, plus les pluies pourront être abondantes.

Généralement c'est ainsi.

Mais pour qu'une région atmosphérique se charge de vapeur d'eau, il faut que la surface du sol qui est au-dessous d'elle, lui fournisse par l'évaporation la quantité de vapeur qu'elle peut contenir. Ainsi, au-dessus des mers, où l'évaporation est abondante et continuelle, l'air est presque toujours dans un état d'humidité voisin du point de saturation. De sorte que, un abaissement de quelques degrés de température suffit pour que cette vapeur repasse à l'état liquide et tombe en pluie.

Au contraire, sur les déserts d'Afrique, où le produit de l'évaporation est presque nul, la sécheresse de l'air est extrême. Les gros nuages ne peuvent donc pas se former sur ces déserts, faute de l'élément nécessaire ; et si les vents y amènent des nuages formés dans les contrées voisines, ces vapeurs vésiculaires se dissipent à mesure qu'elles arrivent dans cet air sec, ordinairement chaud. Aussi les pluies sont-elles très-rares et très-faibles dans les déserts d'Afrique.

2° LE CLIMAT. — La quantité de vapeur d'eau répandue dans l'atmosphère diminue de l'équateur
au pôle. C'est un fait constaté par les observations
hygrométriques. Toutefois, la progression décroissante n'est pas parfaitement régulière. Il y a plus
de vapeur au-dessus des mers, il y en a moins au-
dessus des terres ; mais toujours est-il que la progression existe. On doit donc avoir des pluies plus
abondantes vers l'équateur que vers le pôle ; et
c'est ce qui a lieu en effet, car la quantité de pluie
va en augmentant du pôle à l'équateur. Pour le
nombre des précipitations c'est le contraire : le
nombre de jours de pluie va en diminuant du pôle
à l'équateur. Mais les pluies des climats élevés sont
fines et produisent peu d'eau malgré leur fréquence
et leur durée ; tandis que les pluies des climats
rapprochés de l'équateur sont abondantes et produisent beaucoup d'eau malgré leur peu de fréquence et leur courte durée. Aussi il arrive souvent
que dans la zone torride, ou dans son voisinage, il
tombe plus d'eau en une seule journée qu'il n'en
tombe en six mois dans la zone glaciale, ou dans
le voisinage de cette zone.

Ce rapport inverse que l'on remarque entre le
nombre de précipitations de pluies et le volume
d'eau fournie a lieu en général du pôle à l'équateur ;
mais il est considérablement modifié par le voisinage des mers et des chaînes de montagnes. Néanmoins, l'influence du climat sur l'abondance des
pluies est incontestable.

5° La saison. — En considérant la distribution de
la pluie dans les diverses saisons, on reconnaît
l'influence de la saison sur l'abondance de la pluie;
et l'on trouve que, généralement en Europe, l'automne fournit la plus forte proportion de pluies ;
ensuite vient l'été, puis le printemps, enfin l'hiver.
Le voisinage de la mer et des montagnes modifie
cet ordre de distribution des pluies.

Sur les côtes de la Méditerranée, c'est l'hiver
qui est la saison la plus pluvieuse; l'été est ordinairement sec, et cela se conçoit. Pendant la saison
d'hiver, les terres voisines de la Méditerranée sont
beaucoup plus froides que l'eau de la mer, et par
suite la température de la région d'air qui est au-
dessus des terres, est beaucoup plus basse que
celle de la région d'air qui se trouve sur la mer.
Dès lors les vapeurs qui s'exhalent de la Méditerranée et qui se répandent sur la terre, sont promptement condensées par l'air froid qui les reçoit, et
repassent à l'état liquide.

Au contraire, en été, le sol qui avoisine la mer
est beaucoup plus chaud que l'eau ; et par suite
l'air qui se trouve au-dessus des terres a une température plus élevée que celle de l'air qui est au-
dessus de la Méditerranée. Dès lors les vapeurs qui
s'exhalent de la mer, et qui se répandent sur les
terres, sont reçues par un air plus chaud qu'elles.
Ces vapeurs subissent une dilatation, et ne peuvent
donc se liquéfier en ce lieu, à moins d'une circonstance accidentelle.

Voilà pourquoi, sur les côtes de la Méditerranée, il pleut souvent en hiver et rarement en été.

Dans les départements du Midi de la France, l'été est aussi généralement très-sec. Mais s'il survient une pluie d'orage dans cette saison, la précipitation est ordinairement très-abondante, quoique de courte durée. Dans ces départements, l'époque des orages commence vers le milieu du mois d'août, et se prolonge jusqu'au mois d'octobre.

4° La température. — L'influence de la température sur l'abondance des pluies doit être aussi admise. Nous savons que la chaleur favorise l'évaporation; c'est pourquoi l'évaporation doit être d'autant plus considérable que la température est plus élevée. De plus, la chaleur éloigne le point de saturation; aussi, pendant la saison d'été l'air paraît plus sec que pendant les autres saisons, bien qu'il contienne en réalité plus de vapeur d'eau qu'à toute autre époque de l'année.

L'effet de la chaleur est de dilater la vapeur d'eau, et de lui donner ainsi la propriété de s'élever dans les hautes régions de l'atmosphère. D'où il suit que, lorsque la vapeur se condense pendant l'été, le phénomène de la condensation a lieu dans les régions supérieures et dans un milieu où l'élément à condenser abonde. Dès lors une condensation subite peut donner un produit considérable d'eau liquide qui, tombant en masse, se divise et se subdivise en gouttes par l'effet de la résistance de l'air qu'elle traverse dans sa chute.

Ainsi on se rend compte de la grosseur des gouttes d'eau qui caractérisent les pluies d'été, et des torrents d'eau qui se précipitent de la nue en quelques heures par une pluie d'orage, ou même par une pluie sans tonnerre du mois de juillet ou du mois d'août.

C'est ce qui explique pourquoi la quantité d'eau de pluie augmente en allant du pôle à l'équateur.

C'est ce qui explique aussi pourquoi les pluies d'automne sont souvent si abondantes et de courte durée; car on conçoit que, lorsque en automne la température commence à baisser, il faille plus ou moins longtemps pour que l'atmosphère ait restitué à la terre par des précipitations successives les masses de vapeur d'eau qu'elle en a reçues par les évaporations continuelles de plusieurs mois d'été. Ces masses énormes de vapeur ne troublaient pas la transparence de l'atmosphère, grâce à l'élévation de la température, et y demeuraient suspendues à l'état invisible. Mais l'abaissement successif de température arrivant en automne, amène souvent de simples excès de saturation qui produisent des précipitations aqueuses de diverse durée, et qui constituent la saison pluvieuse.

La considération du degré de température explique encore pourquoi pendant l'hiver, où la température de l'air est ordinairement assez basse, et l'évaporation peu abondante, les pluies sont fines et légères. Car en hiver l'atmosphère reçoit un faible tribut par l'évaporation, et par conséquent elle

renferme beaucoup moins de vapeur d'eau qu'en
toute autre saison, quoique l'air paraisse plus humide qu'en été, ou au printemps. De plus, comme
la température d'hiver est basse, la condensation
de la vapeur s'opère à de faibles hauteurs de l'atmosphère, et dans un milieu où la matière aqueuse
à condenser n'abonde pas. Dès lors la condensation
produit une faible liquéfaction formée de très-minces et très-étroites gouttelettes qui descendent lentement sous forme de poussière humide.

Les pluies d'hiver, étant fines et peu abondantes,
restent sur le sol à la place où elles tombent, et
servent simplement à humecter la terre. Mais les
précipitations d'été et d'automne, étant toujours
plus abondantes, couvrent le sol, remplissent les
lits des torrents, enflent les rivières et les fleuves,
et occasionnent souvent des inondations considérables.

§ 7. — *Quantité moyenne de pluie.*

La quantité de pluie qui tombe sur la surface du
globe doit être la même chaque année, à peu de
chose près; parce que l'évaporation, qui est la
cause originelle des pluies, s'exerçant chaque année par les mêmes moyens et pendant la même durée, doit fournir annuellement, à très-peu près,
le même tribut à l'atmosphère. Or, les mêmes causes de liquéfaction des vapeurs aqueuses répandues
dans l'air se reproduisent chaque année par le retour périodique des saisons. Donc, la quantité

totale d'eau de pluie doit être la même annuellement.

Toutefois, la distribution des pluies peut se faire
dans des proportions différentes d'une année à
l'autre, pour un même lieu de la surface du globe;
parce que les mêmes circonstances ne se présentent
pas annuellement pour la même localité.

De sorte que si l'on veut mesurer la quantité
d'eau de pluie qui tombe annuellement sur un lieu
déterminé, il ne peut s'agir que d'une quantité
moyenne. Cette quantité moyenne sera d'autant
plus exacte qu'elle résultera d'expériences faites
sur un plus grand nombre d'années.

MESURE DE LA QUANTITÉ MOYENNE ANNUELLE DE PLUIE.
— Pour mesurer la quantité d'eau de pluie qui
tombe sur un lieu déterminé, on emploie un vase
appelé *udomètre*, ou *pluviomètre*. On a soin de vider ce vase après chaque précipitation, soit d'eau,
soit de neige ou de grêle, et de noter sur un registre la quantité en hauteur fournie par chaque précipitation. Par l'addition de toutes les quantités
enregistrées dans le cours d'une année on a l'épaisseur de la couche d'eau qui est tombée pendant
cette année. Répétant ces mêmes opérations pendant plusieurs années consécutives, ajoutant tous
ces résultats annuels et divisant cette somme par
le nombre des années, on a la quantité moyenne de
pluie qui tombe annuellement sur ce lieu.

Le tableau suivant donne, en hauteur verticale et en millimètres, la quantité moyenne d'eau de pluie qui tombe annuellement sur divers lieux.

Cap Français (St-Domingue)............. 3080mm	Lille (Nord)........... 760mm
La Grenade (aux Antilles) 2840	Hyères (Var).......... 747
Tivoli (St-Domingue).. 2730	Utrecht (Pays-Bas).... 730
Garfaguona (duché de Modène)........... 2490	Carcassonne (Aude).... 728
Berghen (Norwège).... 2240	Orange (Vaucluse)..... 696
Bombay (dans l'Inde).. 2080	Dijon (Côte-d'Or)...... 679
Calcutta id....... 2050	La Rochelle (Charente-Inférieure).......... 656
Kendel (Angleterre).... 1560	Nîmes (Gard)......... 642
Gênes (Sardaigne)..... 1400	Auxerre (Yonne)....... 628
Charlestown (Étts-Unis). 1300	St-Maurice-le-Girard... 626
Joyeuse (Ardèche)..... 1300	Espalais (Tarn-et-Gar.) 590
Pise (Toscane)........ 1240	Poitiers (Vienne)...... 580
Bourg (Ain).......... 1172	Avignon (Vaucluse).... 569
Pau (Basses-Pyrénées). 1080	Toulouse (Hte-Garonne). 561
Alais (Gard).......... 991	Bordeaux (Gironde).... 559
Milan (Italie).......... 960	Chartres (Eure-et-Loir). 541
Naples id........... 950	Londres (Angleterre)... 530
Douvres (Angleterre)... 950	Angers (Maine-et-Loire) 520
Pont-le-Voy, près de Blois.............. 936	Bourges (Cher)....... 515
Viviers (Ardèche)...... 920	Marseille (Bes-du-Rhône) 512
Mâcon (Saône-et-Loire). 875	Toulon (Var).......... 505
Liverpool (Angleterre).. 860	Paris (Seine)......... 500
Manchester id....... 840	Denainvilliers (Loiret).. 481
Venise (Italie)........ 810	Châlons-s/-Marne (Marne) 475
Lyon (Rhône)......... 777	Pétersbourg (Russie)... 460
Montpellier (Hérault)... 770	Upsal (Suède)........ 430
Marmande (Lot-et-Gar.) 762	Arles (Bes-du-Rhône)... 423
	Nice (Sardaigne)...... 100

Le rapprochement des quantités moyennes d'eau de pluie enregistrées dans les localités ci-dessus et dans beaucoup d'autres, fait estimer que, terme moyen, il tombe annuellement 28 pouces, ou 0m,756 d'eau sur la surface du globe.

§ 8. — *Utilité des pluies.*

Les pluies, sous le point de vue de l'utilité, jouent un rôle très-important dans la nature.

La pluie d'été rafraichit l'air à la surface du sol, parce que, descendant des hautes régions de l'atmosphère, elle a une température très-basse relativement à celle de la couche d'air qui est très-voisine du sol. En traversant cette couche, et en se mêlant à l'air qui nous entoure, elle lui prend une partie de sa chaleur, et fait ainsi baisser sa température.

La pluie d'hiver élève la température du lieu où elle tombe. Car, pendant l'hiver, la condensation de la vapeur a lieu à de faibles hauteurs dans l'atmosphère (page 104). Or, nous savons que le phénomène de la condensation de la vapeur est une cause de dégagement de calorique (page 27). Donc, la pluie doit amener avec elle une partie du calorique que la vapeur a abandonnée en passant à l'état liquide. Aussi, remarque-t-on que le froid n'est jamais intense en hiver toutes les fois qu'il pleut.

La pluie purifie l'atmosphère. Car, dans sa chute, elle entraîne et précipite avec elle les miasmes fétides que le sol exhale pendant l'intervalle d'une pluie à l'autre. De sorte que l'air étant ainsi purgé de temps en temps de tous les corps étrangers qui vicient sa nature, est toujours maintenu dans un état propre à entretenir la respiration et par suite la vie des hommes et celle des animaux.

Les pluies abondantes surtout, même les pluies d'orage, jouent un très-grand rôle sous le point de vue de la pureté de l'atmosphère. Quand il n'a pas plu de longtemps, l'air est pour ainsi dire saturé d'exhalaisons malfaisantes. L'atmosphère paraît lourde; on respire avec peine, parce que l'air, qui a perdu sa limpidité, et qui de plus se trouve raréfié par suite de la chaleur, n'offre à la respiration qu'un aliment impur et insuffisant. Tous les corps organisés éprouvent une débilitation de forces, et se ressentent à divers degrés de cette espèce d'influence délétère à laquelle ils sont soumis. Alors s'il survient une pluie abondante, précédée ou accompagnée d'un grand orage, l'atmosphère se purifie pendant cette précipitation. L'air reprend sa limpidité; la respiration devient libre et facile; les corps organisés retrouvent leur état de bien-être et la nature entière revient à son état normal.

La pluie féconde la terre. Car c'est elle qui donne au sol la propriété de produire, de nourrir, de faire croître les grands et les petits végétaux, quand la nature la distribue dans la saison et dans les proportions convenables, de manière que la terre soit entretenue dans un état moyen d'humidité.

Les pluies d'été sont un bain salutaire pour les végétaux. Non seulement elles humectent la terre qui a tant besoin d'humidité dans la saison des chaleurs, mais aussi elles lavent, nettoyent, enlèvent tout ce qui obstrue les pores des arbres et des plantes. Ces bains naturels fournis par les eaux pluviales sont aussi utiles, aussi avantageux aux végétaux, que les bains de rivières sont salutaires aux animaux.

Mais le rôle le plus important des eaux pluviales c'est qu'elles sont la cause occasionnelle et sans cesse agissante de tous les cours d'eau. Les eaux célestes qui tombent en toute saison sur les montagnes sont absorbées en partie par le sol; elles s'insinuent dans les pores, dans les fissures des rochers, filtrent à travers les terres, et arrivent par ce moyen ou même quelquefois directement, dans les couches perméables des terrains dont les tranches redressées s'épanouissent et se présentent souvent à nu sur les versants des montagnes. Ces eaux, après avoir circulé intérieurement, à des profondeurs variables, se réunissent dans des réservoirs souterrains, d'où elles s'échappent en Fontaines le long des flancs ou à la base des montagnes. De là l'origine des Fontaines, des ruisseaux, des rivières, des fleuves qui animent la nature et fertilisent le sol.

La cause qui a produit les cours d'eau agit constamment pour les alimenter et pour perpétuer leur mouvement. En effet, l'évaporation continuelle qui a lieu sur toute l'enveloppe du globe enlève successivement aux surfaces liquides et aux surfaces humides des masses d'eau qui sont précipitées ensuite par les pluies et emportées à la mer par les rivières et les fleuves. Les nuages versent

autant d'eau que l'évaporation en enlève; et un
équilibre admirable se maintient entre la quantité
d'eau évaporée, et celle qui arrose la terre ou qui
circule dans les lits des torrents, des rivières et
des fleuves pour se rendre à la mer. C'est une
transformation continuelle de la même matière
qui passe tour à tour de l'état liquide à l'état de
vapeur; se répand d'une manière invisible dans
l'atmosphère où elle se condense et forme les nuages pour retomber bientôt à l'état liquide que l'é-
vaporation lui avait fait perdre.

Ainsi, les pluies de toute saison sont une grande
et sublime harmonie dans le monde, en vertu de
laquelle tous les êtres organisés vivent, croissent
et se reproduisent.

§ 9. — *Neige, Grêle, Rosée.*

1° NEIGE.

La neige qui descend de l'atmosphère n'est autre chose qu'une pluie congelée.

Si la condensation d'un nuage s'opère par un
froid vif et continu, les vésicules à peine formées
se convertissent en glace avant d'avoir pu se réunir en gouttelettes.

La réunion de ces petits glaçons forme des étoiles
à six rayons très-déliés, si la congélation s'opère
dans un air calme; et si l'air est agité, les petits
glaçons se groupent irrégulièrement, et leur réunion constitue ces masses floconneuses et d'une

blancheur extraordinaire que tout le monde connaît.

On remarque que, pendant que la neige tombe,
le froid diminue sensiblement dans la localité où
a lieu la chute. Cette élévation de température
provient de la quantité de chaleur latente que la
vapeur abandonne en passant successivement de
l'état gazeux à l'état liquide, et de l'état liquide à
l'état solide, ou en passant directement de l'état
de vapeur à l'état de glace.

La neige est très-légère relativement à l'eau;
car la neige en passant à l'état liquide, réduit son
volume à 1/5 à peu près.

Dans les climats tempérés la neige tombe particulièrement dans la saison d'hiver. Mais les chutes
de neiges sont fréquentes dans les climats froids
et sur les sommets des hautes montagnes. Les neiges règnent en masses perpétuelles dans les régions
polaires où elles couvrent continuellement le sol.

2° GRÊLE.

De tous les météores, la grêle est le plus re-
doutable, à cause des dégâts qu'elle occasionne
trop souvent dans les localités qui la reçoivent.

La grêle est une pluie de grains plus ou moins
gros de glace qui résulte de la congélation de gouttes d'eau toutes formées. Ces grains de glace prennent le nom de grêlons. Les grêlons sont quelquefois très-gros; on en a vu qui pesaient depuis 75

grammes jusqu'à 500 grammes, et qui avaient de $0^m,216$, à $0^m,297$ de circonférence.

La grêle ne tombe guère qu'en été et pendant le jour. On a lieu de croire que l'électricité joue un grand rôle dans ce phénomène ; car une chute de grêlons est presque toujours précédée ou accompagnée d'éclats de tonnerres, et c'est surtout pendant l'orage que la grêle se précipite avec plus de rapidité et avec un fracas épouvantable.

Ces deux derniers météores, la neige et la grêle, n'étant autre chose qu'une pluie congelée, rentrent dans le phénomène de la pluie, et concourent, en passant à l'état liquide, à l'entretien des sources.

3° ROSÉE.

On appelle rosée l'humidité dont se couvrent les corps à la surface du sol, vers le lever du soleil, qui est le moment de la journée où la température est la plus basse.

Quand la rosée est abondante, elle se réunit en gouttelettes argentées, isolées et globuleuses, qui ressemblent à de petites perles fort brillantes, et qu'on remarque principalement sur les feuilles des végétaux herbacés et sur celles des arbustes peu élevés.

La rosée a pour cause le rayonnement nocturne. Certains corps se refroidissent pendant la nuit beaucoup plus que l'air. Dès lors la couche d'air qui est en contact avec ces corps laisse déposer à

leur surface la vapeur liquéfiée. La cause de la rosée est analogue à celle qui fait que la surface extérieure d'une carafe remplie d'eau fraîche et placée
dans un appartement chaud, se couvre d'une couche d'humidité dont les molécules se réunissent
bientôt en gouttelettes qui sont entraînées par leur
propre poids et courent vers la base, en traçant des
sillons liquides à la surface de la bouteille. C'est
aussi une cause analogue qui, pendant certains
jours de la saison d'hiver, fait déposer sur les car-
reaux de vitres la vapeur de l'air chaud répandu
dans les appartements.

D'où l'on voit que la rosée n'est autre chose que
la vapeur d'eau convertie en eau coulante par la
condensation de la vapeur jusqu'au point de saturation.

Nous terminerons là ce que nous avions à dire
sur les météores aqueux.

CHAPITRE V.

—

ÉQUILIBRE ET MOUVEMENT DE L'EAU.

§ 1er. — *Équilibre de l'eau. (Hydrostatique).*

Dans ce chapitre nous traiterons 1° de la condition d'équilibre de l'eau ; 2° des pressions que l'eau en repos exerce sur les parois des vases ; 3° de la mesure de ces pressions.

CONDITION D'ÉQUILIBRE DE L'EAU. — Dans l'état de repos, la surface de l'eau, comme celle de tous les liquides, est horizontale, ou de niveau, comme on dit vulgairement. L'horizontalité de la surface est même la seule condition nécessaire pour que l'équilibre puisse avoir lieu dans un liquide soumis à la pesanteur. Ainsi, l'eau qu'on recueille dans un vase, ou qu'on a reçue dans un bassin, ne saurait à la manière des matières solides, s'entasser en plus grande quantité et hauteur sur un point que sur un autre point. De plus, à cause de l'extrême mobilité qui caractérise les molécules de l'eau, et de l'action de la pesanteur qui force ces molécules à gagner la partie la plus déclive, aucun vide, aucune inégalité ne saurait persister à la surface supérieure de la masse liquide.

La surface de l'eau contenue dans un vase, dans un grand bassin, ou même dans un lac, peut être considérée comme sensiblement plane; mais la surface des mers est une surface courbe.

VASES COMMUNIQUANTS. — L'horizontalité de la surface supérieure a lieu non seulement quand l'eau est dans un même vase, mais l'horizontalité s'étend aussi à tous les vases qui seraient remplis du même liquide et qui communiqueraient ensemble d'une manière quelconque par des tubes situés au-dessous du niveau dans le vase alimentateur. La surface supérieure du liquide sera horizontale dans chacun des vases; et en outre, toutes ces surfaces partielles se trouvent dans un même plan parallèle au plan de l'horizon.

En vertu de cette propriété que l'eau possède de se mettre de niveau dansl es vases communiquants, on peut distribuer sur divers points de niveau différents les eaux d'une Fontaine, au moyen de tuyaux de conduite qui suivent des chemins capricieux composés de montées et de descentes diversement contournées.

L'eau ainsi distribuée et dirigée, par des tubes de conduite arrivera sur tous les points qui ne seront pas plus élevés que le bassin de la source alimentatrice, quelle que soit la route inférieure qu'on lui assigne. Ainsi (Planche IV, Fig. 2), A étant l'orifice d'un réservoir d'eau ; A B la hauteur verticale entre le réservoir et le point le plus bas de la localité qui doit être alimentée par des Fontaines distribuées dans les divers quartiers; on pourra conduire les eaux aux points I, K, L, G, H, E, F, M, N, P, Q, R; et à tous les points dont les hauteurs verticales seront comprises entre BB' et AA', qui sont les deux lignes extrêmes de niveau.

PRESSION DE L'EAU. — Les molécules de l'eau, comme celles des substances solides, obéissent aux lois de la pesanteur qui les sollicite vers le centre de la terre. De là résulte, que les diverses couches qui composent une masse d'eau ou une masse solide, éprouvent des pressions de haut en bas. Et si l'on imagine qu'un corps solide ou liquide soit divisé horizontalement en tranches infiniment minces, toutes ces tranches seront sollicitées simultanément à se rapprocher de la surface de la terre. D'où il résulte que les molécules des tranches inférieures qui portent le poids de toute la colonne, sont plus pressées et par conséquent plus rapprochées les unes des autres que les molécules des tranches supérieures; et l'on conçoit que ce rapprochement des molécules doit être d'autant plus considérable que les molécules se trouvent logées plus bas par rapport à la couche supérieure.

Ces rapprochements successifs amènent naturellement un état de gêne dans les molécules inférieures, et par conséquent une force d'expansion qui tend à les ramener à leur distance primitive. Donc, les molécules de l'eau, comme celles des corps solides, jouissent d'une force d'expansion qui résulte des pressions dont nous venons de parler. De plus, la

force d'expansion dans l'eau se dirige non seulement de haut en bas, mais aussi dans tous les sens;
tandis que dans les solides elle s'exerce dans un
sens seulement, de haut en bas.

Cette propriété que possède l'eau de tendre à s'é-
chapper en tous sens, c'est-à-dire de haut en bas,
de bas en haut, horizontalement, obliquement, se
constate par l'expérience du vase cubique ou de
toute autre forme, et à faces mobiles, et par celle
du tube de verre ouvert par les deux bouts.

Voir, pour la démonstration de cette propriété,
les *Traités de Physique* de MM. Deguin et Person,
que nous avons suivis en plusieurs points.

Proposons-nous de déterminer la valeur de cette
force de pression, d'abord lorsqu'elle s'exerce sur
les fonds des vases, ensuite lorsqu'elle s'exerce
contre les parois latérales.

Mesure de la pression de l'eau.

1° SUR UN FOND HORIZONTAL.

Il est constaté par l'expérience que la pression
exercée par l'eau augmente avec la profondeur, et
que sur chaque point d'une même couche horizontale, la pression du liquide est la même pour une
même hauteur verticale.

Il suit de là que le fond horizontal d'un vase contenant de l'eau sera d'autant plus pressé que l'é-
tendue de la surface sera plus grande. Ainsi, un
fond horizontal d'une surface double en étendue

supportera un pression double; un fond d'une surface triple supportera un poids triple, etc.; pourvu que dans ces circonstances de surface la hauteur verticale du liquide soit la même. Donc, pour une même hauteur verticale, la pression supportée par un fond horizontal d'un vase est proportionnelle à l'étendue de la surface de ce fond.

Il suit aussi de là que la pression supportée par un même fond d'un vase contenant de l'eau sera double, triple, quadruple, etc., si la hauteur du liquide dans ce vase devient double, triple, quadruple, etc. Donc, pour une même étendue de surface, la pression supportée par le fond horizontal d'un vase est proportionnelle à la hauteur verticale du liquide contenu dans ce vase.

Ainsi, la mesure de la pression supportée par le fond horizontal d'un vase qui contient de l'eau est égale au produit que l'on obtient, en multipliant la surface de ce fond par la hauteur verticale du liquide contenu dans ce vase.

Lorsque le fond est de petite étendue, on décompose sa surface en centimètres carrés, et l'on décompose en centimètres linéaires la hauteur verticale du liquide. Multipliant le nombre qui représente les centimètres carrés du fond par le nombre de centimètres linéaires de la hauteur verticale du liquide, on a un produit qui exprime un nombre de centimètres cubes d'eau.

Or, à la température ordinaire, l'eau pèse à très-peu près, un gramme par centimètre cube.

On a donc ainsi en grammes le poids supporté par le fond horizontal de ce vase.

Lorsque le fond a une étendue considérable, on décompose sa surface en décimètres carrés, ou en mètres carrés, etc.; et on décompose la hauteur verticale du liquide en décimètres, ou en mètres linéaires. Multipliant la surface du fond par la hauteur du liquide, on a un produit exprimant des décimètres cubes, ou des mètres cubes, etc. Le poids supporté par ce fond est ainsi exprimé en kilogrammes, etc.

2° SUR UNE FACE LATÉRALE.

D'après ce qui a été dit plus haut, la pression qui a lieu dans le sein d'une masse liquide s'exerce dans tous les sens; elle est la même pour chaque point d'une même couche horizontale; mais elle augmente avec la profondeur.

Il suit de là que les différents points d'une face latérale d'un vase contenant de l'eau éprouvent des pressions inégales, parce que ces différents points se trouvent situés à des profondeurs inégales sous l'eau.

Mais comme la pression pour chaque point d'une même surface ne dépend que de la profondeur, il est assez évident que pour une très-petite surface la pression est la même, dans quelque sens qu'on tourne cette surface, soit horizontalement, soit verticalement, soit obliquement.

Par conséquent, si l'on décompose la surface

totale d'une paroi latérale du vase en surfaces partielles d'une petite hauteur, on pourra, comme pour un fond horizontal, calculer la pression éprouvée par chacun de ces éléments de surface, en multipliant la surface de chaque élément par la hauteur respective du liquide ; ensuite faisant la somme de tous ces produits, on aura la pression totale supportée par la face latérale entière.

On peut aussi trouver cette mesure par un procédé beaucoup plus simple, et qui consiste à multiplier la surface de la paroi latérale par la moitié de la hauteur verticale du liquide qui mouille cette paroi.

Ainsi se mesurent les pressions exercées par l'eau sur les fonds des vases et sur les parois latérales.

Quant à la pression de bas en haut, elle est la même que la pression verticale de haut en bas. Conséquemment, lorsqu'on a mesuré la pression verticale de haut en bas, on connaît par là même la pression verticale de bas en haut.

Ce qu'il faut remarquer surtout dans la mesure des pressions exercées en tous sens par l'eau contre les fonds ou contre les parois latérales des vases qui la contiennent, c'est le fait suivant : *la pression est indépendante de la forme du vase.*

PARADOXE HYDROSTATIQUE — Supposons deux vases ayant chacun le même fond, mais dont l'un aille en s'évasant à partir de sa base, jusqu'à son extrémité supérieure, de manière à atteindre une longueur aussi grande qu'on puisse l'imaginer; et que l'autre, au contraire, aille en se rétrécissant de manière à prendre la forme d'un mince tube. Le premier de ces deux vases contiendra une quantité d'eau très-considérable, tandis que le second ne pourra recevoir qu'une faible quantité du même liquide. Eh bien, malgré la différence énorme qui existe entre ces deux quantités d'eau, si les deux vases sont remplis à la même hauteur, la pression sur les deux fonds sera la même; c'est-à-dire, qu'elle aura pour mesure la base du vase multipliée par la hauteur du liquide.

Il suit de ce fait que la configuration des parois des vases n'entre pour rien dans l'évaluation des pressions exercées par l'eau. Il suffit que la hauteur du liquide et l'étendue de la base soient les mêmes dans deux ou plusieurs vases quelconques pour que la pression supportée par la base soit la même.

Donc, quelle que soit la forme du vase, la pression de l'eau aura toujours pour mesure la base multipliée par la hauteur verticale du liquide; c'est-à-dire, que cette pression aura pour valeur le poids d'une colonne du même liquide qui aurait pour base le fond de ce vase et pour hauteur la distance du fond au niveau supérieur.

Ceci nous donne l'idée exacte de la force que l'on doit donner aux digues pour arrêter les eaux.

En effet, puisque la pression ne dépend pas de la quantité du liquide, mais seulement de la hauteur verticale du liquide; on conçoit qu'il n'est pas plus difficile d'arrêter les eaux d'un vaste lac, ou même d'une mer, que d'arrêter les eaux d'un mince ruisseau, recueillies dans une écluse, pour la même hauteur. Donc, la digue destinée à retenir les eaux d'un vaste lac, et la digue destinée à retenir les eaux d'une étroite écluse de moulin n'ont pas besoin d'être plus fortes l'une que l'autre à la base, si les eaux arrivent à la même hauteur pour les deux digues. Car, ce n'est pas l'accroissement d'étendue horizontale qui augmente la pression latérale, c'est seulement l'étendue de la hauteur verticale.

On comprend toutefois que, pour que la digue destinée à retenir les eaux d'un vaste lac puisse résister aux chocs des vagues produites par les vents, l'épaisseur de la digue à la partie supérieure doit être plus forte que pour une digue de moulin.

Principe de l'égalité de pression.

Les phénomènes que nous venons de décrire se rapportent à l'eau considérée comme obéissant aux lois de la pesanteur. Dans ce cas, les pressions exercées sont produites seulement par le liquide; et l'on a supposé que ces pressions ne provenaient d'aucune force étrangère à la pesanteur.

Maintenant, faisons abstraction de l'influence de la pesanteur, et considérons la pression produite dans le sein d'une masse liquide et contre les parois du vase par une force extérieure.

Si l'on comprime l'eau renfermée dans un vase, on force évidemment les molécules à se rapprocher plus qu'elles ne l'étaient avant l'action de la force extérieure comprimante. De là résulte une plus grande gêne entre les molécules ; par conséquent elles doivent tendre à se repousser et à s'échapper avec plus de force. Donc, l'action d'une force extérieure comprimante, produira une nouvelle force de pression dans l'intérieur du liquide et sur tous les points des parois des vases qui le contiennent. D'où il suit que la force extérieure appliquée à un liquide se communique à toutes les molécules de cette masse liquide, et qu'elle est transmise dans tous les sens aux parois des vases.

Mais ce qu'il y a de remarquable, c'est que la pression transmise est la même en chaque point.

Ce fait capital est connu sous le nom de *principe de l'égalité de pression*.

De la démonstration de ce principe, pour laquelle nous renvoyons aux traités spéciaux, il résulte que la pression communiquée par une surface comprimante sera double, triple, décuple, sur une surface double, triple, décuple, etc.

Par là on comprend que l'eau doive transmettre simultanément deux pressions contre les parois du vase qui la contient, si la face supérieure du vase est ouverte de manière que le liquide soit en contact avec l'air atmosphérique.

L'une de ces deux forces est la pression qui est produite par le liquide lui-même, en vertu de la pesanteur; l'autre force est la pression exercée sur le liquide par le poids de l'atmosphère.

La première de ces deux forces sur un seul point est proportionnelle à la hauteur du liquide ; la seconde est égale sur chaque molécule de la masse liquide ; elle est la même sur chaque point des parois des vases qui contiennent le liquide.

Par conséquent, sur chaque point des parois d'un vase la pression atmosphérique s'ajoute à la pression produite par le liquide lui-même.

Or, la pression atmosphérique a pour valeur le poids d'une colonne d'eau de 32 pieds de longueur; ou le poids d'une colonne de mercure de 76 centimètres de longueur; ce qui donne un kilogramme de pression sur chaque centimètre carré.

C'est donc une pression énorme que la pression atmosphérique transmise à une grande paroi par l'intermédiaire de l'eau.

D'après cela, on se demande si l'on ne doit pas tenir compte de la pression atmosphérique dans le calcul de la force de résistance qu'il convient de donner aux digues destinées à retenir les eaux des écluses.

A cette question la réponse est négative.

En effet, la pression atmosphérique, qui est communiquée par l'intermédiaire de l'eau à la face interne de la digue d'une écluse, s'exerce en même temps, et sans intermédiaire, contre la face externe de la même digue. Ces deux pressions étant égales et agissant en sens opposé, se neutralisent mutuellement. Les choses se passent comme si ces pressions de l'air n'existaient pas.

Il n'y a que la pression en tous sens opérée par le liquide lui-même qui ait une influence réelle sur les digues.

Il suffit donc de tenir compte de cette dernière pression dans le calcul de la force de résistance que l'on doit donner aux digues des écluses.

Principe d'Archimède.

D'après ce qui a été établi plus haut, que les molécules d'une masse liquide exercent des pressions en tous sens, et que ces pressions ont d'autant plus d'énergie que les molécules considérées sont logées plus profondément, on conçoit aisément que ces pressions intérieures qui s'exercent de molécule à molécule, et qui sont transmises de proche en proche aux parois des vases, doivent s'exercer aussi sur les faces de tout corps solide qui sera plongé dans le liquide. Ce corps sera pressé de bas en haut, de haut en bas, horizontalement, et dans toutes les directions obliques, de la même manière qu'était pressé le volume de liquide dont ce corps occupe la place.

Les pressions latérales, soit horizontales, soit obliques, se détruiront mutuellement quand elles seront exercées par des molécules situées à la même profondeur; parce que ces pressions sont égales et qu'elles agissent en sens contraire.

Les pressions de haut en bas et de bas en haut seront les seules qui ne se neutraliseront pas, parce que les pressions exercées de bas en haut sur les points inférieurs du corps seront plus fortes que celles qui sont exercées de haut en bas sur les points supérieurs de ce même corps.

Cette différence de force en faveur des pressions qui agissent de bas en haut s'appelle *poussée verticale*.

Mais qu'elle est la valeur, la mesure d'action de cette poussée verticale? la voici :

Si à la place du corps plongé on mettait le volume de liquide que ce corps a déplacé, cette portion de liquide resterait en repos comme elle l'était précédemment, et ne tomberait pas au fond, malgré son poids; parce que les molécules du liquide enveloppant exercent des pressions qui neutralisent l'effet du poids de la portion de liquide considérée. Par conséquent, la force de ces pressions réunies est égale au poids de cette portion de liquide considérée.

Donc, la *poussée verticale* qui sollicite le corps plongé a pour mesure le poids du liquide déplacé par ce corps.

Archimède, célèbre ingénieur de Syracuse, a trouvé le premier la valeur de cette force appelée *poussée verticale;* et il a établi en principe, *que tout corps plongé dans un fluide, perd de son poids une quantité égale au poids du volume du fluide déplacé.*

Si l'on plonge dans l'eau un corps plus léger que ce liquide, ce corps éprouvera une poussée verticale plus grande que son propre poids ; il montera par conséquent à la surface et sortira de l'eau jusqu'à ce que la poussée exercée contre la partie plongée soit égale au poids du corps entier.

C'est ainsi que le bois, le liége, la cire, plongés dans l'eau remontent à la surface, dès qu'on cesse de les retenir sous l'eau, et flottent en ne laissant plonger qu'une partie de leur volume. Dans tous les cas où un corps flotte sur l'eau, c'est parce qu'un volume d'eau pareil à celui de ce corps pèse plus que ce corps ; et comme ce corps ne saurait perdre plus de poids qu'il n'en possède, il ne peut déplacer en flottant qu'un volume d'eau dont le poids soit égal au sien.

Le principe d'Archimède est général ; la poussée verticale a lieu non seulement dans l'eau, mais aussi dans tous les autres liquides, et dans l'air.

Un corps plongé dans l'air, perd de son poids une quantité égale au poids du volume d'air qu'il déplace. C'est ce qui explique pourquoi les corps plus légers que l'air s'élèvent dans l'atmosphère. De là l'ascension des aérostats, de la fumée, des vapeurs et des nuages.

§ 2. — Mouvement de l'eau. (Hydrodynamique).

Dans ce paragraphe nous traiterons de la vitesse d'écoulement de l'eau et de la dépense fournie par un orifice ; de la pression que l'eau en mouvement

exerce sur les parois des tuyaux ; de la vitesse de
l'eau dans les tubes, dans les rivières et canaux ;
enfin des siphons.

THÉORÈME DE TORICELLI. — Tout le monde connaît
le fait suivant pour l'avoir remarqué maintes fois.

Quand l'eau s'échappe par un orifice pratiqué
à une paroi latérale d'un vase, la vitesse d'écoulement est d'autant plus grande que le niveau du liquide est plus élevé au-dessus de l'orifice ; et la
vitesse d'écoulement diminue à mesure que le niveau baisse dans le vase.

Mais il est utile de connaitre la relation qui
existe entre la hauteur du niveau et la vitesse d'é-
coulement.

Les expériences de Toricelli ont établi que *cette vitesse est égale à celle d'un corps qui serait tombé de
la hauteur du niveau.*

Cet énoncé est ce qu'on appelle le *Théorème de
Toricelli.*

L'exactitude de ce théorème se vérifie par un
moyen bien simple ; le voici :

On adapte à l'orifice de la paroi un tube recourbé
de bas en haut. Alors le liquide s'échappe dans
une direction ascendante que lui donne la forme et
la position du tube ; et l'on voit que le liquide jaillit jusqu'à la hauteur du niveau à très-peu près.

Or, on sait que la force qui le fait ainsi monter
est égale à celle qu'il aurait acquise en tombant de

la même hauteur. C'est un fait d'expérimentation parfaitement acquis à la science.

On sait aussi (page 38), qu'un corps qui tombe librement, parcourt des espaces qui sont entre eux comme les carrés des temps employés à les parcourir. Les espaces parcourus, ou les hauteurs parcourues, c'est la même chose.

On a vu, en outre (page 39), que le mouvement d'un corps s'accélère à mesure que ce corps continue à tomber pendant plusieurs secondes; c'est-à-dire, que la vitesse augmente comme le temps employé à acquérir cette vitesse. En autres termes, un corps acquiert 30 pieds de vitesse en tombant pendant une seconde; il acquiert 60 pieds de vitesse en tombant pendant deux secondes; il acquiert 90 pieds de vitesse en tombant pendant trois secondes, etc.

Comparant ces deux résultats, on trouve que les hauteurs sont comme les carrés des vitesses. Ce qui veut dire que si deux corps tombent de deux hauteurs différentes et connues, la vitesse du premier étant aussi connue, on a la relation :

La hauteur du premier est à la hauteur du deuxième comme le carré de la vitesse du premier est au carré de la vitesse du deuxième.

Cette relation entre les hauteurs et les vitesses fournit le moyen de calculer la vitesse d'écoule-ment dont un liquide est animé, quand on connaît la hauteur du niveau; c'est-à-dire, la hauteur verticale depuis l'orifice de sortie jusqu'à la surface supérieure et horizontale du liquide contenu dans le vase alimentateur.

Prenons un exemple.

Supposons que dans un vase, entretenu constamment plein, la hauteur verticale du liquide depuis l'orifice jusqu'au niveau supérieur soit 4 pieds. Quelle sera la vitesse d'écoulement dont l'eau sera animée en s'échappant de cet orifice?

Pour trouver la réponse à cette question, rappelons-nous, que (page 39), une hauteur de 15 pieds donne une vitesse de 30 pieds.

Dans cette question proposée, comme dans toutes les questions de même genre, nous prendrons toujours la hauteur connue 15 pieds et la vitesse correspondante 30 pieds pour les comparer à la hauteur donnée dans la question et à la vitesse cherchée.

On aura donc, dans la question proposée, la proportion suivante, dont le 4ᵉ terme donnera la vitesse cherchée :

Hauteur 15 pieds est à hauteur 4 pieds, comme le carré de la vitesse 30 pieds est au carré de la vitesse cherchée.

Or, le carré de 30 est 900; et si nous représentons par V^2 le carré de la vitesse cherchée, on a

$$15 : 4 :: 900 : V^2 ,$$
$$\text{et} \quad 15 \times V^2 = 4 \times 900 ;$$
$$\text{d'où} \quad V^2 = 4 \times 900 : 15.$$

Donc, V = racine carrée de 4 × 900 : 15 = rac. c. de 3600 : 15 = rac. car. de 240 = 15 pieds 1/2 environ.

On trouve ainsi que la vitesse d'écoulement demandée est 15 pieds 1/2, à très peu de chose près, par seconde.

Si l'on voulait trouver la vitesse d'écoulement pour un pied de hauteur verticale depuis l'orifice jusqu'au niveau, on aurait pareillement :

$$15 : 1 :: 900 : V^2,$$
$$\text{et} \quad 15 \times V^2 = 900;$$
$$\text{d'où} \quad V^2 = 900 : 15.$$

Donc, V = racine carrée de 900 : 15 = rac. car. de 60 = 7 pieds 9 pouces.

La vitesse d'écoulement demandée serait 7 pieds 9 pouces par seconde.

2° CALCUL DE LA DÉPENSE FOURNIE PAR UN ORIFICE.

Puisqu'on peut trouver la vitesse d'écoulement dont l'eau est animée quand elle s'échappe d'un orifice; on pourra calculer la dépense qui sera fournie, dans un temps donné, par un orifice, pourvu que l'on connaisse la hauteur du niveau et la section de l'orifice.

1re QUESTION. — Trouver la dépense que fournira dans 24 heures un orifice de un pouce de section situé à 4 pieds au-dessous du niveau dans le vase entretenu constamment plein.

SOLUTION. — La vitesse d'écoulement pour cette hauteur a été trouvée ci-dessus égale à 15 pieds 1/2 environ par seconde. Donc, il s'échappera par seconde une colonne liquide de 15 pieds 1/2 de longueur; et comme l'orifice a un pouce de section, cette colonne équivaudra à 186 pouces cubes, ou 3 litres 3/4 à raison de 50 pouces cubes par litre.

Ce même orifice fournirait

Dans une minute, 186×60, ou 11160 pouces cubes, ou 223 litres 1/5;

Dans une heure, $11160 \times 60 = 669600$ pouces cubes, ou 13392 litres;

Dans 24 heures, $669600 \times 24 = 16070400$ pouces cubes, ou 321408 litres.

2ᵉ QUESTION. — Trouver la dépense que fournira par heure un orifice de un pouce de section situé à un pied au-dessous du niveau, le vase étant toujours maintenu plein.

SOLUTION. — La vitesse d'écoulement pour cette hauteur a été trouvée (page 132), égale à 7 pieds 9 pouces par seconde. Donc, il sortira par seconde un cylindre liquide de 7 pieds 9 pouces de longueur et de un pouce de base; ce qui donne 93 pouces cubes, ou un peu moins de 2 litres.

Ce même orifice fournira

Dans une minute, $93 \times 60 = 5580$ pouces cubes, ou 111 litres 6/10;

Dans une heure, $5580 \times 60 = 334800$ pouces cubes, ou 6696 litres.

1re Remarque. — Si la hauteur du niveau était nulle, l'orifice ne fournirait aucune dépense, car on aurait pour la vitesse d'écoulement

$$15 : 0 :: 90 : V^2,$$
$$\text{et} \quad V^2 \times 15 = 0 \times 900 = 0;$$
$$\text{d'où} \quad V^2 = 0 : 15;$$

Et V = rac. car. de $0 : 15 = 0 : 3$ ou $0 : 4$; c'est-à-dire, zéro.

Et puisque la vitesse d'écoulement serait nulle, l'orifice ne fournirait aucun débit; l'eau ne sortirait pas.

2e Remarque. — Le résultat trouvé par le calcul, quand on cherche la dépense d'un orifice, n'est rigoureusement exact que lorsque l'orifice est très-petit, par exemple de une à deux lignes d'ouverture.

Mais lorsque l'orifice est grand, le résultat numérique est supérieur à la dépense qui est fournie en réalité. La dépense réelle n'est guère que les 2/3 de la dépense trouvée par le calcul.

Ce déficit provient *de la contraction de la veine fluide;* c'est-à-dire, du rétrécissement qui s'opère dans la veine liquide à une petite distance de l'orifice.

Toutefois, on peut obtenir la dépense totale indiquée par le calcul, si l'on adapte à l'orifice un tube de deux pouces de longueur, ayant la même forme que la veine liquide contractée, et s'élargissant depuis le point de contraction jusqu'à son extrémité inférieure.

3° PRESSION DE L'EAU EN MOUVEMENT.

Relativement à la pression exercée par l'eau en mouvement, nous dirons, en suivant M. Bouchardat, que, lorsque l'eau s'échappe par un tuyau, elle marche avec une vitesse égale à celle qu'elle doit avoir en vertu de la hauteur du niveau, ou avec une vitesse moindre, ou avec une vitesse supérieure.

Dans le premier cas, le liquide n'exerce aucune pression sur les parois du tuyau. On rend ce fait manifeste en faisant une petite ouverture, soit à la face supérieure, soit à la face latérale de la paroi du tube; car on remarque que le liquide ne passe pas par cette ouverture. Cependant, si la petite ouverture était pratiquée à la partie inférieure du tuyau, un peu d'eau suinterait en vertu du poids de la colonne liquide.

Dans le deuxième cas, le liquide exerce une pression sur les parois du tuyau. Car si l'on perce une petite ouverture, soit à la partie supérieure, soit à une face latérale du tuyau, le liquide s'échappe; et si l'on met un obstacle quelconque dans l'intérieur du tuyau de manière à ralentir la vitesse de mouvement du liquide, on voit ce liquide s'échapper de l'ouverture percée latéralement ou supérieurement sous forme de jet, et avec une force d'autant plus grande que la vitesse de l'eau dans le tube a été plus ralentie.

Dans le troisième cas, non seulement il n'y a pas de pression de la part du liquide contre les parois du tuyau, mais il y a une véritable aspiration sur les parois du tube. Car si l'on fait une petite ouverture à la paroi, la veine intérieure ne suinte pas par cette ouverture, mais elle attire par une espèce de succion le liquide qu'on met en contact avec l'extérieur du tube.

4ᵘ DES EAUX JAILLISSANTES.

On peut produire un jet d'eau toutes les fois que l'on a à sa disposition un bassin ou réservoir supérieur d'où l'eau peut s'écouler par des conduits sur des points inférieurs.

La connaissance du théorème de Toricelli, fait comprendre la théorie des jets d'eau.

En effet, on conçoit que si l'on a un vase alimentateur dans lequel le niveau soit bien supérieur à l'orifice de sortie dirigé verticalement, ou un peu obliquement; et si en outre l'on fait l'orifice de sortie étroit relativement à la quantité de liquide qui lui arrive; la pression que l'eau éprouvera à cet orifice la fera jaillir d'autant plus haut que le vase alimentateur sera lui-même plus élevé.

Il est vrai que le jet, principalement pour les hauteurs considérables, n'arrive pas à la hauteur du niveau qui existe dans le vase alimentateur, à cause des pertes occasionnées par le frottement, par la résistance que l'air oppose au mouvement de

l'eau, et par le trouble qu'éprouvent les molécules
à l'orifice de sortie.

La Planche IV, Figure 2, indique la hauteur des jets
d'eau de moyenne élévation. Soit A un réservoir entretenu constamment plein ; A B la hauteur verticale au-dessus de la ligne d'horizon B B; et A A une
ligne parallèle à l'horizontal B B; le réservoir A
pourra alimenter des jets d'eau dont les hauteurs
verticales seront environ I P pour tous les points
de la parallèle K L; G N, ou H Q, pour tous les
points de la parallèle G H; E M, ou F R, pour tous
les points de la parallèle E F.

Mariotte, qui a donné les règles des jets d'eau, a
trouvé par ses expériences qu'une hauteur de 5
pieds 1 pouce produit un jet de 5 pieds ; et que
pour avoir un jet de 100 pieds de hauteur, il
faut que le niveau dans le vase alimentateur soit
constamment entretenu à 133 pieds au-dessus de
l'orifice de sortie.

5° MOUVEMENT DE L'EAU DANS LES TUYAUX ET DANS LES CANAUX.

Le mouvement de l'eau dans les tuyaux mérite
une attention particulière. Dans sa marche, l'eau
éprouve du frottement contre les parois des tubes,
et perd successivement à chaque pas une partie de
sa force; de sorte que la vitesse diminue à mesure
que le tube est plus long et surtout plus étroit.
Cette vitesse pourrait diminuer à un tel point que
le liquide ne coulerait plus, ou simplement goutte

à goutte, si le tube était étroit, et de 200 à 300 mètres de longueur. On doit donc, dans les conduites
d'eau, couper les tubes de distance en distance et
leur donner un diamètre convenable, suivant le
débit que l'on veut obtenir.

Mais il n'est pas nécessaire que les tuyaux soient
parfaitement calibrés, parce que les inégalités dans
les sections ne nuisent en rien à la vitesse du mouvement général, et par conséquent le débit est le
même. Si les sections sont toutes égales, le mouvement du liquide est uniforme dans toute la longueur de la conduite; et si les sections ont des lar-
geurs différentes, dans les parties plus étroites le
mouvement est plus rapide que dans les parties
plus larges; de sorte que la dépense est la même,
quelles que soient les inégalités du tuyau.

Dans les canaux et dans les rivières, le mouvement est plus rapide dans les endroits étroits, et
plus lent dans les endroits où le lit est plus
large. La vitesse dépend aussi de la pente du terrain. Si le lit devient à peu près horizontal, l'eau
marche encore dans cet endroit par la charge des
quantités d'eau que la source fournit.

6° MESURE DE LA VITESSE DE L'EAU DANS LES TUBES DE CONDUITE

ET DANS LES RIVIÈRES ET LES CANAUX.

Pour mesurer la vitesse de l'eau dans les tubes
de conduite pour une section déterminée, il faut
recueillir l'eau fournie pendant un certain temps, et

trouver la dépense pendant une seconde; puis diviser par la surface de cette section la dépense pendant une seconde. Le quotient exprimera la vitesse du mouvement; c'est-à-dire, la longueur du cylindre liquide qui sera sorti de cette section pendant une seconde.

Par exemple, si la dépense fournie pendant une seconde est 3600 centimètres cubes, ou 3 litres 6 décilitres, et si la surface de la section déterminée est de 12 centimètres carrés; en divisant 3600 par 12, on obtient pour quotient 300 centimètres linéaires, ou 3 mètres.

C'est la longueur du cylindre liquide qui aurait 12 centimètres carrés de base, et 3600 centimètres cubes de volume.

Ce quotient 3 mètres exprime la longueur du cylindre liquide qui a passé par cette section pendant la durée d'une seconde; et par conséquent, 3 mètres expriment la vitesse de mouvement dont le liquide est animé dans cette section.

S'il s'agit de mesurer la vitesse de l'eau dans les rivières ou dans les canaux, on emploie des corps légers tels que le liége. On fait flotter un corps léger sur l'eau, ce corps est entraîné par le liquide, et l'on évalue la distance qu'il a parcourue pendant la durée d'une seconde. La vitesse se trouve ainsi mesurée.

Mais en plaçant un même corps flottant successivement sur divers points de la largeur du canal, ou de la rivière, on reconnaît que la vitesse de l'eau est plus grande au milieu que vers les bords.

De plus, si l'on mesure la vitesse de l'eau courante à différentes profondeurs, on reconnaît que plus on approche du fond, moins il y a de vitesse. Cette expérience se fait au moyen de deux corps attachés aux extrémités d'un fil, et dont l'un peut plonger dans l'eau, tandis que l'autre plus léger doit flotter à la surface. Ces deux corps ainsi attachés étant jetés dans l'eau, on remarque que celui qui est plongé se trouve toujours en arrière de celui qui flotte, lequel devient ainsi une espèce de remorqueur; et le traînard se tient d'autant plus en arrière qu'il est plongé plus profondément dans le sein de la masse liquide.

Comme la vitesse de l'eau dans les rivières est extrêmement variable, on emploie dans le langage ordinaire les expressions suivantes pour désigner les vitesses relatives.

1° On dit que la vitesse de l'eau dans une rivière est faible, quand elle est au-dessous de $0^m,50$ par seconde.

2° La vitesse est dite ordinaire, quand elle est de $0^m,60$ à 1 mètre par seconde.

3° Elle est grande, quand l'eau parcourt de 1^m à 2^m par seconde.

4° Elle est très-grande, quand elle dépasse 2^m par seconde.

La Seine, à Paris, a une vitesse de $0^m,60$; le

Rhône, le Rhin et la Durance ont environ 2^m de vitesse et même le double dans les fortes crues.

7° DES SIPHONS.

On appelle siphon un tube recourbé en forme de la lettre U renversée, et ouvert aux deux extrémités. Il est destiné à transvaser les liquides d'un vase dans un autre.

Le siphon est donc un instrument formé de deux branches. Pour que cet instrument produise son effet, les deux branches doivent être d'inégales longueurs; car l'ascension et l'écoulement des liquides dans le siphon reposent sur l'inégalité des pressions qui ont lieu simultanément aux deux orifices des branches.

Or, quand le siphon est plein, deux pressions s'exercent simultanément en sens contraire sur la section de chaque orifice, savoir : une pression extérieure qui agit de bas en haut; c'est la pression atmosphérique, qu'on peut représenter par 32 pieds; et une pression intérieure qui agit de haut en bas ; c'est le poids de la colonne liquide renfermée dans la branche. La pression extérieure est la même aux deux orifices, et elle est diminuée par la force qui agit de haut en bas dans chaque branche.

De sorte que , si les deux branches sont d'égales longueurs, les deux pressions extérieures seront diminuées chacune d'une même quantité. Elles demeureront égales; il y aura équilibre aux deux orifices, et le liquide ne marchera pas dans le siphon, parce qu'il ne sera pas sollicité à s'échapper par un orifice plutôt que par l'autre.

Mais, si les deux branches ont des longueurs inégales, la pression intérieure sera plus forte dans la plus longue branche, et les pressions extérieures seront diminuées de quantités différentes. Il n'y aura pas équilibre aux deux orifices, et le liquide marchera dans le siphon vers l'orifice de la plus longue branche, parce qu'il sera sollicité à s'échapper de ce côté plus que de l'autre.

D'après cela, on comprend que la force qui imprime le mouvement au liquide dans le siphon est égale à la différence des pressions intérieures qui ont lieu simultanément dans les deux branches. De sorte que la vitesse d'écoulement doit augmenter avec la différence de ces deux pressions.

Pour faire fonctionner un siphon,

1° Il faut plonger la courte branche dans le liquide à transvaser; le siphon étant dans la position d'un U renversé.

2° Il faut que dans la courte branche la distance depuis le sommet du siphon jusqu'au niveau du liquide n'excède pas la hauteur à laquelle ce liquide peut atteindre dans le tube barométrique; car, c'est par l'effet de la pression atmosphérique que le liquide monte dans la courte branche, quand on aspire l'air qui y est contenu. Mais une fois que le siphon est plein, l'écoulement a lieu sans l'action de l'atmosphère. Le liquide marche par le même

mécanisme et par une cause analogue à celle qui
fait dérouler un fil sur une poulie, lorsqu'une des
extrémités de ce fil est attachée à un poids, tandis
que l'autre extrémité est libre ou ne porte qu'un
poids plus faible que le premier.

3° Il faut que la longue branche, qu'on appelle
aussi branche extérieure, pour la distinger de l'autre qui plonge dans le liquide, descende extérieurement plus bas que le niveau du liquide à transvaser.

4° Il faut amorcer le siphon, c'est-à-dire, le
remplir complétement du liquide que l'on veut
transvaser· Cette opération d'amorcement se fait
en renversant le tube de manière que sa courbure
soit en bas. On le remplit dans cette situation; puis
on ferme les orifices au moyen de bouchons de
liége, ou de robinets adaptés aux deux extrémités.
L'instrument étant ainsi amorcé, on le renverse et
l'on plonge la courte branche dans le liquide à
transvaser; alors on ouvre les orifices en commençant par celui de la courte branche.

L'amorcement s'opère aussi en aspirant l'air intérieur au moyen d'un tube adapté latéralement à
la plus longue branche.

§ 3. — *Phénomènes capillaires.*

Les phénomènes que nous allons considérer sont
appelés capillaires, parce qu'ils ont lieu dans des
tubes très-fins, et en général dans des espaces

très-étroits, comparables à l'épaisseur d'un cheveu.

Voici les deux principaux phénomènes capillaires.

1° Si l'on plonge dans l'eau un tube de verre également étroit et bien propre, le liquide monte dans le tube. Le niveau dans l'intérieur de ce tube se maintient plus élevé qu'à l'extérieur, et présente une surface concave qu'on appelle *ménisque concave.* Le même phénomène d'élévation a lieu si l'on plonge le tube de verre dans l'eau-de-vie ou dans tout autre liquide qui soit de nature à mouiller le verre.

2° Si l'on plonge dans le mercure un tube de verre également étroit et bien propre, le liquide pénètre dans le tube; mais le niveau dans l'intérieur du tube demeure plus bas qu'à l'extérieur, et présente dans l'intérieur du tube une surface convexe qu'on appelle *ménisque convexe.* Le même phénomène de dépression du liquide a lieu dans le tube toutes les fois que le liquide n'est pas de nature à mouiller le tube. Par exemple, un tube de verre sali, graissé, n'est pas susceptible dans cet état d'être mouillé. Aussi, si on le plonge dans l'eau ou dans le vin, ou dans l'alcool, le liquide sera déprimé dans ce tube, et sa surface supérieure présentera une courbure convexe.

Les phénomènes capillaires ont pour cause des attractions qui ne s'exercent qu'à des distances très-petites.

Ainsi, l'ascension de l'eau dans le tube de verre

a lieu parce que l'attraction moléculaire de l'eau pour le verre est plus grande que l'attraction moléculaire de l'eau pour elle-même.

La dépression du mercure dans le tube de verre s'explique par l'attraction moléculaire du mercure qui est moindre pour le verre, que l'attraction moléculaire du mercure sur lui-même.

L'expérience constate que dans les tubes très-fins, par exemple, d'un millimètre de diamètre, l'élévation ou la dépression des liquides dans les tubes sont à peu près en raison inverse du diamètre intérieur.

Ainsi, le diamètre diminuant de la moitié, l'effet capillaire est à peu près double.

Il y a une multiplicité de faits qui ont pour cause l'action capillaire.

En vertu de la capillarité, si l'on place à cheval sur le bord d'une assiette une mèche de coton, ou un morceau de vieux linge, le liquide contenu dans l'assiette s'insinuera dans la mèche et s'épanchera au dehors goutte à goutte.

C'est en vertu de l'action capillaire que l'huile s'élève dans la mèche d'une lampe;

Qu'un morceau de sucre, qui ne touche l'eau que par un point, s'en pénètre rapidement jusqu'à sa partie supérieure;

Que le suif et la cire fondus, montent dans la mèche de la chandelle ou de la bougie pour alimenter la combustion;

10

Que l'eau s'élève dans les murs, dans le sable;

Que le sel marin et le salpêtre grimpent le long des murs et s'insinuent dans les corps poreux.

On attribue aussi à l'action capillaire les attrac-tions et répulsions qui se manifestent entre les corps légers qui flottent sur l'eau, tels que des boules de cire, des boules de liége, ou de moëlle de sureau. Ces corps flottants sur l'eau, se portent l'un vers l'autre, s'ils sont tous les deux mouillés par le liquide et assez rapprochés; au contraire, ils se repoussent, si l'un est mouillé et l'autre non.

§ 4. — Des Conduites.

On donne le nom de conduite aux tuyaux souter-rains qui amènent d'un lieu dans un autre moins élevé l'eau nécessaire aux besoins soit d'un seul ménage ou d'un village, soit d'une ville ou d'une agglomération quelconque d'habitations.

Les tuyaux de conduite, dont la pose est facile et dont l'acquisition entraîne des frais peu considéra-bles, peuvent suivre par une ligne non interrom-pue, depuis la prise d'eau jusqu'au point d'arrivée, toutes les sinuosités du sol, descendre dans les lieux profonds et remonter sur les flancs des coteaux : ils remplacent avantageusement les aqueducs, dont l'emploi est très-dispendieux ; ils remplacent aussi les rigoles à ciel ouvert, qui ne mettent point l'eau à l'abri de la malveillance ou des circonstances ac-cidentelles, et qui d'ailleurs supposent à la surface du sol une pente naturelle et uniforme qu'on ne rencontre que fort rarement.

Nous traiterons successivement de la matière, de la direction ou pose, de l'épaisseur, du diamètre, du débit, etc., des tuyaux de conduite.

1º MATIÈRE DES TUYAUX DE CONDUITE.

Les tuyaux de conduite sont de fonte, ou de plomb, ou de bois, ou de terre à poterie, ou de ciment, etc.

La fonte présente beaucoup de force de résistance. Pour cette raison, les tuyaux de fonte sont aujourd'hui généralement employés, surtout lorsqu'il s'agit de larges conduites pour amener des volumes considérables d'eau.

Les tuyaux de plomb, qui étaient autrefois d'un usage général, ne sont guère employés aujourd'hui que pour amener de faibles quantités d'eau, et les distribuer dans les différents quartiers d'une ville. Dans ce cas, on leur donne même la préférence, à cause qu'on peut facilement les plier et leur faire prendre toutes les formes nécessaires pour suivre les sinuosités des rues sous le pavé desquelles ils sont établis. Mais on a renoncé à leur emploi dans les grandes conduites, et on leur préfère les tuyaux de fonte, par la raison que le prix du plomb est à peu près double de celui de la fonte, et que sa force de résistance est deux fois moins considérable.

Les tuyaux de bois ont l'avantage de ne pas coû-
ter cher, et de résister à une forte pression ; mais
comme ils pourrissent en peu d'années, et qu'ils
donnent alors un goût à l'eau, on est obligé de les
renouveler assez souvent ; ce qui fait qu'ils sont rarement employés.

Parmi les tuyaux de cette matière, on doit pru-
demment rebuter ceux qui ont des trous, des
nœuds, des fentes, ou des gerçures quelconques.
C'est toujours par les nœuds que se font les fuites,
et que les tuyaux périssent.

Les tuyaux en terre de poterie ont le précieux
avantage de ne communiquer aucun goût ni aucune mauvaise qualité à l'eau ; mais ils sont très-
fragiles. On en casse beaucoup en les posant ; ils
ne résistent pas à une pression un peu forte ; de
sorte que on est souvent obligé de réparer les conduites en poterie. Aussi, sont-elles considérées
comme les plus mauvaises de toutes.

Depuis peu d'années, on emploie le ciment de
Grenoble pour la construction des conduits des
Fontaines. On forme ces conduits sur place, dans
la tranchée elle-même, au moyen d'un mandrin
cylindrique de bois d'environ un mètre de longueur,
autour duquel se moule le ciment, et qu'on retire
après la construction de chaque partie. On donne à
ce cylindre de bois le diamètre convenable, suivant
le volume de la Fontaine que l'on veut conduire.
Ce procédé est très-expéditif : les tubes n'ont pas
de joints, car le travail se poursuit de proche en

proche, et le tout forme un seul tube continu avec
des embranchements qui sortent du tronc principal sans présenter aucune solution de continuité.

Ces tubes ont l'avantage 1° de ne pas s'oxider,
comme il arrive aux tubes métalliques ; 2° de ne
point pourrir, inconvénient inévitable aux tubes
de bois ; 3° d'être parfaitement calibrés, comme la
pièce de bois qui sert à les mouler. De plus, les
parois intérieures n'ont pas d'aspérité, car en
employant un cylindre de bois bien poli, elles se
moulent exactement sur ce cylindre, et présentent
le même poli que le moule.

A ces avantages, on doit ajouter que ce ciment
moulé devient très-dur en peu de temps, et acquiert
une grande force de résistance. D'ailleurs, comme
dans leur formation, on peut donner à ces tubes de
conduite telle épaisseur que l'on veut, on peut par là
même leur donner la force de résistance qu'exigent
les diverses charges qu'ils auront à supporter.

2° DIRECTION DES TUYAUX DE CONDUITE.

Pour ne pas contrarier la dépense, ou débit des
Fontaines, il faut éviter les changements brusques
de direction dans la pose des tuyaux de conduite,
lorsqu'il s'agit de former des coudes pour tourner
les angles des rues.

La résistance que l'eau éprouve à se mouvoir dans
les tuyaux de conduite est d'autant plus sensible
que l'angle des coudes est plus aigu. D'ailleurs, cette

résistance est beaucoup plus grande, quand les deux branches du coude étant droites elles se rencontrent à angle vif, que quand elles forment une courbe à l'endroit du coude.

Les résultats trouvés par Dubuat dans ses nombreuses recherches relativement à la loi et à la mesure de la résistance des coudes, et par Venturi et Bossut, dans les expériences qu'ils ont faites sur l'écoulement de l'eau, démontrent qu'il y a un désavantage à employer des angles vifs; et que l'on évite, ou du moins qu'on atténue considérablement ce désavantage, en employant des coudes bien arrondis.

Ainsi, pour ne pas diminuer la vitesse d'écoulement de la masse fluide, et par conséquent le débit des Fontaines, on devra disposer les tuyaux de conduite de manière à éviter les changements brusques de direction ; de sorte que toutes les fois qu'il s'agira de dévier un tuyau, il faudra ménager peu à peu le détour et former un coude arrondi, en prenant la courbure d'un peu loin, afin d'éviter les retours brusques qui produisent des effets nuisibles et diminuent la vitesse d'écoulement de l'eau.

3° ÉPAISSEUR DES TUYAUX DE CONDUITE.

On donne aux tuyaux de conduite l'épaisseur qui convient à la charge d'eau, ou pression maximum qu'ils peuvent avoir à supporter.

La charge, ou pression maximum, a lieu dans

les tuyaux de conduite, quand ils sont entièrement pleins, et que le mouvement de l'eau y est arrêté. Elle a pour mesure, en chaque élément de la conduite le poids d'une colonne d'eau ayant pour base cet élément de surface de la conduite et pour longueur la distance verticale depuis cet élément jusqu'au niveau supérieur dans le réservoir qui alimente la conduite.

Les tuyaux de conduite doivent avoir une épaisseur qui les rende capables de résister non seulement à cette pression maximum, mais encore aux coups de béliers qu'ils reçoivent, lorsqu'on vient à arrêter brusquement la marche de l'eau par la fermeture d'un robinet.

Dans les tubes de fonte de fer, qui est la matière la plus employée pour les conduites, on doit tenir compte de la réduction d'épaisseur qui a lieu, à la longue, par l'effet de la rouille. De plus, la fonte renferme des soufflures, qui diminuent toujours beaucoup l'épaisseur réelle dans les parties où elles se trouvent.

D'après M. d'Aubuisson, l'épaisseur constante à admettre pour tous les tuyaux de conduite de fonte de fer est $0^m,01$, à laquelle on en ajoute une autre proportionnée à la charge et au diamètre.

Dans la pratique, on donne aux tuyaux de fonte de fer qui ont 4 pouces, ou $0^m,10836$ de diamètre, 4 lignes, ou $0^m,00904$ d'épaisseur ; 5 lignes, ou $0^m,01130$ d'épaisseur à ceux dont le diamètre est de 6 pouces, ou $0^m,16254$; l'épaisseur de 6 lignes, ou $0^m,01356$ à ceux de 8 pouces, ou $0^m,21672$ de diamètre; et ainsi de suite, en augmentant successivement d'une ligne, ou $0^m,00226$ de plus, l'épaisseur pour chaque augmentation de 2 pouces, ou $0^m,05418$, dans le diamètre.

On donne aux tuyaux de bois, après avoir enlevé l'écorce et l'aubier, de 3 à 4 centimètres d'épaisseur au moins.

On donne une épaisseur de 13 à 15 millimètres aux tuyaux en poterie dite de grès, qui ont de 5 à 16 centimètres de calibre. Ces tuyaux sont capables de porter une charge d'eau de 8 mètres de hauteur sans se briser.

Quant aux tuyaux de plomb, on ne les emploie guère que pour des trajets très-courts, à cause qu'ils sont trop coûteux. Les tuyaux ordinaires en plomb ont un pouce et demi, ou $0^m,04$ de diamètre, et une ligne, ou $0^m,00226$ d'épaisseur.

Bien que l'épaisseur des tuyaux de conduite ait été désignée par M. d'Aubuisson et par la pratique, il est une précaution à prendre pour mettre les conduits à l'abri de tout accident : c'est de soumettre à une épreuve préalable les tuyaux que l'on se propose d'employer. Pour cela on leur fait supporter une charge beaucoup plus forte que celle qu'ils auront à subir dans les circonstances où ils seront placés.

Une épreuve de cette nature est facile à faire pour chaque cas particulier. La voici :

Lorsque les tuyaux ont été assemblés et joints de

proche en proche, d'une extrémité de la conduite à l'autre, il ne faut pas combler la tranchée dans le fond de laquelle sont logés les tuyaux, avant de s'être assuré de l'effet de la pression. On laisse préalablement arriver l'eau, puis on bouche l'orifice de sortie, afin de faire supporter aux différents éléments des tuyaux la pression due à la hauteur du réservoir supérieur. Cette pression dépasse de beaucoup celle que la conduite supportera lorsque l'eau aura son libre mouvement.

Si les tuyaux résistent à cette pression pendant quelques jours, on a dans cette épreuve une garantie contre les chances de rupture dans toutes les circonstances où la charge sera inférieure, et par conséquent, lorsque l'eau circulera librement dans la conduite.

4° DIAMÈTRE, DÉBIT, ETC., DES TUYAUX DE CONDUITE.

A la page 138 nous avons indiqué un moyen de mesurer la vitesse de l'eau dans les tubes de conduite, pour une section déterminée; ce qui suppose que le mouvement du liquide n'est pas le même en chaque point de la longueur. La vitesse ainsi mesurée exige de nouveaux calculs pour chaque section différente.

En admettant que le mouvement de l'eau soit uniforme dans toute la longueur, nous allons donner, en suivant M. Francœur, une formule pour déterminer la vitesse d'écoulement, d'après les

conditions données sous lesquelles la conduite
existe. Cette formule qui suffit à la pratique, est
très-importante, parce que la dépense d'eau est la
conséquence de la détermination de la vitesse. En
effet, connaissant la vitesse de l'eau dans la conduite, on connait la longueur du cylindre liquide
qui a passé par l'orifice en une seconde. Multipliant cette longueur par la surface de l'orifice de
section, on a la dépense ou le volume d'eau écoulé
pendant une seconde.

Mais de plus, nous donnons, toujours d'après
M. Francœur, une formule relative à la dépense,
ou volume d'eau écoulé en une seconde, exprimée
en mètres cubes, ou subdivisions du mètre cube.

Voici la formule relative à la vitesse.

$$V = 26,79 \text{ rac. car. } (D\,m)\ldots\ldots (1)$$

Dans cette formule, V est la vitesse constante de
l'eau dans la conduite et à sa sortie, ou l'espace
parcouru par chaque molécule liquide en une seconde; D est le diamètre du tuyau de conduite;
m est une quantité variable dont la valeur est
donnée par l'équation suivante :

$$m = \frac{Z - H' + H}{L}, \ldots\ldots (2)$$

dans laquelle Z est la différence de niveau entre
les orifices d'entrée et de sortie; L la longeur de
la conduite ; H et H' les charges qui pressent les
orifices aux deux bouts.

Toutes les mesures sont rapportées au mètre pour unité.

Cette valeur de m fournie par l'équation (2) se réduit à $\frac{Z}{L}$, quand les pressions aux deux orifices sont égales; ce qui arrive très-souvent.

Voici la formule relative à la dépense, ou au volume d'eau écoulé pendant une seconde. Ce volume est exprimé en mètres cubes.

$$q = 21,403 \text{ rac. car. } (D^5\, m)\ldots\ldots\ldots (3)$$

Dans cette formule, q est le volume d'eau écoulé en une seconde; D est le diamètre de la conduite; m a la valeur donnée par l'équation (2).

D'après ces trois équations, on voit qu'on peut trouver non seulement la vitesse d'écoulement de l'eau dans les tubes de conduite, et la dépense d'eau fournie en une seconde, quand les conditions de la conduite sont connues; mais encore quelles doivent être les dimensions d'une conduite, la différence des niveaux, ou les charges d'eau qui pressent les orifices d'entrée et de sortie, quand d'ailleurs une partie de ces quantités est donnée, parce que ces équations permettent d'en tirer les valeurs inconnues.

Ainsi, de l'équation (2) on tire

$$Z = H' - H + L\, m,\ \ldots\ldots (4)$$

$$L = \frac{Z - H' + H}{m},\ \ldots\ldots (5)$$

$$H' = Z - Lm + H, \ldots\ldots (6)$$

$$H = \qquad Lm + H' - Z; \ldots (7)$$

Enfin, de l'équation (3) on tire

$$D = \text{rac. } 5^e \text{ de } \frac{q^2}{(21,403)^2 \, m} \ldots (8)$$

LIVRE DEUXIÈME.

LIVRE DEUXIÈME.

QUALITÉS DES EAUX.

CHAPITRE VI.

DÉFINITIONS DES MOTS AFFLUENTS, BASSINS, ETC.

Nous commencerons ce deuxième livre par une série de définitions dont nous ferons usage.

AFFLUENT. — Les divers cours d'eau qui forment une rivière, ou un fleuve, sont appelés affluents.

BASSIN. — Grande pièce d'eau dans les jardins. Réservoir d'eau pour entretenir les canaux et les écluses.

Dans l'hydrodynamique,

1° Bassin de décharge; pièce d'eau où se rendent les eaux d'un jardin, etc.

2° Bassin de partage ou de distribution; l'endroit où est le sommet du niveau de pente dans un canal artificiel, et où les eaux se joignent pour la continuation du canal. Le repère où se fait cette jonction est appelé *point de partage*.

Citerne. — Réservoir ordinairement souterrain établi pour recueillir et conserver les eaux pluviales.

Eaux artificielles ou machinales. — Celles qui sont élevées dans un réservoir par le moyen des machines hydrauliques.

Eaux courantes, — Toutes celles qui circulent à la surface de la terre suivant des cours constants, et qui forment des ruisseaux, des rivières, ou des fleuves.

Eaux folles. — Les pleurs de terre qui produisent peu d'eau, et sont regardés comme de fausses sources, qui tarissent dans les moindres chaleurs.

Eaux jaillissantes. — Celles qui s'élèvent en l'air au milieu des bassins et forment des jets, des gerbes, et des bouillons d'eau.

Eaux naturelles. — Celles qui sortant d'elles-mêmes de la terre, se rendent dans un réservoir, et font jouer continuellement des Fontaines, ou bien vont former des ruisseaux, etc.

Eaux plates. — Celles qui, plus tranquilles, fournissent des canaux, des viviers, des étangs et des pièces d'eau sans aucun jet.

Eau de pluie. — Celle qui tombe des nuages et qui est reçue et recueillie dès qu'elle arrive au sol.

Eau potable. — Celle qui est appropriée aux besoins de notre estomac, par son état de composition ni trop ni trop peu compliqué, qui offre à l'homme et aux animaux une boisson agréable et salutaire, et qui convient à tous les usages civils, domestiques et alimentaires.

EAU PURE. — Celle qui est sans couleur, sans odeur, sans saveur, telle que l'eau distillée, appelée aussi eau des chimistes.

EAUX DE RAVINE. — Celles qui forment des débordements d'eau de pluie dans les fossés, dans les ravines qu'elles creusent peu à peu en tombant des montagnes.

EAUX SAUVAGES. — Celles qui dans leur marche, ne suivent aucune direction déterminée, comme ces masses d'eau qui lavent la surface du sol dans les grandes pluies. Les eaux de ravine, avant leur réunion dans les lits des torrents, sont des eaux sauvages.

EAUX VIVES ET ROULANTES. — Celles qui coulent rapidement d'une source abondante, et qui sont remarquables par une belle limpidité et une extrême fraîcheur.

ETANG. — Amas d'eau plus ou moins considérable, retenu par une chaussée faite ordinairement de main d'homme, et dans lequel on nourrit du poisson.

FONTAINE NATURELLE. --- Eau vive qui sort de terre,

d'un réservoir *ordinairement* creusé par la nature, et alimenté par les eaux pluviales.

FONTAINE ARTIFICIELLE, OU MACHINALE. — Machine par le moyen de laquelle l'eau est versée ou lancée.

LAC. — Grand amas d'eau dormante, sans issue apparente ou considérable, dans l'intérieur d'une contrée.

MARAIS. — Terrains aquatiques et fangeux, répandant au loin des miasmes malsains, impraticables à la marche des hommes et des bestiaux, et qui sont le produit des terres d'alluvion, dont les accroissements successifs comblent graduellement des lacs, des étangs et quelques portions des bords en bas fonds et obstrués de certaines rivières.

PUITS. — Trou plus ou moins profond, creusé de main d'homme, et fait exprès pour en tirer de l'eau.

RÉSERVOIR. — Lieu où l'on amasse et où l'on conserve de l'eau.

SOURCE. — Eau qui commence à *sourdre*, à sortir de terre, pour commencer son cours.

SOURDRE. — Sortir de terre, d'un rocher, en parlant de l'eau. Toutes ces difinitions, placées ici par ordre alphabétique, ont été puisées dans les meilleurs auteurs.

CHAPITRE VII.

—

EAU POTABLE.

On établit deux grandes classes entre les différentes eaux.

1° Les eaux simples ;

2° Les eaux composées.

La 1re classe comprend les eaux douces ; la 2e
classe renferme toutes les eaux minérales.

Nous traiterons spécialement des eaux de la
1re classe, parce qu'elles renferment les eaux potables. Il n'entre pas dans notre plan de nous occuper
des eaux minérables. Ce ne sera donc que très-
accessoirement que nous dirons quelques mots de
celles-ci.

Les eaux douces se subdivisent en eau de pluie,
de source, de rivière, de lac, de puits, de citerne,
d'étang, de marais.

C'est dans les eaux douces que les végétaux
puisent le principe le plus essentiel à leur accroissement; c'est dans les eaux douces que les hommes
trouvent leur boisson la plus ordinaire, et les animaux, la seule qui convienne à leurs besoins. Mais
toutes les eaux douces ne réunissent pas les qualités qui constituent l'eau potable.

Les caractères que doit présenter une bonne eau

potable sont d'être limpide, inodore, légère ; d'être
aérée, c'est-à-dire de contenir une certaine quantité de substance gazeuse, mélange d'air atmosphérique et d'acide carbonique; d'avoir une saveur vive,
fraîche et pénétrante; enfin, d'être fraîche et d'une
température invariable, ce qui la fait paraître
chaude en hiver et fraîche en été.

Mais expliquons ces caractères.

1° LIMPIDITÉ. — Il est assez évident que si une
eau n'est pas claire, ce manque de limpidité lui
vient de la présence de substances ou de quelques
corps qui en troublent la transparence. Cette eau
n'est pas pure, et les corps qu'elle contient peuvent être nuisibles. Une telle eau ne doit pas être
employée pour les usages domestiques.

Toutefois, la limpidité n'est pas un caractère
qui puisse à lui seul constater la pureté de l'eau ;
car certaines eaux sont très-limpides, bien qu'elles
contiennent des corps en dissolution, On reconnaît facilement la présence des corps étrangers
contenus en dissolution dans l'eau limpide, par
les moyens suivants :

1er *Moyen*. — Mettez une goutte de cette eau sur
une assiette blanche, bien nette, et laissez évaporer
la goutte d'eau jusqu'à siccité. Si après l'évaporation complète vous ne remarquez aucune tache
sur l'assiette, l'eau est pure ; si au contraire, vous
remarquez une tache, l'eau n'est pas pure, puis-

qu'elle contient quelques corps qu'elle a abandonnés en s'évaporant.

2ᵉ *Moyen*. — Faites bouillir une certaine quantité de cette eau dans une marmite bien nette,
puis retirez-la du feu et laissez reposer pendant
quelque temps. Quand l'eau sera refroidie, versez-
la doucement en inclinant le vase peu à peu et sans
secousse. Si après avoir versé toute l'eau, vous ne
trouvez rien au fond du vase, l'eau est pure. Au
contraire, si le fond du vase présente un dépôt de
matière quelconque, l'eau n'est pas pure; elle contient malgré sa transparence, des corps en dissolution qui nuisent à la qualité de l'eau, ou qui peuvent
même la rendre impropre aux usages domestiques.

On reconnaît aux signes suivants qu'une eau
limpide est de bonne qualité :

Si elle bout aisément et sans troubler sa transparence, ni déposer des corps étrangers ;

Si elle effectue assez rapidement la cuisson des
légumes secs, des herbes et des viandes.

Si elle s'échauffe, se refroidit, et se gèle assez
promptement.

Si elle dissout bien le savon, et lave parfaitement
le linge.

Ces signes réunis à la limpidité, sont des moyens
sûrs et faciles de s'assurer si une eau est de bonne
qualité, et ces signes sont très-suffisants, quand
il ne s'agit de déterminer la pureté de l'eau que
relativement aux besoins ordinaires de la vie.

2° Absence d'odeur. — L'eau pure n'a point d'odeur; c'est ce que l'on exprime en disant que l'eau pure est inodore. Donc, si une eau affecte notre odorat, si elle a une odeur quelconque, cette eau n'est pas pure. Elle tire cette odeur de quelque substance étrangère qui peut rendre l'usage de cette eau nuisible à la santé.

3° Légèreté. — L'eau la plus pure est aussi la plus légère. Par le moyen de divers aréomètres, on détermine la pesanteur spécifique d'une eau, en comparant son poids à celui d'un pareil volume de l'eau très-pure des chimistes, savoir, l'eau distillée.

Mais l'eau la plus pure, par exemple, l'eau distillée, n'est pas la meilleure eau potable. Elle est indigeste, fatigue l'estomac, et resserre le ventre, quand elle n'a pas été mise en contact avec l'air pendant quelque temps. Pour qu'une telle eau devienne potable, il faut qu'elle soit aérée; comme on va le dire.

4° Aérée. — On entend par eau aérée, celle qui renferme de l'air atmosphérique et du gaz acide carbonique.

Ces substances gazeuses se mêlent à l'eau naturellement, quand celle-ci est exposée pendant quelque temps au contact de l'air. Le mélange s'effectue plus rapidement lorsque l'eau est agitée ou battue en plein air.

C'est ici une des qualités les plus importantes

des eaux potables; car, c'est à la présence dans ces eaux des substances gazeuses (air et acide carbonique) que l'on attribue leur propriété digestive. Aussi, une eau potable est d'autant plus digestive qu'elle renferme une plus grande quantité d'air et de gaz acide carbonique.

Les eaux qui réunissent les qualités précédentes, et qui de plus contiennent au moins la 4ᵉ partie de leur volume, c'est-à-dire 25 centimètres cubes par litre de substance gazeuse (air et gaz acide carbonique), sont de bonnes eaux potables. Ces eaux sont appelées *légères et aérées*. On reconnaît qu'une eau est aérée, lorsque étant vivement agitée dans une bouteille, ou exposée sous le récipient de la machine pneumatique, elle dégage beaucoup de bulles d'air.

5° FRAICHE. — On lit dans un rapport fait par la société de médecine de Lyon :

« *La fraîcheur de l'eau mérite la plus grande attention; car, cette qualité suffit bien souvent pour faire digérer une eau mauvaise, tandis que la tiédeur rend la meilleure eau indigeste.* »

Tous les médecins sont d'accord sur ce point, et ils reconnaissent qu'il vaut mieux boire l'eau fraîche que l'eau chaude.

L'eau fraîche flatte le palais, apaise la soif, plaît à l'estomac sain, ranime le corps et facilite la digestion, en remontant les forces de l'estomac à un degré qui convient mieux pour cette opération de la nature que le café ou les liqueurs.

L'eau chaude au contraire, ne désaltère point ; elle ne plaît point à l'estomac, ni aux organes du goût. Les nausées et les vomissements qu'elle excite quand elle est chauffée à un certain degré, prouvent qu'elle ne convient pas comme boisson.

Aussi, un instinct naturel nous porte-t-il à préférer et à rechercher, principalement en été, les boissons fraîches.

La fraîcheur est donc une qualité essentielle aux eaux potables, puisqu'elle est indiquée par la nature, et pour ainsi dire sans la participation de notre volonté. Mais si de plus la température de l'eau est invariable, cette eau froide en été paraîtra chaude ou moins froide en hiver, et sera durant toute l'année une boisson tout à la fois salutaire et agréable.

Les eaux qui réunissent toutes les conditions ci-dessus sont les meilleures eaux potables, et sont appelées *légères, vives, douces, subtiles.*

Celles qui ont les qualités contraires, sont appelées *dures, creuses, pesantes.*

L'eau la plus pure, la plus inodore, est connue sous le nom d'*eau douce,* ou d'*eau commune.*

De sorte que, nous pouvons dire avec Pline, que l'eau commune, la bonne eau potable, doit être en quelque sorte semblable à l'air pur, c'est-à-dire sans couleur, sans odeur, légère, vive, douce, subtile, et capable de prendre rapidement différentes températures.

CHAPITRE VIII.

—

CHOIX DES EAUX POTABLES.

L'eau commune n'est jamais parfaitement pure, qu'elle soit eau de pluie, eau de source, eau de rivière, etc., comme nous allons le voir. Elle n'a pas toujours la transparence désirable, ou elle n'est pas suffisamment aérée, ou encore, bien qu'elle soit transparente, si elle a coulé sur des terrains calcaires, elle contient toujours en dissolution des quantités notables de sels à base de chaux, et c'est là ce qui constitue cette qualité, qu'on désigne sous les dénominations d'*eau crue, dure,* ou *séléniteuse.*

Ainsi, les différentes eaux communes jouissent à divers degrés des propriétés qui constituent la bonne eau potable. Donc, toutes les fois qu'on devra exécuter des travaux pour fournir de l'eau potable, soit à un seul ménage, soit à une agglomération quelconque, il sera important d'étudier préalablement les différentes eaux douces que la localité peut présenter. Cet examen servira de base à un choix raisonné sur toutes les eaux dont on pourra disposer, et fera tomber la préférence sur la meilleure.

CARACTÈRES CHIMIQUES ET ÉPREUVE DES EAUX POTABLES.

Pour apprécier la bonne qualité de l'eau potable, le procédé le plus sûr, c'est d'en faire l'analyse ou l'épreuve.

Il est donc nécessaire d'indiquer le moyen de reconnaître les substances que l'eau contient, non pas d'une manière très-exacte et précise, mais suffisante cependant pour être bien guidé dans le choix que l'on doit faire.

En conséquence, nous nous bornerons à résoudre les questions suivantes qui renferment tout ce qu'il est nécessaire de savoir pour faire convenablement l'épreuve de l'eau potable.

1re Question.

Quelles sont les substances nuisibles ou malfaisantes qui se trouvent souvent contenues en dissolution dans l'eau commune qu'on appelle aussi eau potable?

Réponse.

L'eau commune, qui réunit les conditions d'une bonne eau potable, ne contient jamais de substances nuisibles proprement dites.

Mais l'eau commune peut être rendue malfaisante, ou peu propre aux usages économiques, lorsqu'elle contient de trop fortes proportions de sulfate de chaux, de sulfate de magnésie; comme aussi lorsqu'elle renferme des sels de fer, ou des matières organiques en dissolution.

Ces quatre substances sont comptées au nombre des matières malfaisantes;

1° Parce que les eaux séléniteuses, c'est-à-dire

celles qui renferment de trop grandes proportions de sulfate terreux, ont la propriété de peser sur l'estomac, de caillebotter le savon et de s'opposer à la cuisson des légumes secs; ce qui les rend impropres à la digestion, au savonnage, et aux divers usages économiques;

2° Parce que les eaux trop ferrugineuses, peuvent à la longue produire de l'irritation sur les organes digestifs;

3° Parce que les eaux qui contiennent des matières organiques, renferment par là même un princ'pe qui peut facilement devenir putride.

2e Question.

Comment reconnaît-on dans l'eau commune la présence de ces substances ?

Réponse.

1° L'existence du sulfate calcaire se reconnaît aisément. Il suffit de verser dans l'eau que l'on veut éprouver un volume égal d'alcool, et le sulfate calcaire se précipite entièrement.

2° La présence des sels de magnésie peut être rendue suffisamment manifeste par l'ammoniaque, mais il faut avoir soin de n'ajouter préalablement à l'eau aucun acide.

3° Les eaux qui contiennent de trop fortes proportions de sels de fer se reconnaissent à la couleur bleue plus ou moins intense qu'elles prennent en peu de temps par l'addition du cyanure jaune de potassium et de fer.

4° Enfin, pour reconnaître si l'eau contient en dissolution des matières organiques, le meilleur moyen consiste (après avoir concentré le liquide par l'évaporation), à y ajouter de l'acide sulfurique, et chauffer jusqu'à siccité. Toutes les matières organiques, traitées de cette manière, laissent un résidu noirâtre. On peut même juger de la quantité de la matière organique par l'intensité du charbon qui s'est déposé.

3e Question.

Quelle quantité, en poids et par litre, l'eau commune peut-elle renfermer de ces substances diverses, sans pour cela devenir nuisible ou malfaisante aux hommes ou aux animaux qui en feraient usage ?

Réponse.

Une eau potable, de bonne qualité, ne doit laisser par l'évaporation, qu'un résidu à peine supérieur à 4 décigrammes par litre.

Ce résidu doit consister, principalement en carbonate de chaux et chlorure de sodium, et ne doit contenir que de légères traces de fer, et peu ou point de sulfate de chaux et de magnésie.

On reconnaît que le résidu est du carbonate de chaux aux caractères suivants :

1° Si l'on y verse de l'eau faiblement acide, il se produit une vive effervescence, et la matière se dissout complétement.

2° La dissolution ainsi obtenue ne se trouble pas par l'ammoniaque; mais elle précipite abondamment par l'oxalate de cette base. Dans le cas où la dissolution se troublerait par l'ammoniaque caustique, ce serait un indice de l'existence de la magnésie, ou d'une très-petite quantité d'alumine. Si le trouble n'est que très-léger, ces substances ne peuvent amener aucun inconvénient.

Au surplus, les eaux qui contiennent un carbonate en dissolution se reconnaissent facilement, et à priori, au caractère suivant : Par l'addition d'un acide quelconque elles font plus ou moins d'effervescence; et l'on voit se dégager des bulles de gaz. De sorte que, si cette épreuve a fait reconnaître préalablement dans l'eau l'existence d'un carbonate, on pourra facilement s'assurer ou reconnaître si c'est du carbonate de chaux, en se conformant à ce que nous avons dit plus haut de l'épreuve du résidu.

N. B. Les eaux qui contiennent du carbonate de chaux, même dans d'assez fortes proportions, ne sont jamais malfaisantes.

On reconnait, qu'une eau renferme du chlorure de sodium par le précipité qu'elle donne avec le nitrate d'argent.

Toutefois, cette réaction n'est point caractéristique du chlorure de sodium; mais elle indique dans l'eau l'existence d'un chlorure. Et comme le chlorure de sodium est à peu près le seul qu'on

rencontre dans les eaux potables, le caractère indiqué suffit pour une simple épreuve.

De sorte que, si par cette épreuve préalable
on a reconnu dans l'eau la présence du chlorure
de sodium, on est assuré d'avance que le résidu
obtenu par la vaporisation contient de cette substance.

N. B. Les eaux qui renferment du chlorure de
sodium ne sont pas malfaisantes.

Pour ce qui est des autres substances qui peuvent se trouver dans le résidu, nous avons déjà
dit par qu'elle épreuve préalable on reconnaît
dans l'eau la présence, soit du sulfate de chaux,
soit du sulfate de magnésie, soit des sels de fer.

4ᵉ Question.

Quelle quantité en poids et par litre de ces
substances rendrait l'eau commune nuisible ou
malfaisante aux hommes et aux animaux?

Réponse.

Lorsque l'eau contient plus de 4 décigrammes
par litre de substances organiques et de sulfates
terreux, elle est peu propre aux usages économiques, et elle peut devenir malfaisante par suite de
réactions chimiques entre ces diverses substances.

5ᵉ Question.

Par quel moyen peut-on améliorer et rendre
potable les eaux qui renfermeraient une trop grande
proportion de ces substances malfaisantes?

Réponse.

Lorsqu'on est forcé de faire usage d'une eau qui ne réunit qu'imparfaitement les conditions de l'eau potable, le seul moyen économique pour améliorer cette eau, consiste à la faire passer à travers des filtres de sable et de charbon de bois concassé. De cette manière on peut rendre potables des eaux même fétides.

Aux cinq réponses que nous venons de donner, nous ajouterons ce qui suit, relativement à l'amélioration des eaux communes, et à l'épreuve de l'eau potable.

1° Relativement à l'amélioration des eaux.

L'eau la plus ordinaire est prise, dans les puits, les sources, les rivières, les marais et les étangs ; celle qui est fournie par la neige et la glace fondues, celle qui constitue la pluie, doit encore être considérée comme de l'eau ordinaire.

Mais, quoique ordinaires, toutes ces eaux ne sont pas potables.

1° Les unes, celles de puits, de sources ou même de certaines petites rivières, et que l'on désigne quelquefois sous le nom d'*eaux crues*, contiennent souvent beaucoup trop de sulfate de chaux.

2° D'autres, celles de marais et d'étangs, qu'on appelle *eaux stagnantes*, renferment des matières organiques à l'état de corruption.

3° Enfin, les eaux de neige et de glace ne sont pas assez chargées de l'air nécessaire à la digestion.

On améliore les premières, en y ajoutant du carbonate de soude, qui précipite la chaux.

Les secondes s'améliorent par l'ébullition et l'agitation ; lorsqu'il s'agit de l'usage en grand, les eaux stagnantes doivent être purifiées aux filtres de charbon.

Les troisièmes s'améliorent par l'agitation seulement.

2° Relativement à l'épreuve de l'eau potable.

Pour être potable, l'eau doit être incolore, inodore, d'une saveur ni fade, ni piquante, ni salée, mais fraîche et agréable. Elle ne doit point changer de couleur, ou ne prendre qu'une très-faible coloration bleue, par l'addition des cyanures jaunes ou rouges, pour prouver qu'elle n'est que très peu ou point ferrugineuse; elle ne doit donner qu'un résidu à peine sensible après son évaporation. Elle ne doit pas former de précipité trop abondant par l'addition des nitrates de baryte et d'argent et par l'oxalate d'ammoniaque. Le savon doit s'y dissoudre complétement. Dans le cas où le savon se caillebotte sur-le-champ, on peut affirmer que l'eau contient une très-grande quantité de sels terreux, et qu'elle est impropre au savonnage et aux divers usages économiques. Enfin, soumise à la vaporisation, elle doit laisser dégager avant l'ébullition, des bulles nombreuses; ce qui prouve qu'elle est suffisamment aérée.

Mais il existe un moyen très-simple, et qui résume, à lui seul, toute la question de l'épreuve des eaux potables.

Ce moyen consiste (après s'être assuré préalablement que l'eau réunit les conditions physiques nécessaires pour être potable, et que le résidu de la vaporisation n'est pas supérieur à 4 décigrammes par litre), ce moyen, disons-nous, consiste à étendre l'eau d'un volume égal d'alcool, et à abandonner ce mélange pendant 24 heures dans un flacon bouché.

Toutes les eaux qui, traitées de cette manière, ne forment que peu ou point de dépôt, doivent être considérées, à priori, comme des eaux potables de la meilleure qualité.

Notre but n'étant pas de faire connaître les méthodes exactes, longues et difficiles dont les chimistes font usage pour établir la composition et la constitution chimique des eaux, nous croyons devoir borner à ce simple aperçu ce que nous avions à dire de l'épreuve des eaux potables.

N. B. Cet article sur les caractères chimiques et l'épreuve des eaux potables a été fait avec la bienveillante collaboration d'un homme spécial sur cette matière : M. Mazade, chimiste et pharmacien à Valence, auteur de divers travaux sur les eaux minérales, et lauréat de l'Académie impériale de médecine, pour son beau travail sur les eaux minérales de Neyrac (Ardèche).

Tels sont les caractères que possèdent les eaux

pctables et propres à tous les usages économiques.

Les eaux potables ne peuvent être prises que parmi celles qui composent la subdivision des eaux douces, savoir : l'eau de pluie, de source, de rivière, de lac, de puits, de citerne, d'étang, de marais. Il n'est question que de choisir dans ce nombre celles qui remplissent le mieux les conditions d'une bonne eau potable.

Dans les chapitres suivants, nous allons passer en revue les différentes eaux douces; nous signalerons les nuances qu'elles présentent entre elles ; enfin, nous établirons un tableau par ordre de mérite, qui servira de guide dans la préférence que l'on doit accorder à telle eau douce, pour être employée aux usages domestiques, toutes les fois que le choix sera permis.

CHAPITRE IX.

—

EAU DE PLUIE.

Les eaux qui tombent du ciel sont sans contredit les plus pures. Elles ne contiennent presque aucune substance qu'on puisse rendre sensible par les agents chimiques.

On est pourtant certain que la pluie, en traversant l'air, s'empare d'une infinité de parties hétérogènes répandues dans l'atmosphère; et l'on conçoit que les eaux célestes doivent être plus chargées de matières étrangères, lorsque la pluie survient pendant qu'il règne des vents violents, de grands mouvements dans l'atmosphère; parce que les vents charrient dans l'air et à diverses hauteurs les poussières et tous les corps légers qu'ils ont balayés sur le sol.

On conçoit aussi que les eaux de pluie doivent être moins pures en été qu'en hiver; car, les chaleurs de l'été déterminent sur une foule de points de la surface terrestre des fermentations et des exhalaisons qui portent et disséminent dans l'air des matières nuisibles. La pluie qui tombe dans cette saison s'empare, en tombant, de ces corps étrangers, et les entraîne avec elle. Ces fermentations et ces exhalaisons n'ont pas lieu en hiver, ou sont infiniment moins considérables.

De ces considérations il suit que, l'eau de la pluie est susceptible d'offrir de très-grandes variations, pour la qualité, suivant qu'elle tombe dans telle saison, en temps calme, ou pendant qu'il règne des vents, ou lorsque l'atmosphère est troublée et violemment agitée par un orage ; ou encore suivant qu'elle est recueillie dès le commencement de la pluie, ou seulement après les premières ondées. Ainsi, on comprend que les eaux qui proviennent des pluies d'orage sont moins pures que celles qui découlent de pluies douces ; et que celles-ci sont plus pures pendant la durée de la pluie, qu'au moment où la pluie commence à tomber. Car, les premières ondées ayant lavé l'atmosphère, les ondées qui leur succèdent trouvent peu ou même rien à balayer dans l'air.

Aussi, on estime l'eau de pluie qui a été recueillie dans une saison froide et pendant un temps calme, comme étant plus pure que celle qu'on recueille dans les autres saisons, ou pendant que l'atmosphère est agitée par les vents.

Mais l'eau de pluie, même celle qui a été recueillie dans une saison froide et en temps calme n'est pas aérée. Elle est lourde, indigeste, quand elle est nouvellement recueillie. Pour que cette eau de pluie devienne une bonne eau potable, il faut qu'elle ait été exposée et agitée à l'air.

Quant aux eaux de pluie qu'on recueille dans les saisons plus ou moins chaudes, et sous l'influence de divers états atmosphériques, non seulement elles ne sont pas aérées, mais elles sont chargées des corps étrangers dont elles ont purgé l'atmosphère. Pour que ces eaux de pluie deviennent de bonnes eaux potables, il est nécessaire de les aérer, et de les laisser se dépouiller par le repos des matières qu'elles renferment.

Une eau s'aère d'elle-même quand elle est laissée pendant plusieurs jours en contact avec l'air. De sorte que, en même temps que l'eau s'empare de la quantité d'air qui doit la rendre potable, elle se dépouille par le repos des matières étrangères qui altèrent sa pureté.

On peut aussi, et plus promptement, aérer une eau de pluie. Il suffit pour cela de l'agiter vivement dans un vase ouvert en la battant avec un faisceau de baguettes, ou avec un balai; ou bien, en la transvasant plusieurs fois et d'un peu haut d'un vase dans un autre.

CHAPITRE X.

EAU DE RAVINE.

Toutes les eaux pluviales qui tombent sur les montagnes, se divisent en trois parts : l'une s'exhale dans l'atmosphère par voie d'évaporation ; une autre descend en torrents, et la troisième est absorbée par les terres et filtrée par elles.

Nous parlerons plus tard de la partie qui s'évapore ; la troisième partie sera l'objet du chapitre qui suit ; parlons maintenant de la seconde part, de la partie torrentielle.

La partie des eaux pluviales qui descend en torrent est appelée *eau de ravine.*

Les eaux de ravine sont ainsi nommées, parce que, après avoir été reçues d'abord par les petits sillons, par les rigoles, ou par les divers plis que leur offrent les aspérités et les inégalités du sol, elles se réunissent çà et là et roulent dans des fossés, dans des ravins inclinés qu'elles creusent peu à peu en tombant des montagnes, et vont former par leur réunion des débordements dans les berceaux étroits des vallons, et successivement dans les lits plus larges et plus profonds des vallées.

Ces eaux pluviales ainsi roulées, et souvent brisées de cascade en cascade, ne peuvent manquer d'être bientôt aérées. Elles seraient donc de très-bonnes eaux potables si elles étaient claires ; mais

elles se clarifient et s'épurent en peu de temps par
le repos. Ce sont alors d'excellentes eaux, pour ne
pas dire les meilleures eaux potables ; parce qu'elles n'ont pas traversé des couches de terre qui
auraient pu leur communiquer des principes capables d'altérer leur pureté ; et parce que dans leur
mouvement plus ou moins rapide, le très-court
séjour qu'elles font sur les terres, ou dans les lits
des torrents, d'ailleurs souvent lavés, ne leur laisse
pas le temps de s'emparer de matières étrangères. Après une forte pluie, lorsque les premières
eaux torrentielles, passant avec impétuosité, ont
lavé les terres, les lits des ravins et des vallées,
le ruisseau qui succède à ce débordement roule
une eau claire, pure, fraîche, légère et aérée. C'est
alors une des meilleures eaux potables que l'on
puisse employer. Elle réunit tous les caractères de
bonne qualité désignés ci-avant.

CHAPITRE XI.

—

EAU DE SOURCE.

La partie des eaux pluviales qui est filtrée par les terres donne naissance aux eaux que nous appelons *courantes*, et dans lesquelles on peut confondre les sources, les Fontaines, et tous ces filets d'eau qui suintent des montagnes, ou qui jaillissent çà et là dans les plaines.

Ces eaux participent nécessairement de la nature des terres qu'elles ont traversées avant de paraître au jour. En effet, l'eau en traversant les terres, s'empare pendant sa filtration, de quelques parties des matières appartenant aux couches qu'elle a traversées; elle dissout des substances minérales, soit naturellement, par son action propre, en rencontrant ces substances dans l'état salin, soit artificiellement, en les attaquant avec le concours d'un acide, et les tient en dissolution. La pureté des eaux courantes, sources ou Fontaines, dépend donc de la composition des terres qu'elles ont traversées, et de celles des montagnes au pied desquelles elles sourdent.

1° Les meilleures eaux de source et de Fontaine sont celles qui proviennent des eaux pluviales qui se sont infiltrées entre des masses de granit et de quartz, et qui ont traversé les débris pulvérisés de ces masses sans y rien trouver à dissoudre. Ce sont les plus limpides, les plus pures et les moins corruptibles de toutes les eaux. On les appelle *eaux de roche*. Si de plus elles sont suffisamment aérées (qualité qu'elles possèdent ordinairement), alors elles sont les plus légères, les plus subtiles, les plus saines de toutes les eaux ; et on doit les compter au premier rang parmi les bonnes eaux potables. Elles jouissent du principe volatil, de cette sapidité agréable, *le gratter* des eaux courantes, qui flatte le palais.

2° Les sources d'eau douce, qui sortent d'un banc d'argile pure, sont communément assez simples, et de bonnes eaux potables.

3° Si les eaux d'une source ou d'une Fontaine proviennent des eaux pluviales qui sont tombées sur des montagnes secondaires, et qui ont traversé des terrains calcaires, gypseux, des couches minières quelconques, des terres imprégnées de substances salines, ferrugineuses, acides, bitumineuses, ces eaux peuvent avoir des propriétés diverses.

On les nomme simplement *eaux de source* ou de Fontaine, quand la quantité de matière qu'elles tiennent en dissolution est trop peu considérable pour faire perdre à ces eaux la qualité d'eau potable.

On les appelle *eaux minérales*, lorsque ces matières y sont dans des proportions telles, que ces eaux, au lieu d'être alimentaires, sont devenues médicinales.

Toutefois, les eaux de source ou de Fontaine
qui ont traversé des couches calcaires, et même
les eaux minérales, deviennent très-potables après
qu'elles ont voyagé, quand on les puise loin de
leur sortie, surtout si elles ont circulé sur un lit
de cailloux en pente rapide, et formant çà et là
des cascades.

Ces eaux, dans leur marche, déposent successivement des quantités de matières qui altéraient
leur pureté, et après avoir parcouru un certain
trajet, elles finissent par se dépouiller presque entièrement de ces corps étrangers, et deviennent de
bonnes eaux potables.

D'ailleurs, il faut savoir que les bonnes eaux
potables de sources et de Fontaines renferment toujours quelques corps étrangers; les eaux de pluie
n'en sont même pas exemptes.

Lorsque les eaux de source sont amenées de
loin, les matières qu'elles tiennent en dissolution se déposent dans les tuyaux ou dans les canaux
de conduite. Pour les meilleures eaux de sources
et de Fontaines, les dépôts ou les incrustations
qu'elles produisent sont très-peu sensibles, ou ne
se remarquent presque pas du tout dans un laps
de temps assez limité, par exemple, quelques années seulement; mais à la longue ces dépôts deviennent considérables.

On peut citer à ce sujet les incrustations blan-
ches et transparentes que l'*eau marcienne*, une des
meilleures qui se buvaient autrefois à Rome, a

déposées dans son aqueduc; les stalactites de *l'eau claudienne*, qu'on voit dans la même ville; les tables d'albâtre tirées de l'aqueduc d'Aix; le sédiment gris qui remplit les tuyaux de conduite de l'eau d'Arcueil à Paris, et le dépôt calcaire d'un millimètre d'épaisseur que l'eau de Saint-Clément, à Montpellier, a produit au bout de dix ans dans les tuyaux de fonte qui la conduisent.

Pour qu'une eau de source qui a voyagé soit une bonne eau potable, il faut qu'elle ne contienne que très-peu ou point de sulfate de chaux et de magnésie, ainsi qu'il a été dit (page 172). Mais, quand bien même elle contiendrait une certaine quantité de carbonate de chaux, pourvu qu'elle n'en contienne pas trop pour donner naissance à des incrustations calcaires capables d'obstruer en peu d'années les tuyaux de conduite, cette eau ne sera pas mauvaise. On estime que le carbonate de chaux dissous dans l'eau de source, dans la proportion de 25 centigrammes par litre, seconde la nature dans l'accomplissement de l'acte de la digestion, et que cette quantité ne peut pas donner lieu à un dépôt sensible.

D'après ce que nous venons de dire, on peut juger si les sources, les Fontaines qui sourdent dans une localité donnent de bonnes eaux ou non, par la simple inspection des rochers et des terres de la contrée.

1° Si dans ce pays les pierres de la nature des grès, des quartz, des cailloux, sont dominantes, les eaux de source, de Fontaine, sont de bonne qualité.

2° Si dans ce pays il règne des bancs d'argile, les eaux de source sont de bonnes eaux potables.

3° Mais, si dans la contrée on ne trouve que des pierres et des terres calcaires, comme marbre, pierres coquillères, craie, marne, etc., les sources et les Fontaines de la localité fournissent des eaux qui contiennent des substances salines ou terreuses, et qui par conséquent sont d'une qualité plus ou moins inférieure. En général elles sont crues, froides à l'estomac, indigestes. Elles lavent mal le linge, cuisent difficilement et lentement les légumes secs, les herbes et les viandes.

Il est également facile d'apprécier la qualité des eaux de source d'un pays, en observant les effets qu'elles produisent dans l'économie animale.

Si ces eaux ne donnent point un mauvais teint à ceux qui en font leur boisson ordinaire; si les habitants ont le corps sain et robuste; s'ils jouissent d'une couleur fraîche et vermeille; s'ils vivent longtemps sans être affligés, soit dans les jambes, soit dans les yeux, soit dans la gorge, d'affections qu'on ne puisse raisonnablement attribuer à l'air, aux aliments, aux habitations, ou au genre de travail; on peut être certain, que les sources de ce pays fournissent des eaux de bonne qualité.

L'eau de source ou de Fontaine qui n'a pas voyagé, possède une qualité remarquable qui la fait préférer à beaucoup d'autres, c'est *la fraîcheur et l'invariabilité de la température.*

Les eaux de source et de Fontaine jouissent aussi d'une qualité essentielle ; c'est qu'en général elles sont *beaucoup plus aérées* que celles des grandes rivières et des fleuves. C'est un fait qui a été constaté par l'analyse de diverses eaux et notamment par les résultats des analyses faites dans le département de la Drôme sur les eaux du Rhône, de la rivière de la Bourne, des sources du Charran, de Chabeuil et du moulin rouge, soit par M. Bonnet, soit par M. R***, ingénieur civil à Nyons. Le tableau indiquant ces résultats a été inséré dans le *Courrier de la Drôme et de l'Ardèche*, n° du 29 septembre 1849.

Ces résultats de l'analyse prouvent que les eaux filtrées, telles que les eaux de source ou de Fontaine, qui proviennent des eaux pluviales filtrées à travers les terres, contiennent plus d'air en dissolution que les eaux de rivières, bien que celles-ci soient continuellement exposées au contact de l'atmosphère.

L'opinion de M. Orfila est parfaitement d'accord avec ces résultats ; car, il s'exprime ainsi en parlant de la qualité des eaux aérées :

« Une des qualités essentielles de l'eau potable, c'est de contenir de l'air en dissolution. L'eau des citernes en est presque toujours privée. Aussi, les habitants de la Hollande, qui sont forcés de conserver de l'eau pour leur boisson, sont-ils sujets à des maladies épidémiques, qui ont leur source dans cette sorte d'altération. *Les eaux filtrées*, ajoute-t-il, *offrent sous ce rapport un grand avantage, puisqu'elles sont en contact avec l'air par des surfaces multipliées.* »

CHAPITRE XII.

—

EAU DE RIVIÈRE.

Les rivières sont formées par des ruisseaux, et les ruisseaux ont pour origine des sources, des Fontaines.

L'eau des rivières doit donc participer d'abord des qualités bonnes ou mauvaises que lui apportent les affluents.

De plus, et à mesure que dans sa marche elle s'éloigne du point de départ, l'eau des rivières se complique dans sa nature, 1° des matières solubles qu'elle peut détacher du fond même des vallées qui lui servent de berceau ; 2° des principes des matières terreuses qu'elle reçoit par les torrents pendant les fortes pluies, et qui troublent de temps à autre sa limpidité, ou qui la rendent plus ou moins épaisse ; 3° des substances même des plantes, des poissons et de tous les insectes qui naissent, croissent et meurent dans son sein; 4° enfin, des principes putrides renfermés dans les diverses ordures que les égoûts infects et les fossés d'écoulement qui s'y déchargent, peuvent lui amener des villes et de tous les lieux habités qu'elle baigne.

Toutefois, nous établirons des distinctions, et nous signalerons des circonstances qui rendent l'eau de rivière très-potable et propre aux usages domestiques.

Ici nous laisserons parler M. Parmentier, de l'Institut, auquel nous avons déjà beaucoup emprunté.

« Les eaux des petites rivières, dit-il (applications de l'économie rurale et domestique à l'histoire naturelle des animaux et des végétaux), sont excellentes lorsqu'elles descendent des hautes montagnes, lorsque leur pente est rapide, leur lit garni de sable et de gravier, lorsqu'elles ne re_çoivent aucun ruisseau qui leur porte des principes nuisibles, qu'elles n'auraient point la force de décomposer et de détruire.

» Elles sont de mauvaise qualité au contraire, si leurs sources sont minérales; si elles passent sur des terrains schisteux ou volcanisés, ou dans des lieux abondants en minières; si leur marche est lente, et si elle est retardée encore par des moulins, des digues, des batardeaux, etc., par des usines de toute espèce; si elles passent près des salines; si elles inondent des marais; si elles reçoivent les eaux bourbeuses des étangs; si elles sont ombragées par des arbres qui les privent des salutaires influences du soleil; si les feuilles des forêts s'y amoncèlent, s'y décomposent, et augmentent la masse de leur limon; si elles charrient, sans pouvoir les décomposer entièrement, tous les corpuscules organiques et inorganiques que les vents, que les pluies ont balayés ou emportés de dessus les terres et entraînés dans leur sein.

» Elles sont dangereuses à boire, quand, diminuées, concentrées dans les temps de sécheresse,
elles n'offrent qu'une vase liquide dans un état
de stagnation qui facilite la putréfaction de cette
vase, qui détermine la végétation d'une multitude
de plantes, et qui attire les reptiles, les insectes,
les vers, lesquels, après leur mort, y portent la
putridité; enfin, quand, dans cet état d'appauvris-
sement, elles servent dans les villages à rouir le
chanvre et le lin, et qu'elles reçoivent dans les
villes tous les égouts, toutes les immondices des
dégraisseurs, des bouchers, des tanneurs, des
blanchisseuses, des teinturiers, etc. »

Mais les inconvénients nombreux auxquels est
sujette l'eau des petites rivières disparaissent
ou diminuent considérablement, quand ils s'attachent à de puissants cours d'eau, tels que les
grandes rivières ou les fleuves. Aussi, les médecins
et les naturalistes conseillent-ils de choisir pour
boisson, l'eau des grandes rivières, comme étant
d'une qualité supérieure à celle des petits cours
d'eau.

Nous laisserons encore parler M. Parmentier.

« Ces eaux des grandes rivières doivent leur
supériorité à une infinité de circonstances qui
n'ont pas lieu pour les autres eaux, circonstances
dont les principales sont :

» 1° D'avoir leurs sources sur les plus hautes
montagnes;

» 2° D'avoir été filtrées à travers des rochers de

granit et de quartz, qui ne leur ont rien communiqué de nuisible.

» 3° D'éprouver dans leur cours, à cause de la pente de leur lit et des obstacles qu'elles rencontrent, un mouvement qui les empêche de se porter à aucune fermentation.

» 4° De pouvoir noyer, disperser dans l'immensité de leur masse, tous les principes de corruption que leur apportent les eaux des ruisseaux et des petites rivières, de manière à les rendre de nul effet, puisqu'ils n'avaient d'action que par leur réunion.

» 5° De couler sur des cailloux ou sur du gravier, qui ne produisent pas de végétaux et ne retiennent point de vase.

» 6° De prendre et de rendre alternativement l'air de l'atmosphère, avec lequel leur surface, sans cesse renouvelée, est continuellement en contact; et par là de jouir des avantages d'une espèce de respiration, modifiée par les températures variées des différentes saisons; etc. »

D'après les six alinéas qui précèdent, M. Parmentier ne considère pas comme mauvaise l'eau des grandes rivières. Mais relativement à ces eaux, voici l'opinion récente de l'école sanitaire anglaise, qui a été publiée par l'*Ami des sciences*, et que nous avons extraite du journal intitulé : *l'Utile et l'Agréable*, n° 6, 1851.

« L'école sanitaire anglaise veut que les populations cessent de puiser aux fleuves et aux rivières l'eau qu'elles emploient aux usages domestiques. Lavant de grandes étendues de terrain, recevant les déjections des villes qu'elles traversent, ces eaux tiennent toujours en dissolution une grande proportion de matières organiques et minérales.

» Celui qui, à Paris, boit trois litres d'eau de Seine, charge son estomac d'un gramme et demi de limon ; s'il puise sur la rive gauche, les sels calcaires dominent dans la matière terreuse qu'il ingurgite ; sur la rive droite il mange en buvant des sels magnésiens ; puise-t-il un peu au-dessous du pont d'Austerlitz, à proximité de la Bièvre, il déguste les débris des ateliers de tanneurs et corroyeurs, etc. Cependant la Seine n'est pas dans de plus mauvaises conditions que les autres fleuves.

» Ainsi, la Tamise reçoit le trop plein d'égouts contenant une masse d'ordures stagnantes qui rempliraient un canal de 40 milles de longueur, de 30 pieds de large et de 10 de profondeur.

» Ces eaux là n'ayant certainement pas tous les caractères d'une eau potable, l'école anglaise pense qu'on ne doit se servir que de l'eau vaporisée, distillée par le soleil, et qui retombe en pluie sur des rochers primitifs, ou sur les débris sablonneux de ces rochers. C'est de là qu'il faut la conduire aux villes, et pour qu'elle ne contracte en route aucune impureté, on doit la renfermer, depuis l'endroit où on la recueille jusqu'à celui où on la consomme, dans un réseau de tubes ou de canaux. »

Nous n'ajouterons qu'un mot aux documents si complets que nous empruntons à M. Parmentier et à l'école sanitaire anglaise sur les eaux de rivière, et nous rappellerons ici ce qui a déjà été dit (page 190), que les eaux des grandes rivières et des fleuves sont moins aérées que les eaux de source ainsi que l'analyse l'a constaté; et qu'elles ne jouissent pas, comme les eaux de source, de l'égalité de température dans les diverses saisons.

CHAPITRE XIII.

—

EAU DE LAC.

Les lacs d'eau douce se trouvent généralement sur des plateaux, ou dans les hautes montagnes dominées par de grandes chaînes dont elles
ne sont que des embranchements.

La plupart des lacs sont alimentés par une ou
plusieurs rivières, et leurs eaux s'épanchent par un
seul courant qui semble les traverser.

D'autres lacs ne reçoivent extérieurement aucun
cours d'eau. Cependant, leur niveau se maintient
toujours à la même hauteur, bien que leurs eaux
s'échappent par une échancrure que l'on nomme
détente, et donnent ainsi naissance à un cours
d'eau qui est un ruisseau, ou une rivière, suivant
son volume. On doit admettre que ces lacs sont entretenus par des sources intérieures et constantes,
dont le produit remplace continuellement les pertes
qui s'opèrent à l'extérieur.

Enfin, quelques petits lacs présentent une tran-
quillité parfaite, ne sont pas alimentés à l'extérieur,
et ne donnent naissance à aucun cours d'eau. Pour
ces derniers, comme pour les précédents, on doit
aussi admettre des sources invisibles et plus ou

moins profondes, qui alimentent ces lacs intérieurement, et les maintiennent constamment à peu près au même niveau.

Les eaux des lacs sont bonnes en général, quoique inférieures à celles des grandes rivières, comme étant ordinairement plus pesantes que celles-ci. Mais lorsque les lacs sont traversés par des rivières ou par des fleuves, tels que le lac de Genève, ils fournissent de la bonne eau potable et propre à tous les usages domestiques. Leurs eaux diffèrent très-peu alors de celles des grandes rivières, pour les qualités.

CHAPITRE XIV.

—

EAU DE PUITS.

Les puits sont alimentés, soit par des sources, soit par des courants souterrains qui ont des communications avec des rivières, soit enfin par divers filets d'eau qui suintent de leurs parois. Mais en définitive tous ces moyens d'alimentation des puits ont même origine que l'eau des Fontaines; ils viennent des eaux pluviales. Par conséquent, l'eau des puits doit avoir les qualités des eaux des sources, des courants, ou des suintements qui les alimentent.

D'après cela, on conçoit que les qualités des eaux de puits doivent varier selon la nature des terrains dans lesquels les puits ont été creusés, et suivant la nature des eaux du courant alimentateur.

Ainsi, il y a des puits dont les eaux sont très-bonnes; d'autres fournissent des eaux de médiocre qualité; d'autres enfin ne donnent qu'une eau mauvaise et insalubre.

Les puits établis dans un terrain pur, gréseux, caillouteux, argileux, et qui sont alimentés par une source d'eau bien saine, ou qui communiquent avec une bonne rivière, fournissent des eaux de très-bonne qualité, et qui sont à juste titre aussi estimées que les meilleures eaux de rivières.

Toutefois, comme les eaux de ces puits sont ramassées dans une espèce de bassin où elles sont peu renouvelées, et que d'ailleurs elles se chargent de toutes les ordures que l'air leur apporte sous forme de poussière, ou autrement, par l'ouverture même du puits, ces eaux ne peuvent conserver leurs bonnes qualités qu'à la condition d'être tirées continuellement, c'est-à-dire, d'être souvent renouvelées. Si les eaux de ces bons puits ne sont pas souvent renouvelées, elles contractent par le repos un goût fade qui les rend désagréables. Le tirage continu a pour effet de communiquer à l'eau un mouvement incessant qui la rend aérée, entretient le principe volatil, et qui purge successivement les puits des ordures qui y tombent.

L'amélioration que prennent les eaux de puits à mesure qu'on tire souvent et beaucoup, est un fait pratique qui a été remarqué et qui est connu de tout le monde. Cette remarque est une preuve de plus de l'influence que le mouvement exerce sur les qualités de l'eau.

Les puits qui sont creusés dans un terrain où abondent les couches calcaires, gypseuses, crayeuses, etc., donnent des eaux qui renferment beaucoup de sulfate, de carbonate et aussi de muriate de chaux et autres substances salines, et qui sont fades, crues, pesantes, indigestes.

Enfin, les puits qui sont pratiqués dans un terrain bas et marécageux ou bourbeux, dans des couches tourbières, renferment ordinairement des eaux qui sont non seulement fades, mais de mauvais goût et insalubres.

Et, règle générale, quelle que soit la nature du terrain dans lequel un puits a été pratiqué, si le fond de ce puits est encombré d'ordures et de vases puantes; s'il communique avec des égouts, des mares à fumier, ou avec des fosses d'aisance, les eaux d'un pareil puits doivent être considérées comme très-mauvaises et très-insalubres. On ne doit donc les employer ni pour la boisson même des animaux, ni à aucun usage domestique.

Aussi, lorqu'on établit des puits, il est de la plus haute importance de les éloigner de tout foyer d'infection, et de les garantir soigneusement de toute communication qui pourrait altérer les bonnes qualités de l'eau, ou qui même la rendrait tout à fait insalubre.

CHAPITRE XV.

—

EAU DE CITERNE.

Dans les pays déshérités de sources et de rivières, comme aussi dans ceux qui, étant éloignés des cours d'eau douce, ne possèdent que de rares et minces Fontaines qui tarissent même dans les temps de sécheresse, les habitants sont obligés de rassembler dans des citernes toutes les eaux pluviales, afin de les y conserver pour les divers besoins des hommes et des animaux.

Quand on n'a pas d'autre moyen de se procurer de l'eau pour les usages domestiques, on est bien forcé de se soumettre au système des citernes. Mais on ne peut pas compter l'eau de citerne au nombre des eaux les plus salubres. Car, plusieurs causes se réunissent pour altérer la pureté des eaux pluviales qui alimentent les citernes, et pour compliquer l'état de composition de ces mêmes eaux.

En effet; 1° les eaux pluviales qui se rendent dans les citernes ont lavé les toits et entraînent avec elles, outre les corps étrangers dont elles ont purgé l'atmosphère, les poussières, les ordures, et toutes les matières organiques et inorganiques que les vents, les oiseaux et les reptiles transportent et abandonnent journellement sur les toitures des habitations. Sans doute que par le repos, ces eaux se dépouillent des corps étrangers dont elles étaient d'abord chargées. Mais ces dépôts successifs qui occupent le fond de la citerne, forment une vase noire et putrescible dont la fermentation (principalement quand il y a peu d'eau), engendre une multitude d'insectes, de petits vers, qui croissent et meurent dans cette eau, lui communiquent un mauvais goût, et la rendent nuisible aux hommes et aux animaux.

2° Les citernes ne sont alimentées qu'à des intervalles de temps plus ou moins longs. Lorsqu'il n'a pas plu depuis un mois ou deux, ce qui n'est pas rare dans les contrées méridionales, l'eau des citernes a baissé considérablement par l'usage qu'on en a fait. C'est alors que la fermentation s'opère plus facilement dans le fond. Aussi, remarque-t-on que l'eau prend alors un mauvais goût, et qu'alors aussi, plus sensiblement que quand la citerne est pleine, l'eau abandonne au fond des carafes un dépôt noir qui exhale une odeur infecte.

3° L'eau des citernes est renfermée dans un espace très-limité, et privée de tout mouvement. Ses molécules, occupant à peu près constamment les mêmes places, ne peuvent se mettre successivement en contact avec l'air, comme celles d'une eau qui jouit du mouvement. Aussi, on peut dire que la meilleure eau de citerne n'est pas aérée, et qu'elle manque par conséquent d'une des principales qualités des bonnes eaux potables.

A cause des inconvénients attachés aux eaux de

citerne, on conseille de n'employer ces eaux, soit nouvellement recueillies, soit conservées depuis quelque temps, qu'après les avoir exposées et agitées à l'air, et les avoir laissées ensuite quelques minutes en repos, pour qu'elles puissent déposer les corps étrangers qu'elles renferment.

Mais si pour certains pays, il n'est pas possible de recourir pour les besoins domestiques, à d'autres eaux qu'à celles de citerne, du moins est-il toujours possible d'améliorer ces eaux.

Voici des moyens qui sont sans doute connus; mais il n'est pas inutile de les rappeler ici, et surtout d'en recommander l'application.

Pour que l'eau de citerne ne contracte pas de mauvaises qualités et ne devienne pas insalubre, il faut que la citerne soit établie dans les conditions suivantes :

1° Que le réservoir soit souterrain et situé à l'ombre, afin que l'évaporation y soit moins active, et que l'action de la chaleur y soit à peu près de nul effet.

2° Que, par la même raison, l'ouverture soit toujours fermée et tournée vers le Nord, si le réservoir est placé en dehors de l'habitation.

3° Que le réservoir soit divisé en deux chambres, communiquant ensemble par le bas; savoir : *le citerneau, et la citerne proprement dite.* Le citerneau doit être beaucoup plus petit que la citerne, et rempli à la hauteur d'environ un mètre d'un filtre formé de charbon ou de gravier. Il a pour destination de recevoir et de rassembler les eaux de pluie qui lui arrivent du toit, et de les transmettre claires et épurées à la citerne, après qu'elles auront déposé en traversant le filtre, ce qu'elles contiennent d'impur. La citerne proprement dite est destinée à recevoir par le bas et à conserver les eaux épurées qui lui sont transmises par le citerneau. Elle doit être munie, vers le haut, d'un tuyau de décharge pour donner issue au trop plein.

4° Les eaux de pluie doivent être amenées du toit au citerneau par des tuyaux de conduite en poterie ou en fer blanc, et non en zinc. Le zinc ne doit pas être employé ni pour les tuyaux de conduite, ni pour la toiture destinée à fournir de l'eau à la citerne, à cause des effets dangereux qui pourraient en résulter pour la santé.

5° Les tuyaux de conduite doivent pouvoir se déplacer du réservoir, à volonté, ou être garnis de robinets destinés à refuser et à jeter loin du citerneau les premières eaux de pluie qui arrivent après une longue sécheresse. Car, ces premières eaux entraînent les diverses ordures qui se sont amassées pendant longtemps sur le toit. Elles sont donc toujours très-sales, et très-chargées de corps étrangers. L'arrivée de ces corps étrangers pourrait encombrer la partie vide du citerneau, obstruer le filtre, et par suite vicier ou gâter toute l'eau de la citerne.

6° Une fois chaque année, vers la fin de l'été, on doit nettoyer soigneusement le citerneau, et renou-

veler le filtre. Pour opérer ce nettoyage régulièrement sans crainte de manquer d'eau, il est convenable d'avoir à la disposition de chaque ménage
deux citernes construites dans les conditions indiquées, et de nettoyer tantôt l'une, tantôt l'autre.

7° Enfin, il faut que l'eau épurée de la citerne ne
puisse dans aucun cas se mêler aux eaux extérieures qui pourraient souvent lui communiquer
de mauvaises qualités. Pour cela il est nécessaire
que la citerne ne puisse recevoir aucun suintement
provenant des couches de terre qui l'environnent.

A cet effet, le réservoir devra être voûté, et en-
touré de murs solides et imperméables. Ces murs
seront construits avec des matériaux insolubles
dans l'eau, et revêtus au moins intérieurement
de ciments tels que ceux de Pouilly, le mastic hy-
drofuge de M. Frits, la chaux hydraulique de
M. Vicat, etc.

Les sept conditions ci-dessus étant observées dans
l'établissement des citernes, on pourra être certain d'avoir toujours de l'eau pure, limpide et
fraîche, qui se conservera sans prendre de mauvais goût.

L'opération du filtrage dans le citerneau rendra
les eaux de la citerne un peu aérées, suivant l'opinion de M. Orfila; et par conséquent, ces eaux seront meilleures que si on avait reçu directement
dans la citerne les eaux pluviales les plus pures.

Pour compléter ce chapitre relatif aux citernes,

disons quelques mots sur la forme la plus convenable, et sur les dimensions qu'on doit donner à ces
réservoirs, suivant qu'il s'agit de fournir de l'eau à
un simple ménage, ou à une communauté.

1° Relativement à la forme.

Dans la construction du réservoir souterrain, on
devra préférer la forme carrée à la forme allongée,
parce que, sans exiger plus de matériaux, la forme
carrée contient plus d'eau que la forme longue.
Sans doute la forme cylindrique ou la forme sphé
rique donneraient plus de capacité, avec la même
quantité de matériaux; mais les difficultés d'exécution, et surtout celles de voûter solidement, font
rejeter ces deux dernières formes.

2° Relativement aux dimensions.

Généralement en France, et principalement dans
les départements méridionaux, il arrive qu'il ne
tombe pas de pluie un peu considérable dans l'espace de deux mois et plus. Il convient donc de
donner à la citerne, ou aux citernes, destinées à
alimenter un ménage, des dimensions et une capacité suffisantes pour contenir toute l'eau nécessaire
aux besoins des hommes et des animaux pendant
deux mois et demi à trois mois.

Or, ces dimensions et cette capacité se calculent
d'après les conditions suivantes :

Pour qu'une habitation soit largement fournie

d'eau, il faut journellement 10 litres d'eau par personne adulte, tant pour le besoin guttural que pour les ablutions ;

Il faut aussi chaque jour 50 litres pour un cheval ; 30 litres pour une bête à cornes ; 2 litres pour un mouton ; enfin, 3 litres pour un porc, sans compter les eaux ménagères qu'il absorbe ordinairement.

Après avoir calculé la capacité qu'il convient de donner à la citerne, pour qu'elle puisse fournir à tous les besoins pendant deux mois et demi à trois mois, il faut calculer le nombre de mètres carrés de toiture qu'exige l'alimentation de cette citerne.

Ce dernier calcul est basé sur la connaissance de la quantité moyenne de pluie qui tombe annuellement dans la localité. De cette quantité moyenne de pluie on défalque : 1° la portion qui se perd par évaporation ; 2° une autre portion qui est absorbée par les tuiles ou les divers matériaux qui composent la toiture ; 3° une autre portion qui a lavé les toits, et qui, par cette raison, n'est pas admise dans la citerne ; 4° enfin, une dernière portion qui dans les fortes pluies ne peut être reçue dans la citerne, parce que celle-ci est pleine.

En ne tenant compte que de la partie des eaux pluviales qui peut être employée annuellement à alimenter la citerne, il faut à peu près 10 mètres carrés de toiture pour recueillir la quantité d'eau nécessaire à la consommation annuelle d'un seul homme, 50 mètres carrés pour un cheval, 50 pour une bête à cornes, 2 pour un mouton, et 5 pour un porc.

Dans les grands ménages situés à la campagne, on a besoin ordinairement de beaucoup plus d'eau potable, soit pour l'usage des hommes, soit pour celui des animaux; une vaste citerne est alors nécessaire. Si la toiture de l'habitation ne présente pas assez de surface pour alimenter la citerne, on pourra suppléer à ce défaut en conduisant dans le citerneau les eaux pluviales d'un terrain convenablement situé, et dont la surface devra être sablée préalablement.

Lorsqu'il s'agira de construire une citerne destinée à fournir de l'eau potable à une agglomération d'habitations ou à un grand établissement, il faudra donner à cette citerne des dimensions et une capacité calculée d'après les besoins présumés qu'elle doit satisfaire.

Or, la capacité d'une telle citerne exigera un grand carré qui sera difficile à voûter, à cause de son étendue. Dans ce cas on divisera cette capacité par des murs parallèles formant des corridors; sur ces murs distants de quelques mètres seulement il sera facile d'asseoir des voûtes solides. Les corridors devront communiquer entre eux par des ouvertures percées dans les murs de manière qu'elles ne soient pas en regard les unes des autres, et en enfilade, mais qu'elles soient distribuées de telle

sorte que chacune des ouvertures d'un mur corres-
ponde au milieu de l'espace qui sépare deux ouvertures du mur voisin. Les Figures 1 et 2, Planche VIII, représentent cette disposition des ouvertures pratiquées dans les murs voisins.

Il sera utile de faire arriver l'eau de pluie par
divers points, au moyen de plusieurs citerneaux
disposés autour de ce vaste réservoir. Toutes ces
dispositions auront pour effet de donner aux eaux
du contenu un mouvement, une circulation qui
les épurera, les mélangera, et les conservera meilleures.

C'est d'après ces mêmes dispositions, et avec
des soins minutieux, que les anciens établissaient
les ouvrages hydrauliques de cette nature, comme
on le voit dans les restes des citernes trouvées sur
divers points où les Romains ont fait des stations
plus ou moins longues. La citerne appelée *les Sept-*
Salles, dont on voit encore les ruines à Rome, près
des bains de Titus, et la superbe citerne de *Pouz-*
zolles, près de Naples, fournissent des exemples et
des modèles magnifiques de ce genre de construction.

CHAPITRE XVI.

—

EAU D'ÉTANG.

Les étangs sont des lacs artificiels, formés dans le fond des vallées, dans celui des vallons et dans les plis du terrain, pour réunir et garder les eaux pluviales qui tombent sur les terres adjacentes.

D'après leur destination même, les étangs sont situés dans des lieux bas, afin qu'ils puissent recevoir facilement et par pentes naturelles les eaux des terrains environnants.

D'où il suit que, à chaque averse nouvelle, le lit d'un lac reçoit, mêlé avec l'humus, les corps organiques et inorganiques que les eaux ont enlevés à la surface des terrains supérieurs. Ces matières se déposent dans le fond de l'étang, et y forment une vase qui s'associe aux excréments des poissons et des insectes qui vivent dans les eaux, ainsi qu'au détritus des plantes aquatiques, qui sont d'une substance pulpeuse et d'une décomposition facile.

On conçoit dès lors que les eaux d'étang, qui sont stagnantes, et qui reçoivent continuellement dans leur sein des corps étrangers et des matières putrescibles, doivent subir en tout temps et principalement dans la saison des chaleurs, l'influence des diverses substances putrescibles qu'elles contiennent.

Aussi, les eaux d'étang sont souvent troubles et grisâtres, et ont un goût de bourbe. Ce sont des eaux de très-mauvaise qualité; elles sont fiévreuses. On ne doit les employer ni pour boisson, ni pour aucun usage de la vie.

CHAPITRE XVII.

—

EAU DE MARAIS.

Les eaux qui règnent sur les marais sont presque toujours verdâtres, jaunâtres; ce qui leur donne, en toute saison, un aspect rebutant. Mais, lorque les chaleurs de l'été ont abaissé le niveau des eaux, les plantes et les animaux aquatiques périssent sur la fange échauffée.

Aussi, vers la fin de l'été, ou au commencement de l'automne, plus particulièrement que dans les autres saisons, les marais sont des foyers de corruption; des eaux jaunâtres qui restent, ainsi que de la fange en fermentation, s'exhalent des miasmes funestes, qui portent dans les environs leur influence délétère.

Beaucoup de maladies telles que la dyssenterie, les fièvres intermittentes, sont la conséquence des miasmes marécageux, et le triste privilége des pays et des habitations qui avoisinent les marais.

Les eaux de marais sont dangereuses, et les plus insalubres de toutes les eaux douces. On ne doit s'en servir pour boisson que dans les cas d'une *absolue nécessité*, et encore ne faut-il s'en

servir qu'après les avoir épurées, en les filtrant à
travers le sable et le charbon, ou après les avoir
coupées ou mêlées avec du vin, des acides, etc.

CHAPITRE XVIII.

—

CLASSIFICATION DES EAUX.

Nous avons parlé en détail des différentes eaux douces, et nous avons signalé les bonnes et les mauvaises qualités qui les distinguent.

Par tous les motifs qui ont été exposés et développés dans le chapitre précédent, voici l'ordre de mérite d'après lequel on range les eaux douces.

Au premier rang, et hors ligne, se présente l'eau de roche. A sa suite viennent :

1° L'eau de ravine, après qu'elle a été clarifiée et épurée par le repos.

2° L'eau de pluie.

3° L'eau de source, ou de Fontaine.

4° L'eau des grandes rivières, ou des fleuves.

5° L'eau de lac.

6° Les eaux que fournissent les neiges et les glaces fondues.

7° L'eau des citernes établies dans de bonnes conditions.

8° Les eaux de puits.

9° L'eau des petites rivières.

10° L'eau des citernes établies dans de mauvaises conditions.

11° L'eau d'étang.

12° L'eau de marais.

LIVRE TROISIÈME.

LIVRE TROISIÈME.

DES FONTAINES.

CHAPITRE XIX.

SOURCE. — FONTAINE. — FONTAINIER.

On confond généralement l'idée de source avec celle de Fontaine. Les définitions données par les dictionnaires n'expliquent pas d'une manière claire et bien tranchée s'il y a ou non une différence entre une Fontaine et une source, ou si ces deux mots représentent une même chose.

Il en est de même du mot fontainier; on l'emploie à désigner des professions qui sont très-différentes.

Nous croyons qu'il est à propos de fixer ici les acceptions précises suivant lesquelles il paraît que sont employés les termes de *source*, de *Fontaine* et de *fontainier*.

SOURCE. — D'après M. Ferry, le mot source, pris dans le sens le plus général, réunit les notions d'origine et d'émanation continue; mais la pre-

mière en est inséparable, et n'admet point les modifications dont l'autre est susceptible. Ainsi, par
exemple, les eaux souterraines alimentent des sources dont l'écoulement varie par des causes bien
connues, et sont plus ou moins abondantes, intermittentes en quelques lieux, etc.

Source. — D'après M. Desmarest, ce mot semble être en usage dans toutes les occasions ou
l'on se borne à considérer les canaux naturels qui
servent de conduits souterrains aux eaux, à quelque profondeur qu'ils soient placés, ou bien le
produit de ces espèces d'aqueducs.

« Fontaine. — D'après M. Teyssèdre, on appelle
Fontaine les courants d'eau qui sortent de la
terre, et qui en se réunissant, forment des ruisseaux, des rivières, etc.

« Fontaine, d'après M. Desmarest, indique un
bassin à la surface de la terre, et versant au dehors
ce qu'il reçoit par des sources ou *intérieures* ou *voi-*
sines.

» Exemples : les *sources* du Rhône, du Pô, du
Rhin, sont dans le Mont-St-Gothar; la Fontaine
d'Arcueil est à mi-côte; la source de Rungis fournit
environ 50 pouces d'eau; les sources des mines sont
difficiles à épuiser; les sources des puits de Mo-
dène sont à 63 pieds de profondeur; la plupart
des lacs qui versent leurs eaux dans les fleuves sont
entretenus par des sources intérieures; dans le
bassin de cette Fontaine on aperçoit *l'eau de*

sources qui en jaillissant, écarte les sables d'où elle sort. Après les pluies et à l'entrée de l'hiver, les sources qui inondent la terre donnent beaucoup. »

D'après l'Académie, une Fontaine est une eau vive qui sort de terre.

Et une source est l'eau qui commence à sourdre, à sortir de terre en certain endroit pour prendre son cours vers un autre; et le lieu, l'endroit d'où l'eau sort.

D'après Napoléon Landais, on appelle Fontaine une eau qui sort d'elle-même de terre, d'un réservoir *ordinairement creusé par la nature*, et alimenté par les eaux pluviales. Et l'on appelle source une eau qui commence à sourdre, à sortir de terre pour commencer son cours.

D'après Bescherelle aîné, une Fontaine est une source naturelle qui sort de terre; bassin qui reçoit l'eau d'une source, et qui la verse au dehors. Une source est l'origine d'un cours d'eau.

Fontainier. — M. Teyssèdre dit : « Il y a deux classes de *Fontainiers* ou constructeurs de Fontaines.

» La première se compose de ceux qui vont à la recherche des sources, qui en réunissent les eaux, et les conduisent, d'une manière ou d'autre, au lieu de leur destination. L'homme qui se livre à ces sortes de travaux est un véritable ingénieur, qui doit joindre à de fortes études beaucoup de sagacité, et

de pratique; car les théories physico-mathémati-
ques ne mènent pas toujours directement au but.

» Un bon Fontainier étudie le gisement, la nature des terrains où il espère trouver des sources,
les montagnes et les collines qui sont dans le voisi·
nage, etc. Il doit deviner, pour ainsi dire, les réservoirs et les courants d'eau souterrains. Il doit, en
outre, être assez versé dans la chimie pour analy-
ser les diverses sortes d'eaux, afin de distinguer
celles qui sont propres à la boisson des animaux,
de celles qui leur sont nuisibles.

» C'est à tort que l'on confond les Fontainiers
avec les plombiers et les pompiers. Ceux qui exercent ces dernières professions suivent des procédés
qui leur sont propres.

» La seconde classe de *Fontainiers* se compose de
ceux qui fabriquent des Fontaines domestiques mobiles et portatives, qu'il *serait plus exact de nom-
mer réservoirs.* »

CHAPITRE XX.

—

DIVERSES SORTES DE FONTAINES.

Les Fontaines sont naturelles ou machinales.

Les Fontaines *naturelles* sont produites par la nature. Leur caractère essentiel c'est que leurs eaux suivent d'elles-mêmes, sans l'impulsion d'aucune force étrangère, et seulement en vertu des propriétés des liquides, la pente et toutes les sinuosités des tuyaux qui doivent les conduire à leur destination.

Les Fontaines *machinales*, qu'on appelle aussi *artificielles*, fournissent des eaux qui doivent leur mouvement à l'action d'appareils hydrauliques.

Le présent chapitre sera consacré aux Fontaines *naturelles*, et nous renverrons les Fontaines *artificielles* ou *machinales* au chapitre 26.

La nature nous présente des Fontaines diverses, qui se distinguent par des caractères particuliers. On connaît des Fontaines dont l'eau est froide; d'autres qui fournissent de l'eau chaude; il y a des Fontaines constantes et des Fontaines inconstantes; il y en a qui sont périodiques; quelques-unes sont pétrifiantes; enfin, il y a des Fontaines à flux et à reflux.

Les divers phénomènes assez curieux qu'offrent les Fontaines ont pour cause le gisement de leurs bassins alimentateurs, la nature et la situation des lieux où elles coulent. Les propriétés dont elles jouissent ne leur sont pas propres : elles leur sont communiquées par les substances qu'elles entraînent et qu'elles tiennent en dissolution. Mais disons quelques mots sur chacune de ces sortes de Fontaines.

§ 1er — Fontaines froides.

Les sources de toute espèce sont extrêmement nombreuses, et se trouvent répandues dans toutes les contrées de la terre. Mais les sources appelées froides sont les plus communes, comme aussi elles sont les plus utiles à cause des services multipliés qu'elles rendent par leurs emplois dans l'agriculture, dans l'industrie et dans les divers usages domestiques.

La température qui distingue les sources froides ne varie guère qu'entre 9° et 14°. Cette température se rapproche de la limite 9° et présente peu de variation quand les eaux arrivent au bassin alimentateur, ou à l'orifice de sortie, par de longues routes souterraines, comme celles qu'on voit sourdre du flanc des rochers, ou du pied des montagnes. On remarque, au contraire, une température plus inégale, suivant la saison, dans les sources qui ont pour origine les eaux pluviales des plateaux voisins de leur point de sortie, comme celles qui suintent au pied des collines. Généralement si une eau de source froide est abondante, et si elle

vient d'une grande profondeur, sa température demeure sensiblement invariable à environ 10° pendant toute l'année. Mais pour les Fontaines froides,
dont les eaux peu abondantes rampent sous terre à
une faible profondeur, la température peut varier
entre 9° et 14°. Cette température des sources dont
les variations se trouvent ainsi resserrées entre des
limites assez voisines, fait paraître l'eau froide en
été et chaude en hiver.

§ 2. — *Fontaines chaudes.*

On appelle Fontaines chaudes celles qui fournissent de l'eau dont la température propre est plus
élevée que celle des sources ordinaires.

Les eaux fournies par les Fontaines chaudes
sont appelées *eaux thermales.*

La température des eaux thermales varie beaucoup.

Température de quelques Fontaines chaudes.

DÉSIGNATION DES FONTAINES.	TEMPÉRATURE.
Chaudesaigues (Cantal)................	88°
D'Ax (Ariège)......................	82°,5
De Dax (Landes)....................	72°,5
De Lamotte (Isère).................	59°
De St-Laurent (Ardèche).............	54°,5
De Balaruc (Hérault)................	50°
D'Aix, en Savoie....................	47°
Du Grand Bassin, à Vichy (Allier)......	45°
De Digne (Basses-Alpes)..............	40°
D'Aix, en Provence (*Bains de Sextius*).	37°

La température des eaux thermales tient à la

grande profondeur d'où elles viennent. La chaleur centrale de notre planète augmente rapidement à mesure qu'on descend (page 42); de sorte que la température des eaux thermales doit être d'autant plus élevée que la route souterraine de ces eaux pénètre plus profondément dans les entrailles de la terre.

Un fait remarquable vient à l'appui de l'opinion qui veut que les eaux thermales aient leur gisement dans les profondeurs du globe : c'est que, dans toutes les saisons, les Fontaines chaudes fournissent même volume, ont même température, et la nature de leurs eaux demeure sensiblement invariable; tandis que les Fontaines froides, qui gisent à des profondeurs beaucoup moins considérables, sont influencées à divers degrés par l'état de la surface de la terre.

Les eaux thermales jouissent de propriétés médicinales particulières ; elles contiennent toutes des substances en dissolution qui leur communiquent ces propriétés, et qui les rendent minérales.

§ 3. — *Fontaines constantes.*

Les Fontaines constantes sont celles qui coulent sans interruption, quoique le volume de leurs eaux présente des variations considérables d'une saison à l'autre. Les Fontaines constantes sont les plus précieuses, parce qu'elles assurent un débit d'eau qui est tantôt fort, tantôt faible, il est vrai; mais qui

ne s'arrête jamais, même dans les temps des plus
fortes sécheresses. On doit attribuer leur constance
à la longue route que leurs eaux parcourent souterrainement. Dans ce long trajet, elles sont alimentées
par une infinité de petits filets provenant des eaux
pluviales qui tombent sur des plateaux, ou sur
des chaînes de montagnes. Les bassins mystérieux
qui reçoivent ces eaux lointaines se trouvent entretenus continuellement par des tributs divers, et
donnent lieu à des sources dont l'écoulement persiste en toute saison.

§ 4. — *Fontaines inconstantes.*

Les Fontaines inconstantes tarissent dans la saison
des chaleurs. Les réservoirs souterrains qui leur
donnent naissance sont peu profonds, et sont entretenus eux-mêmes par des eaux dont l'origine ne
s'étend pas au loin et dont le volume est peu considérable. Limités aux tributs des eaux filtrées par
quelques petits plateaux situés en pente, et qui laissent rouler en torrents la majeure partie des eaux
pluviales, ces réservoirs se vident entièrement, ou
bien leur nappe d'eau s'abaisse jusqu'au niveau de
l'orifice de sortie. Dans l'un et l'autre cas la source
cesse de couler pendant la sécheresse, parce qu'a-
lors la filtration cesse de fournir les tributs alimentateurs. Ce sont de fausses sources, peu estimées,
parce qu'elles refusent le bienfait de leurs eaux
précisément dans la saison où le besoin de l'eau se
fait sentir le plus impérieusement.

§ 5. — *Fontaines intermittentes.*

Les Fontaines intermittentes sont celles dont le
jet, après avoir coulé pendant un certain temps,
s'arrête entièrement, ou diminue d'une manière
notable ; puis reprend sa première énergie ; s'arrête
de nouveau et ainsi de suite, en continuant périodiquement le même manège.

Il y a des sources intermittentes qui ne tarissent
pas complétement et n'offrent que *des maxima* et
des minima. Ainsi le Boulidou (Gard) ne tarit pas.
Il présente le phénomène de croître pendant 12
minutes, et de décroître pendant 20 à 25 minutes.
Pareillement la célèbre Fontaine de Vaucluse,
source de la rivière appelée Sorgue, est périodique,
mais ne tarit jamais. Elle est très-haute à l'équinoxe du printemps et à l'équinoxe d'automne ; elle
est très-basse pendant l'été et pendant l'hiver.
Néanmoins, aux deux époques de ses plus basses
eaux, elle fournit encore un volume énorme.

On ne doit pas confondre ces phénomènes d'intermittence avec les phénomènes de variation de
volume que présentent les sources ordinaires.

L'augmentation de volume que prennent les eaux
de la plupart des sources après une longue pluie,
ou à l'époque de la fonte des neiges, et la diminution qu'on remarque dans leur volume pendant la
sécheresse, ne constituent pas la périodicité, parce
que l'origine de ces modifications est évidente.

Le phénomène de la périodicité se manifeste dans

une source lorsque l'écoulement, après avoir duré pendant un certain temps, est suspendu sans cause apparente, puis se renouvelle pour s'arrêter de nouveau et se rétablir ensuite.

D'autres sources intermittentes, après avoir coulé pendant un certain temps, tarissent complétement; puis l'écoulement recommence pour s'arrêter encore d'une manière complète; et ces alternatives se reproduisent périodiquement. La longueur de la période varie depuis quelques minutes jusqu'à plusieurs jours, et même plusieurs mois.

Il existe un grand nombre de Fontaines intermittentes. Dans quelques-unes la période d'écoulement et la période de siccité présentent assez de régularité; dans beaucoup d'autres ces deux périodes offrent des irrégularités souvent remarquables.

Tableau indicatif de quelques Fontaines intermittentes.

DÉSIGNATION DES FONTAINES.	PÉRIODES	
	d'écoulement.	de siccité.
De Boulaigne (Ardèche)...............	$0^h,30^m$	$0^h,30^m$
De Haute-Combe (Savoie).............	0, 2,5	0, 2,5
De Fontestorbe (Ariége)...............	0, 37	0, 32
De Madame (Gard)...................	0, 35	0, 15
De Fonsanche (Gard).................	7, 30	5, »
Le Gourg (Lot)......................	17, »	0, 6

On explique facilement aujourd'hui le phénomène de l'intermittence.

Pour se rendre compte de ce phénomène, il suffit de concevoir que le réservoir souterrain où les eaux se réunissent ne communique avec la Fontaine que par un conduit recourbé en forme de siphon ; ajoutons-y la condition que la branche la plus courte de ce conduit parte du réservoir, et que ce réservoir soit alimenté par un ou par plusieurs jets continus, dont le volume total soit moindre que la dépense ou le débit que fournit le siphon. Cette structure, ces dispositions font concevoir que la quantité d'eau que le réservoir aura reçue dans un certain temps s'écoulera dans un temps plus court par le siphon ; et qu'après l'épuisement du réservoir, la Fontaine cessera de couler jusqu'à ce que le réservoir se soit de nouveau rempli, ou que l'eau y soit montée au niveau du point le plus élevé du siphon. Dès lors l'écoulement recommencera pour cesser ensuite, et reproduire périodiquement les intermittences.

On conçoit que les périodes d'écoulement et de siccité se reproduiront régulièrement, si le jet alimentateur fournit un volume d'eau qui ne varie pas. Au contraire, ces deux périodes présenteront de l'irrégularité, si le filet alimentateur varie dans le volume d'eau fourni au réservoir, pendant un temps déterminé. Car, l'eau s'échappant par le même tube, la durée d'écoulement sera toujours la même. Ainsi, la période de siccité sera plus longue à mesure que le volume d'eau fourni par le jet alimentateur diminuera, et cette même période sera plus courte, si le volume d'eau fourni par le jet intérieur vient à augmenter. Cette dernière cause peut même faire perdre l'intermittence pendant la saison des pluies.

§ 6. — *Fontaines pétrifiantes.*

On appelle pétrifiantes ou incrustantes, les Fontaines qui ont la propriété remarquable de déposer, soit sur leurs bords, soit autour des objets sur lesquels elles déversent, une croûte pierreuse. De ce nombre sont la Fontaine de Ste-Allyre, près de Clermont; la Fontaine de Véron, dans l'Yonne; la Fontaine de Carjac, dans le Lot; la Fontaine d'Albert, en Picardie.

Les sources pétrifiantes doivent leur propriété à la nature des couches qu'elles ont traversées. Dans leur marche souterraine, elles charrient des particules très-déliées de sable ou de pierre, etc. Ces particules mises en mouvement par le courant des eaux, pénètrent dans les pores des corps, s'y fixent et forment successivement des incrustations dont l'épaisseur croit avec le temps.

§ 7. — *Fontaines à flux et à reflux.*

Ces dernières sources montent et descendent, croissent et décroissent périodiquement. Il en existe de pareilles à Plaugastel, près de Brest; à Noyelle-sur-Mer (Somme); à Abbeville; le Boulidou (Gard), et la Fontaine de Vaucluse offrent aussi le phénomène du flux et du reflux.

Parmi ces sources, les unes communiquent inférieurement avec la mer, qui leur fait éprouver l'impulsion des marées ; dans les autres, le flux et le reflux n'est pas autre chose qu'une intermittence ordinaire.

CHAPITRE XXI.

—

VOLUME DES FONTAINES. — POUCE FONTAINIER.

On connaît en France un grand nombre de Fontaines remarquables par le volume de leurs eaux. En général, c'est dans les pays calcaires que les sources abondantes se rencontrent.

Parmi les plus puissantes, nous citerons la célèbre Fontaine de Vaucluse, dont le débit moyen, d'après M. Guérin, est de 15 mètres cubes par seconde; une source près de Cahors, qui débite, d'après Daubuisson, 2000 litres par seconde; la Fontaine de Siros (Ain), qui débite, dit-on, 600 litres par seconde; la source du Loiret, dont le débit est 500 litres environ par seconde; la source de l'Ain, celles de la Loue et de la Seille (Jura); la Fontaine de Sassenage, près de Grenoble; la Source de la Touvre (Charente), la Fontaine de Malaucène (Vaucluse), la Fontestorbe, source du Lers (Ariège), une source sous Aubenas (Ardèche), sont remarquables par le volume d'eau qu'elles débitent.

On évalue le débit des Fontaines en prenant le *pouce fontainier* pour unité.

On dit qu'un orifice donne *un pouce d'eau*, quand il s'en écoule 13^{litres},4 par minute; ce qui revient à 19,2 mètres cubes en 24 heures.

Si l'eau est d'une bonne composition, si elle réunit les qualités qui constituent la bonne eau potable, et si la température est celle des sources ordinaires, un pouce d'eau fontainier donne en poids 13 kilogrammes environ par minute. De sorte que, dans l'évaluation du débit des Fontaines, on peut employer pour unité soit le volume 13^l,4, soit le poids 13 kil. par minute.

Mais, sans employer le volume ni le poids de l'eau fournie dans une minute, on peut évaluer le débit des Fontaines au moyen des dimensions de l'orifice par lequel s'échappe la veine fluide, en ayant égard à la charge de l'eau. Car (pages 130 et 132) un même orifice fournira un débit bien différent, suivant que le niveau sera plus ou moins élevé au-dessus de l'orifice.

Un orifice rond et d'un pouce de diamètre débite un pouce d'eau par minute, lorsque étant percé en minces parois, il a une position bien verticale, et que le niveau de l'eau demeure constant à sept lignes sur le centre, ce qui fait une ligne au-dessus de son point culminant.

Un trou rond d'un demi-pouce de diamètre, placé verticalement, et dont le centre supporte également une pression de 7 lignes d'eau, débite le 1/4 d'un pouce fontainier; d'où il résulte que, soit en volume soit en poids, le demi-pouce d'eau est véritablement le quart du pouce fontainier.

Pareillement, un orifice d'une ligne de diamètre,

et dont le centre supporte une pression de 7 lignes, n'est que la 144ᵉ partie du pouce fontainier.

Dans la distribution des eaux courantes, on prend pour unité de mesure soit le pouce d'eau, soit le demi-pouce, soit la ligne.

Ainsi l'on dit : un bec ou un tuyau de Fontaine d'un pouce, d'un demi-pouce, d'une ligne, ou bien : un pouce d'eau, un demi-pouce d'eau, une ligne d'eau ; bien entendu qu'un demi-pouce d'eau ne donne que 1/4 de $13^l,4$, soit $3^l,35$ par minute ; et que une ligne d'eau ne donne que 1/144 de $13^l,4$ soit $0^l,093$ par minute.

Mais il n'est point d'usage, et il serait même difficile d'accorder, dans les distributions des Fontaines, moins de quatre lignes d'eau en superficie. Le produit d'un bec de Fontaine de quatre lignes d'eau en superficie est la 36ᵉ partie de ce que fournit dans le même temps un bec de Fontaine d'un pouce d'eau. Or (page 237), un pouce d'eau fournit 19200 litres dans 24 heures ; le débit d'un bec de quatre lignes de superficie sera donc de 533 litres en 24 heures, à très-peu de chose près.

Quand on veut évaluer le débit d'une Fontaine ordinaire, on entoure le bassin extérieur de la source d'un bourrelet continu formé de terre végétale, ou d'argile, de manière à recueillir dans ce circuit toutes les eaux que fournit la source. Souvent un simple barrage à travers le ruisseau suffit à cet effet. On oblige ainsi ces eaux à ne s'échapper que par l'ouverture qu'on leur assigne sur un point du circuit ou du barrage. A ce point on établit bien horizontalement une mince planche de bois, ou une lame de tole percée de plusieurs trous ronds, ayant un pouce de diamètre commun, et tous les centres se trouvant sur une même ligne droite parallèle à l'horizon. Cette planche, ou cette lame de tole percée s'appelle *une jauge.* On dispose cette jauge de manière qu'elle ferme l'ouverture du circuit, et que le plan des trous soit perpendiculaire à la surface de l'eau. La jauge doit être percée d'un nombre suffisant de trous, pour que toute l'eau puisse s'échapper par ces ouvertures. Au moyen de chevilles de bois, on ferme ou on ouvre des trous jusqu'à ce que toute l'eau débitée par la source s'échappe par ces ouvertures rondes, et que le niveau de l'eau se maintienne à une ligne au-dessus des orifices.

Le nombre des veines fluides qui couleront à plein trou par ces ouvertures rondes exprimera en pouces fontainiers le volume de la source.

Si le débit de la source n'était pas d'un nombre entier de pouces d'eau, on ne pourrait obtenir le niveau constant à une ligne au-dessus des orifices ronds d'un pouce de diamètre. L'eau ne s'échapperait par ces ouvertures de même diamètre qu'en prenant un niveau trop bas, ou trop élevé; alors on n'aurait pas une mesure exacte.

Pour évaluer exactement le débit quelconque d'une Fontaine, il est donc souvent nécessaire que la jauge porte des trous ronds de différents diamètres ; savoir : des trous d'un pouce, des trous d'un demi-pouce, des trous d'une ligne de diamètre. On pourra avec cette jauge mesurer les nombres fractionnaires de pouces d'eau fontainiers. Mais il faut que tous les trous, grands et petits, soient disposés de manière que tous les centres se trouvent situés sur une même ligne droite parallèle à la surface de l'eau, en même temps que leur plan est dirigé verticalement à la même surface liquide.

Avec une jauge percée de trous de différents diamètres on pourra donc évaluer exactement le débit des Fontaines ordinaires, soit en nombres entiers, soit en nombres fractionnaires de pouces fontainiers.

Par exemple, si pour amener et maintenir le niveau de l'eau à sept lignes au-dessus de la ligne des centres des orifices, on a été obligé d'ouvrir sept trous d'un pouce, trois trous d'un demi-pouce, et cinq trous d'une ligne de diamètre, la source débite 7 pouces, plus 3 demi-pouces, plus 5 lignes d'eau ; ou mieux, 7 pouces 3/4 plus 5/144 de pouce d'eau, ou pouce de fontainier.

Remarquons que, un pouce d'eau tel que nous venons de le désigner, c'est-à-dire, une veine fluide qui s'échappe par un orifice rond d'un pouce de diamètre, le niveau de l'eau étant maintenu constamment à sept lignes au-dessus du centre, donne un débit moindre que si la veine fluide s'échappait par un trou carré d'un pouce de côté, et supportant la même charge d'eau. Il y aurait entre les débits de ces deux veines fluides, et en faveur de la veine carrée, la différence qui existe entre les deux surfaces de section. Or, entre un pouce carré et un cercle d'un pouce de diamètre il y a pour différence une fraction comprise entre 1/4 et 1/3. C'est-à-dire, que une veine fluide d'un pouce carré débiterait environ un pouce d'eau plus un tiers. Cette fraction en sus proviendrait du débit qui serait fourni par les quatre triangles mixtilignes compris entre le périmètre du carré et la circonférence inscrite.

Ce que nous venons de dire relativement aux orifices d'un pouce, soit carrés soit circulaires, s'applique aux orifices plus grands ou plus petits. Généralement, un orifice carré fournit un débit qui dépasse d'un tiers environ le débit de l'orifice circulaire inscrit, en supposant que pour les deux orifices le niveau de l'eau soit le même dans le vase alimentateur.

Pour les Fontaines très-puissantes, il serait trop long d'évaluer le débit par pouces fontainiers. Dans ce cas, on évalue par mètres cubes, ou fractions de mètre cube, pendant la durée d'une seconde. On mesure la vitesse du courant au moyen de corps légers, qu'on jette à l'eau en un point commode pour l'opération, puis on calcule la surface de section en ce même endroit. La surface de section d'un cours

d'eau quelconque s'obtient en la partageant en tra-
pèzes, dont les côtés parallèles sont des hauteurs de
sondes jetées aux endroits où la direction du fond
paraît changer, et dont on calcule l'aire séparément
pour chacun d'eux. Connaissant la surface de section et la vitesse d'écoulement, on trouve le volume
d'eau qui passe en ce point pendant une seconde.
C'est ainsi que l'on a estimé que la source de Vaucluse débite 15 mètres cubes par seconde ; la Fontaine de Siros, 600 litres par seconde ; la source
du Loiret, 500 litres par seconde.

On évalue aussi le débit des Fontaines ordinaires
par le nombre de litres d'eau qu'elles fournissent
en 24 heures. Dans ce mode d'évaluation, on mesure exactement ce que la source fournit en une
minute, par exemple ; en employant à cet effet le
litre, le décalitre, l'hectolitre ; et l'on en conclut
facilement la dépense pendant un jour de 24 heures.

Le tableau suivant donne en mètres cubes et en
litres, par jour et par année, le débit des Fontaines
ordinaires, depuis les Fontaines de 1/4 pouce d'eau
jusqu'aux fontaines de 100 pouces d'eau.

Dans mainte occasion, il sera utile de consulter
ce tableau.

On évitera ainsi beaucoup de calculs.

DÉBIT DES FONTAINES

Depuis 1/4 pouce jusques à 100 pouces.

NOMBRE DE POUCES.	DÉBIT PAR ANNÉE.		DÉBIT PAR JOUR.	
	Mètr. cubes.	*Litres.*	*Mèt. cub.*	*Litres.*
1/4 pou^{ce} fon^{ier}.	439	439200	1,237	1237
1/2 id. id.	1757	1756800	4,750	4750
1 id. id.	7027	7027200	19	19200
2 id. id.	14054	14054400	38	38400
3 id. id.	21082	21082600	58	57600
4 id. id.	28109	28108800	77	76800
5 id. id.	35136	35136000	96	96000
6 id. id.	42163	42163200	115	115200
7 id. id.	49190	49190400	134	134400
8 id. id.	56218	56217600	154	153600
9 id. id.	63245	63244800	173	172800
10 id. id.	70272	70272000	192	192000
15 id. id.	105408	105408000	288	288000
20 id. id.	140544	140544000	384	384000
25 id. id.	175680	175680000	480	480000
30 id. id.	210816	210816000	576	576000
35 id. id.	245952	245952000	672	672000
40 id. id.	281088	281088000	768	768000
45 id. id.	316224	316224000	864	864000
50 id. id.	351360	351360000	960	960000
60 id. id.	421632	421632000	1152	1152000
70 id. id.	491904	491904000	1344	1344000
80 id. id.	562176	562176000	1536	1536000
90 id. id.	632448	632448000	1728	1728000
100 id. id.	702720	702720000	1920	1920000

CHAPITRE XXII.

--

DES EAUX SOUTERRAINES.

L'existence de masses d'eaux disséminées dans les entrailles de la terre est un fait qui se vérifie journellement par les travaux exécutés dans les mines de toute nature.

Partout où l'on creuse la terre, on rencontre l'eau à des profondeurs diverses. Les jets artésiens, dont nous parlerons ci-après, sont une preuve de l'existence des eaux souterraines.

Les bouches volcaniques vomissent quelque-fois soit des eaux limpides, soit des eaux boueuses. Un procès-verbal de l'éruption de l'Etna, de 1751, fait mention d'un courant d'eau brûlante, sortie du cratère, qui coula pendant sept minutes. Dans une de ses dernières éruptions, le mont Idjen, volcan de Java, lança une si grande quantité d'eau, que tout le pays en fut inondé à vingt lieues à la ronde.

En 1698, le pic du Carguairazo, l'un des pics des andes de Quito, s'affaissa sur lui-même en peu de jours. Cette masse énorme, en s'enfonçant dans la terre, fit sortir une si grande quantité d'eau, que plus de quatre lieues carrées furent couvertes d'une eau boueuse, entraînant avec elle des milliers de petits poissons vivants, nommés dans le pays *Pren-nadillas*, et qui abondent dans les rivières de la province de Quito. Cette éruption d'eau boueuse produisit un marais qui subsiste encore.

On sait que des sources d'eau douce sourdent sous la mer, à l'embouchure du Var, sur plusieurs points des côtes d'Italie, etc.

Tous ces faits partiels annoncent qu'il doit exister dans l'intérieur du globe des réservoirs d'eau très-considérables.

Mais le fait général des sources, si nombreuses, si sagement dispensées, qui sont répandues dans toutes les contrées de la terre, et qui ont évidemment leur origine dans l'intérieur du globe, prouve que les réservoirs souterrains qui alimentent ces sources doivent être extrêmement nombreux.

Ces réservoirs souterrains sont alimentés eux-mêmes par les eaux pluviales. Car, l'eau qui tombe sur la surface de la terre se divise en deux parties : l'une qui, par l'effet de la pesanteur, coule sur le sol sans suivre d'abord aucune direction déterminée, puis va former des ravines, ou des torrents passagers ; l'autre qui pénètre dans l'intérieur.

Celle-ci, obéissant aussi aux lois de la pesanteur, filtre à travers les couches perméables de la terre jusqu'à ce qu'elle rencontre une couche imperméable, soit d'argile, soit de marne, ou de roche non poreuse ni coupée de fissures, qui s'oppose à son passage. Ainsi arrêtée dans sa marche, l'eau se répand en nappe, ou coule en ruisseau sur la masse imperméable tant qu'elle ne rencontre pas une fissure, ou une couche perméable qui lui livre une autre voie. Elle rampe ainsi mystérieusement de couche en couche, et va remplir les cavités souterraines qui se trouvent sur son passage. Le trop plein de ces réservoirs souterrains s'écoule, et forme soit d'autres nappes, soit d'autres ruisseaux qui s'étendent et circulent sur la continuation de la même couche, ou passent à des couches inférieures, et finissent par se faire jour jusqu'à la surface du sol où ils forment des sources.

Ces eaux souterraines se comportent dans leur marche comme celles que nous voyons se mouvoir à la surface du globe. Suivant la nature des couches, les eaux filtrées se réunissent souterrainement en veines, filets, ruisseaux, ou en nappes plus ou moins régulières. Les terrains traversés de fentes, ou de fissures nombreuses, donnent naissance à la première manière d'être des cours d'eau intérieurs ; mais, lorsque le sol est composé de couches de sable, de terre, ou de pierres qui laissent filtrer les eaux, et qui sont séparées les unes des autres par des couches imperméables, l'eau, retenue par ces deux parois, forme des *nappes*, qu'on appelle aussi *niveaux*.

Or, les sources, les Fontaines fournissent extérieurement des eaux courantes, des ruisseaux, des rivières, des fleuves qui ont tracé leur lit, d'après les lois de la pesanteur, en suivant toujours la pente la plus déclive, évitant par un détour chaque obstacle insurmontable qu'ils rencontrent, et affectant toutes les sinuosités commandées par les plis et les accidents du terrain. Ces eaux courantes continuent ainsi leur marche jusqu'à ce qu'elles se jettent dans un autre courant ou dans la mer; ou bien, jusqu'à ce qu'elles soient arrêtées dans une impasse pour former un étang, ou un lac sans issue apparente.

De même, les eaux des sources, avant de se faire jour à la surface du sol, ont parcouru des routes souterraines, toujours en obéissant aux lois de la pesanteur. Dans leur marche, ces eaux souterraines ont dû tracer leur lit à travers les couches perméables, dans les fissures, et former dans les entrailles de la terre, à diverses profondeurs, des ruisseaux, des rivières, des fleuves, des lacs tout à fait analogues à ceux que nous voyons à la surface du globe, suivant que les eaux filtrées, après avoir parcouru souterrainement des trajets plus ou moins longs, sortent à la surface du sol en petits filets, en Fontaines abondantes, ou en masses puissantes; ou bien qu'elles demeurent emprisonnées à des profondeurs considérables, parce qu'elles ne trouvent aucune issue aux impasses dans lesquelles elles ont pénétré et qu'elles ont remplies.

On conçoit donc que dans l'intérieur de la terre il existe des eaux courantes affectant toutes sortes de directions, et qui en raison de leur volume, forment soit des ruisseaux, soit des rivières ou des fleuves; et qu'il existe aussi des eaux tranquilles et dormantes qui constituent des lacs souterrains.

Toutefois, les eaux de ces lacs souterrains ne sont pas dans un repos parfait; elles ont deux mouvements qui s'exécutent l'un de haut en bas, et l'autre, de bas en haut. Nous dirons tout à l'heure comment s'explique ce double mouvement.

Concevons d'abord que les lacs souterrains sont situés à des profondeurs médiocres, ou à des profondeurs considérables. Ce dernier gisement doit être le plus ordinaire; car, à des profondeurs médiocres, les eaux souterraines trouvent toujours, sauf de bien rares exceptions, quelques couches perméables, ou quelques failles, qui leur permettent de passer à des couches inférieures, ou de s'échapper au dehors.

Or (pages 42 et 43), nous savons, 1° qu'à la faible profondeur de 24 mètres sous le sol, qui est la couche de température dite invariable, la température demeure stationnaire d'une saison à l'autre, et se maintient constamment à 11°, pendant toute l'année, dans les climats tempérés; 2° que, à cause de la chaleur centrale, la température monte à mesure que l'on descend dans les couches plus profondes de la terre, et que, terme moyen, la température s'élève de 1° pour 30^m de profondeur, soit $0°,033$ pour 1^m.

D'où il suit que tout lac souterrain, situé à plus de 24^m sous le sol, est alimenté par des eaux qui ont traversé la couche dite invariable, et qui ont en toute saison une température constante de 11°.

Donc, les eaux qui vont former un lac souterrain quelconque, situé à diverses profondeurs au delà de 24^m, ont une température moins élevée que celle du lac lui-même.

Partant de cette conclusion qui est rigoureuse, on explique le double mouvement qui s'exécute dans les eaux des lacs souterrains.

1° Le lac souterrain peut être fait comme un immense entonnoir renversé, recevant l'alimentation, et rendant le trop plein par le même conduit. Dans ce cas, l'eau froide qui arrive par filtration dans ce conduit doit descendre, en vertu de sa densité, pour occuper le fond du réservoir; tandis que l'eau chaude ou moins froide qui se trouve au fond doit monter, en vertu de sa légèreté relative, et venir se déverser au dehors. Cette eau en sortant aura une température d'autant plus élevée que le fond du lac souterrain d'où elle est montée sera plus éloigné de la surface du globe. Là se trouve l'explication des eaux thermales.

2° Le lac souterrain peut avoir la forme d'un immense vase à deux tubulures, recevant l'alimentation d'un côté, et de l'autre, rendant le trop plein. Dans ce cas, l'eau froide qui arrive par un conduit descend en vertu de sa pesanteur spécifique et va occuper le fond du lac; tandis que l'eau du fond, plus légère parce qu'elle a une température plus élevée, et que d'ailleurs elle est poussée par la colonne d'alimentation, monte par l'autre conduit, et se déverse sur quelque point de la surface du sol où elle forme une source thermale.

Si le conduit d'alimentation fournit plus d'eau que n'en donne le conduit de décharge, dans ce cas une partie de l'eau froide se fait jour au dehors, tandis qu'une autre partie descend au fond du lac. Cela explique pourquoi dans le voisinage, ou même tout près d'une source thermale, jaillit quelquefois une source d'eau froide.

CHAPITRE XXIII.

—

RECHERCHE DES EAUX SOUTERRAINES.

La recherche des eaux souterraines est un art difficile, parce qu'il est soumis à une foule de causes d'erreurs. Aussi, ne peut-on pas toujours indiquer avec certitude de succès le point où l'on doit pratiquer des fouilles dans un terrain pour trouver de l'eau; et à plus forte raison ne peut-on pas toujours déterminer d'avance la profondeur d'une source cachée souterrainement.

En général, on doit tenir peu de compte de certains indices que présente la surface d'un terrain, tels que les saules, les peupliers, ou les joncs et autres plantes dites aquatiques.

Lorsque ces arbres, ou ces plantes aquatiques croissent naturellement sur un terrain, on pense communément que ce sont des signes qui dénoncent la présence de sources souterraines, dont les émanations à travers les couches du sol entretiennent la végétation de ces arbres, ou de ces plantes. De même, lorsque pendant l'été on remarque sur quelque point d'un terrain de l'herbe plus verte, plus forte, plus fraîche que sur les points voisins, on prend généralement ce fait isolé comme signe indicateur d'une source souterraine.

On doit se méfier de pareils indices, qui apparaissent isolément, et qui ne présentent aucune liaison avec les faits généraux et particuliers dont l'ensemble seul peut faire conjecturer, avec plus ou moins de probabilité, la présence de sources cachées.

Ces phénomènes isolés tiennent à la nature du terrain , et à des circonstances tout à fait superficielles. Ainsi, après la pluie, l'humidité persiste longtemps dans les terrains argileux, ou marneux; tandis qu'elle disparaît promptement dans les terres sablonneuses, gréseuses, caillouteuses. Pareillement la présence de l'herbe fraîche, ou des plantes aquatiques, qui prospèrent même en été sur quelques points d'un terrain de préférence aux autres points, peut faire supposer au-dessous et à une faible distance de.la surface du sol un banc ou même une simple lame d'argile, ou de marne, ou d'une terre compacte disposée de manière à ramasser les eaux pluviales des points contigus, et à conserver à peu près en toute saison un certain degré d'humidité.

Mais ces phénomènes isolés n'annoncent pas des sources cachées dans l'intérieur de la terre; ce sont des signes trompeurs qui bien des fois ont donné lieu à des recherches infructueuses, et causé des dépenses sans résultat. Certes, si ces végétations, si ces signes superficiels dénonçaient la présence de courants d'eau intérieurs, ces mêmes indices devraient se manifester au-dessus de toutes les sources souterraines. Or, nous voyons sur beaucoup de points des sources ordinaires et même des sources puissantes, sortir de dessous un sol sec et stérile, dont la surface n'offre le plus souvent pour toute végétation que des plantes rares et maigres, ou quelques arbustes rabougris.

Du reste, l'art de rechercher les sources souterraines est naturel ou prestigieux.

L'art naturel consiste dans l'étude de la succession des couches que présente un terrain; dans la connaissance des différentes espèces de terrains qui peuvent recéler des eaux souterraines; et dans l'observation de la disposition relative des couches contiguës, ou très-voisines.

L'art prestigieux consiste dans l'emploi de la baguette divinatoire. Nous en parlerons longuement dans un chapitre spécial.

Relativement à l'art naturel, voici ce que dit M. Patrin, membre associé de l'Institut.

« Quant à la recherche des sources cachées dans le sein de la terre, si l'on est sur un sol primitif composé de roches feuilletées, on est presque assuré de trouver partout, au moins quelques petits filets d'eau.

» Si l'on est dans un pays secondaire, où le sol est composé de couches horizontales, il faut s'assurer, soit par l'examen des ravins les plus profonds, soit par le moyen de la tarière, s'il n'existe point de couche d'argile. Si l'on en découvre une, on est assuré de trouver une nappe d'eau dans toute l'étendue de cette couche.

» Si le terrain était graveleux, ou sablonneux jusqu'à la profondeur des puits ordinaires, il serait inutile d'y chercher de l'eau. »

Tel est le procédé indiqué par M. Patrin, pour la recherche des sources souterraines.

Voici la raison de cette règle. Dans cette explication nous suivrons en partie M. Bouchardat, qui lui-même a traité cette matière d'après M. Arago.

On peut admettre de prime abord que l'eau des puits et des sources provient des eaux pluviales qui ont filtré à travers les pores des terrains , les fissures des rochers, et qui se sont insinuées dans le sol par l'effet de la pesanteur, jusqu'à la rencontre de quelque couche imperméable. Ce fait sera démontré plus tard.

Examinons maintenant de quelle manière les eaux pluviales peuvent circuler dans les terrains de diverses natures qui composent l'écorce du globe terrestre. Nous porterons cet examen 1° dans les terrains primitifs; 2° dans les terrains secondaires; 3° dans les terrains tertiaires; 4° dans les terrains d'alluvions; 5° dans les terrains volcaniques.

§ 1. — *Dans les terrains primitifs.*

Les terrains primitifs , ou terrains plutoniques et métamorphiques, sont peu et rarement stratifiés; les fentes, les fissures des roches granitiques, les crevasses qui séparent chaque masse de la masse contiguë, ont en général peu de largeur, peu de

profondeur, et communiquent rarement entre elles.
D'où il suit que les eaux pluviales qui s'infiltrent
dans les terrains primitifs ne doivent parcourir
souterrainement que des trajets très-bornés. Ainsi,
dans cette circulation de peu d'étendue, chaque
veine, chaque filet liquide commence et achève son
cours, pour ainsi dire, isolément, sans mélange,
sans association des filets voisins, dont la réunion
pourrait former des courants souterrains assez
considérables.

En effet, l'expérience a appris que dans les terrains granitoïdes, qui sont en général fort monta-
gneux, on rencontre des sources très-nombreuses
mais peu abondantes, et qui sourdent de tous côtés
à de faibles distances de la région supérieure dans
laquelle l'infiltration des eaux pluviales s'est opérée.

Donc, dans les terrains de cette nature on est
presque assuré de trouver partout au moins quelques petits filets d'eau, en creusant dans le sol
verticalement, ou en y pratiquant des galeries horizontales.

§ 2. — *Dans les terrains secondaires.*

Les terrains secondaires se composent de couches alternatives de marnes, de calcaires de diverses sortes, de grès variés, de dépôts d'argiles et
de sables. Ces couches, d'ailleurs fort épaisses, et
reposant à peu près de niveau les unes sur les autres dans une grande étendue, affectent la forme

d'immenses bassins dont les bords ont été déchirés et redressés par des soulèvements, de manière à circonscrire la partie horizontale dans une enceinte de collines ou de montagnes. Ces bords ainsi redressés se montrent au jour sur les flancs des collines ou des montagnes contre lesquelles ils s'appuyent, et leur position permet aux eaux pluviales de s'infiltrer à travers les dépôts de sables, pour aller former dans les couches perméables des nappes liquides continues. Ces eaux d'infiltration, obéissant aux lois de la pesanteur, doivent se mouvoir vers les parties basses avec d'autant plus de vitesse que la pente des couches relevées est plus déclive, et entraîner peu à peu dans leur marche les sables, ou même des parties mal agrégées des différents grès et des roches qu'elles baignent. De sorte que, soit par érosions successives des roches, soit par entraînement continuel des sables, les eaux filtrées ne peuvent manquer d'opérer entre les couches non perméables de grands vides qui sont occupés par des rivières souterraines. Ces rivières souterraines ont leurs prises d'eau et leur véritable origine sur les flancs des montagnes et les sommets des collines où les tranches des terrains s'épanouissent pour recueillir les eaux pluviales.

Ainsi, dans les terrains secondaires les eaux d'infiltration ne se divisent pas en veines ou en petits filets pour s'échapper au dehors et à de faibles distances de la surface du sol qui les a reçues, comme cela a lieu dans les terrains primaires; mais

elles se réunissent souterrainement pour former
des rivières et des nappes qui descendent profondément dans les entrailles de la terre, circulent et
s'étendent en tous sens dans les vastes couches perméables et remplissent les vides qu'elles y ont opérés peu à peu. Ces nappes liquides, ces rivières
souterraines existent principalement à la séparation de deux formations contiguës. Or, les couches
qui composent les terrains secondaires ont en général une épaisseur très-considérable. D'où il suit
que les nappes liquides souterraines doivent être
séparées par des distances très-grandes; ce qui explique pourquoi les sources naturelles des terrains
secondaires sont à la fois si rares et si abondantes.

§ 3. — *Dans les terrains tertiaires.*

Les terrains tertiaires se composent d'un nombre considérable de couches superposées. Parmi
ces couches de diverses natures, qui sont rangées
en tout lieu suivant un ordre constant, se trouvent
à plusieurs étages des couches perméables, sables,
grès, etc. Ajoutons que les terrains tertiaires affectent aussi la forme de bassins dont les bords ont
été déchirés et redressés par le soulèvement des collines qui leur servent de limites. D'où il résulte que
ces bords s'épanouissent sur les flancs et les sommets des collines. Les eaux pluviales peuvent s'infiltrer par ces tranches à travers les couches perméables, les parcourir en tous sens, entraîner,
dans leur marche vers les lieux bas, les sables et les

parties mal agrégées des couches perméables, produire ainsi des vides, et former des rivières entre les masses imperméables. Il doit donc exister dans les terrains tertiaires autant de nappes liquides souterraines qu'on peut y compter d'étages distincts de couches sablonneuses reposant sur des couches imperméables.

Ainsi, ce qui se passe dans les terrains secondaires relativement aux eaux souterraines, a lieu aussi dans les terrains tertiaires. Mais il y a cette différence dans les deux faits analogues :

Les nappes liquides sont peu nombreuses et par suite très-puissantes dans les terrains secondaires, à cause que les couches y sont d'une prodigieuse épaisseur, et d'une alternance peu fréquente.

Dans les terrains tertiaires, les couches ont moins d'épaisseur, et sont fréquemment alternées. Par conséquent, les nappes liquides y sont plus nombreuses et moins puissantes.

D'après ce que nous venons de dire, on doit donc s'attendre à trouver généralement dans le sein du massif secondaire, comme aussi dans le sein du massif tertiaire, une nappe liquide d'autant plus puissante que chaque couche sablonneuse qu'on y rencontrera sera plus épaisse.

§ 4. — *Dans les terrains d'alluvions.*

Nous entendons parler ici des terrains d'alluvions anciennes, ou terrains diluviens qu'on a souvent nommés *diluviums*.

Les terrains d'alluvions anciennes consistent en sables et en cailloux roulés, et souvent aussi en matières transportées d'une assez grande distance, le tout recouvert d'une couche de terre végétale qui doit son origine, en partie, à des débris de plantes. Les environs de Paris, la Bresse, le Dauphiné, etc., renferment d'immenses dépôts d'alluvions anciennes.

Ces terrains, rarement consolidés, se présentent quelquefois en couches obliques et ondulées, qui indiquent les dépôts opérés successivement par les eaux; mais le plus ordinairement, ils n'offrent aucune apparence de stratification, et ressemblent à un amas confus de gravier. Ils gisent communément dans les vallées; mais on les rencontre aussi sur des plateaux élevés où ils sont répandus tantôt en couches horizontales, tantôt en couches inclinées, et se conforment inférieurement à toutes les inégalités de la roche sur laquelle ils reposent.

Les terrains d'alluvions étant très-perméables par la nature même des matières qui les constituent, doivent se laisser traverser indéfiniment dans toute leur épaisseur par les eaux pluviales.

D'après cela, peut-on s'attendre à trouver des sources souterraines dans les terrains d'alluvions?

1° Si ces terrains se présentent en couches obliques ou ondulées, ils ont été déposés par les eaux et peuvent renfermer des lits ou des lames d'argile. Il faut s'en assurer par l'inspection des ravins ou par le moyen de la tarière. S'il existe une couche d'argile, cette couche arrête les eaux d'infiltration, et l'on est assuré de trouver une nappe d'eau au-dessus de l'argile dans toute son étendue.

2° Si ces terrains ne renferment aucune couche d'argile, mais s'ils reposent sur une couche imperméable, les eaux pluviales s'infiltreront dans toute l'épaisseur des alluvions, et s'arrêteront à la roche sous-jacente. Dans ce cas, on ne pourra trouver de l'eau qu'à la profondeur de cette roche.

3° Si les alluvions ne sont nullement stratifiées, si elles ne forment qu'un amas confus de gravier et de cailloux roulés et charriés, sans mélange d'aucune lame d'argile de quelque étendue ; si de plus elles reposent sur une roche perméable par sa nature, ou crevassée et fendillée dans toute son épaisseur, de manière à présenter des failles nombreuses où les eaux d'infiltration puissent trouver de libres passages ; les eaux pluviales, après avoir filtré à travers les alluvions jusqu'à la roche sous-jacente, suivront les voies que présente cette roche, et iront former des nappes liquides souterraines à des profondeurs diverses. Dans ces terrains il est inutile de chercher de l'eau à la profondeur des puits ordinaires.

§ 5. — *Dans les terrains volcaniques.*

Ces terrains ayant été profondément remués et bouleversés, soit par les éruptions volcaniques, soit par les tremblements de terre qui accompagnent ordinairement ces éruptions, ne présentent aucune strate régulière de quelque étendue ; tout est mêlé confusément dans le sol. Aussi, les Fontaines naturelles sont-elles rares dans les terres qui furent jadis désolées par les volcans. Si quelques sources souterraines gisent dans les terrains véritablement volcaniques, ce ne peut-être que quelques minces filets, quelques petites veines ; par la raison que les couches alternativement perméables et imperméables qui peuvent donner lieu à de fortes nappes liquides, n'existent pas dans ces terrains où tout a été brisé et mêlé violemment.

Dans ces contrées l'art du Fontainier est très-difficile : le géologue se trouve déçu dans ses prévisions ; la science ne saurait compter sur les résultats de ses calculs, quand il s'agit de désigner le gisement de sources souterraines dans un sol où tout a été entassé pêle-mêle, par les éruptions volcaniques successives dont il fut autrefois le théâtre.

De tout ce qui précède nous devons conclure, que la recherche des sources souterraines constitue, un art difficile, qui exige de profondes études, beaucoup de sagacité et de pratique ; car, les théories scientifiques ne mènent pas toujours directement au but, à cause des nombreux accidents de terrain qui se rencontrent sous le sol, accidents que la science ne peut pas prévoir.

De nos jours, un prêtre du diocèse de Toulouse, M. l'abbé Paramelle, s'est rendu justement célèbre par le grand nombre de sources souterraines que ses indications ont fait trouver sur divers points de la France.

Le procédé de M. l'abbé Paramelle est fondé sur la science géologique, sur une parfaite connaissance de la physique du globe, sur la disposition des lieux et sur la nature des terrains.

Néanmoins, les indications fournies par ce savant Fontainier n'ont pas été toutes couronnées de succès; tant il vrai de dire qu'on ne peut pas toujours indiquer avec certitude quels sont les points d'un terrain où l'on doit ouvrir des puits ou pratiquer des galeries horizontales, pour trouver des sources à telle profondeur déterminée d'avance.

Du reste, la Planche III, empruntée en partie à l'ouvrage de M. le vicomte Héricart de Thury, fait concevoir assez clairement le gisement des eaux souterraines. Cette figure représente une coupe géologique indiquant la succession des couches qui composent l'écorce du globe terrestre, ainsi que les nappes d'eau qui se trouvent ordinairement à la séparation de deux formations contiguës, ou dans les couches sablonneuses qui peuvent s'y rencontrer.

Ainsi, les nappes liquides souterraines R R et P P ont même origine. Leur prise d'eau est dans la région H où la tranche perméable se présente à nu.

Les deux nappes liquides O O et N N ont l'une et l'autre leur origine dans la région G.

La nappe M M est alimentée par le réservoir sou-

terrain I K, qui est lui-même entretenu par les infiltrations qui ont lieu dans la région F. De plus le
réservoir souterrain I K alimente une source naturelle, qui va sourdre au point L du flanc de la
montagne.

CHAPITRE XXIV.

DES PUITS ARTÉSIENS.

On désigne sous le nom de *puits artésien*, ou *puits foré*, un trou de sonde pratiqué à travers le sol jusqu'à la rencontre d'une nappe d'eau soumise à une pression telle, que l'eau remonte à une certaine hauteur dans ce tube artificiel.

Les puits artésiens constituent un autre procédé appliqué à la recherche des eaux souterraines.

L'opinion généralement répandue veut que les puits forés aient été pratiqués d'abord dans l'ancienne province de l'Artois; c'est ce qui a fait adopter la dénomination de *puits artésiens* pour désigner *les puits forés* qui sont en usage depuis plusieurs siècles dans les contrées du Nord de la France, et dont l'emploi s'est répandu depuis environ 60 ans en Allemagne et en Angleterre.

Les puits artésiens ne sont autre chose que des siphons renversés en forme de U. Par conséquent, la théorie des puits artésiens se trouve dans celle des vases communiquants (page 116). Ainsi, si l'on se figure qu'une nappe d'eau, ou un lac souterrain servent de communication entre le puits foré et le réservoir qui alimente ces eaux intérieures, on comprendra les divers phénomènes que présentent les puits forés.

Cette disposition de deux vases communiquant par un conduit souterrain explique comment il se fait que les eaux fournies par les puits artésiens montent à diverses hauteurs. Car, certains de ces puits donnent des eaux qui jaillissent au-dessus de la surface du sol; dans d'autres, l'eau n'arrive qu'au niveau de l'orifice des puits forés; enfin, dans quelques-uns, l'eau s'arrête à un niveau inférieur à celui de cet orifice.

Lorsque les puits forés fournissent de l'eau qui s'élève au-dessus de la surface du sol, on les appelle aussi *Fontaines jaillissantes*. Ce jet vient de ce que le niveau du vase alimentateur est supérieur à celui de l'orifice du puits foré; et le jet est d'autant plus élevé que la différence des deux niveaux est plus grande.

Lorsque l'eau n'arrive qu'au niveau de l'orifice du puits foré, le niveau du vase alimentateur est sur le même plan horizontal que l'orifice du puits. Alors l'eau ne peut pas jaillir. Mais le puits demeure toujours plein, quoique sans cesse on y puise. Un pareil puits foré se trouve dans le cas du puits naturel des salines qu'on remarque dans le Jura.

Si l'eau n'arrive pas jusqu'à l'orifice du puits foré, c'est que le niveau du réservoir alimentateur est plus bas que celui de cet orifice.

De sorte que, l'on comprend que les divers phénomènes que présentent les puits artésiens, relativement à l'ascension de l'eau, dépendent de la différence qui existe entre les hauteurs verticales des deux vases communiquants.

Cet aperçu renferme l'explication du principe suivant, qui est à lui seul toute la théorie des puits artésiens.

D'une part, les diverses hauteurs que l'eau prend dans les puits forés sont en rapport direct avec la pression que ce liquide éprouve dans le sein de la terre. D'autre part, la pression que l'eau éprouve dans le sein de la terre dépend de la hauteur de la source alimentatrice, et ne dépend pas de la profondeur du point de gisement des eaux souterraines.

Car, si le réservoir qui alimente une nappe d'eau ou un lac intérieur est très-élevé au-dessus du point de gisement de ces eaux souterraines, la pression éprouvée par ces eaux sera très-forte, quand bien même la nappe ou le lac souterrains ne seraient pas situés à une très-grande profondeur au-dessous de la surface du sol qui les recèle.

Au contraire, si le réservoir qui alimente une nappe ou un lac souterrains n'est que peu élevé au-dessus du point de gisement de ces eaux intérieures, la pression éprouvée par ces eaux sera peu considérable, malgré que la nappe ou le lac souterrains soient situés à une grande profondeur sous le sol qui les recouvre.

Du reste, il est facile de faire comprendre qu'une nappe d'eau ou un lac souterrains, situés à une grande profondeur sous le sol, puissent être alimentés par un réservoir peu élevé au-dessus du point de gisement de ces eaux intérieures.

En effet, Planche III, on peut aisément concevoir dans les entrailles de la terre un réservoir I K qui, après avoir fourni à la nappe ou au lac inférieur M M la quantité d'eau nécessaire pour remplir les cavités qui les enserrent, laisse écouler son trop plein par un ou par plusieurs conduits latéraux, par exemple par le conduit K L, allant former des sources à la surface du sol. Ce réservoir alimentateur étant situé lui-même profondément sous terre peut être alimenté par un ou par plusieurs courants supérieurs tels que F U, qui trouvent dans ce réservoir leur point de décharge, mais qui ne sauraient jamais remplir complétement ce réservoir, à cause de l'écoulement latéral K L dont nous venons de parler. De sorte que la pression éprouvée par le liquide dans la nappe d'eau ou dans le lac intérieurs M M ne doit être comptée qu'à partir du réservoir souterrain d'alimentation I K. Car, on conçoit que la pression de la veine liquide qui part de l'infiltration F, se trouve brisée au réservoir I K, pour recommencer son effet à ce réservoir lui-même.

D'où il suit que la pression éprouvée par le liquide dans la nappe d'eau ou le lac intérieur M M sera d'autant moindre qu'il y aura moins de différence entre le niveau de ces eaux inférieures et celui du réservoir souterrain I K qui les alimente; abstraction faite de la profondeur du point de gisement de la nappe liquide M M.

Donc, la pression que les eaux éprouvent dans le sein de la terre est indépendante de la profondeur du point de gisement des eaux souterraines.

La Planche III fait voir très-clairement que la hauteur à laquelle les eaux s'élèvent dans un trou de sonde dépend de la hauteur verticale du bassin qui alimente la nappe d'eau à laquelle le puits foré aboutit.

Ainsi, dans le puits A, aboutissant à la nappe R R, qui est alimentée par l'infiltration H, les eaux ne jailliront pas; elles arriveront seulement à l'orifice A qui est sur la ligne de niveau H X.

Le puits B aboutissant à la nappe PP, qui est alimentée par la même infiltration H, donnera des eaux qui jailliront un peu au-dessus de l'orifice B, qui est moins élevé que l'orifice A; et l'eau jaillira jusqu'à la ligne de niveau H X.

Le puits C descendu jusqu'à la nappe O O qui est alimentée par l'infiltration G, donnera des eaux remontantes, qui jailliront au-dessus de l'orifice C, jusqu'à la ligne de niveau G S.

Le puits D qui descend jusqu'à la nappe N N alimentée par la même infiltration G, donnera des eaux qui jailliront jusqu'à la hauteur de la ligne de niveau G S.

Enfin, le puits E descendu jusqu'à la nappe M M alimentée par le réservoir I K, lequel est lui-même entretenu par l'infiltration F, ne donnera pas des eaux remontantes jusqu'à la ligne de niveau F T. Les eaux ne monteront dans ce puits que jusqu'à la hauteur de la ligne de niveau I Y. Car, la pression qu'éprouvent les eaux dans la nappe M M ne doit pas être comptée à partir du point d'infitration F; mais seulement à partir du réservoir I K et du point I qui est le véritable point d'alimentation de la nappe M M.

Après avoir compris la théorie des puits artésiens, il est naturel de se demander si les puits forés doivent réussir dans toutes les localités, ou quels sont les terrains qui remplissent les conditions indispensables pour qu'on puisse y creuser avec succès des puits artésiens.

Pour que les puits artésiens réussissent, les conditions nécessaires sont que le sol soit composé de couches perméables à l'eau, intercalées entre les couches imperméables; et que ces couches présentent une pente naturelle, qui donne aux eaux une assez grande pression pour qu'elles puissent s'élever à une certaine hauteur.

Les puits artésiens doivent réussir généralement dans les terrains tertiaires et dans les terrains secondaires; car, ces terrains présentent souvent les conditions ci-dessus. Ils sont composés de nombreuses couches de sables qui permettent aux eaux de former des nappes, et de plusieurs couches argileuses qui opposent à l'eau les obstacles nécessaires pour la faire monter.

Nous disons que les puits forés doivent réussir *généralement* dans les terrains tertiaires et dans les terrains secondaires; car, on ne peut pas affirmer

que partout où ces terrains existent on trouvera
des eaux remontantes en ouvrant des puits forés.
Certaines circonstances locales peuvent quelquefois
s'opposer à l'ascension de l'eau dans les puits forés.
Par exemple, si des fentes donnent une issue aux
eaux souterraines près de l'endroit où le puits foré
aboutit; ou bien, si la couche perméable est assez
compacte pour ne pas permettre à l'eau de s'y
introduire, et la forcer de prendre une autre direction.

Ces dispositions se rencontrent dans la pratique.
Il est arrivé que dans le même sol deux puits forés
ayant été ouverts, l'un a donné des eaux jaillissantes très-abondantes; et l'autre, creusé à une faible
distance du premier, et descendu à une profondeur
double, n'a rien amené, bien qu'il ait traversé
exactement les mêmes couches.

Un exemple de cette nature s'est présenté dans
un des faubourgs de Béthune, suivant le rapport
de M. Garnier, ingénieur des mines.

Toutefois, cet exemple ne prouve pas qu'en creusant encore plus bas, on n'eût pu trouver un courant d'eau susceptible de s'élever à la surface du
sol. Il prouve seulement qu'on ne peut pas affirmer
que partout où les terrains tertiaires et les terrains
secondaires existent, on aura des eaux artésiennes
à telle profondeur déterminée d'avance.

C'est ainsi que l'examen de la disposition des diverses couches qui composent l'écorce terrestre, de
leurs fissures, et de tout ce qui, dans notre globe

18

n'est pas inaccessible pour nous, a révélé le mys-
tère des puits artésiens, dont quelques-uns, tels
que ceux de Lillers en Artois, fournissent des eaux
qui jaillissent au milieu d'immenses plaines. Dans
ces pays plats les ondulations du terrain sont rares;
la moindre colline ne s'y montre d'aucun côté; de
sorte que, les colonnes hydrostatiques, qui communiquent par des nappes souterraines aux tubes
artificiels que l'on a forés dans ces vastes plaines,
ne peuvent avoir leur prise d'eau que sur des points
élevés et situés dans un rayon de 20 à 30 lieues.

Ainsi se trouve également expliquée l'existence
des oasis placées en des lieux que les pluies ne fécondent point; car, les Fontaines dont les oasis
sont arrosées ne paraissent pas être autre chose
que des puits artésiens naturels qui amènent dans
les déserts, par des nappes souterraines, les eaux
de colonnes hydrostatiques situées à de très-grandes distances de ces points de sortie.

D'après cela, il est naturel de se demander si
le génie de l'homme ne parviendra pas un jour à
établir des puits artésiens dans les terrains arides
et déserts que renferment l'Asie et l'Afrique ?

A cette question la réponse doit être affirmative.
Car, la nature ne nous trompe point; et puisqu'elle
a formé quelques puits artésiens dans les déserts
stériles, elle nous révèle par là même l'existence
de nappes liquides au-dessous de ces plaines désolées. Conséquemment, si l'homme imitant la nature,
creuse çà et là verticalement dans ce sol, on peut

croire qu'il ira rencontrer à une certaine profondeur, des nappes souterraines qui doivent être à peu près horizontales sous ces vastes plaines, et dont les prises d'eau, sans doute très-éloignées et beaucoup plus élevées que ces nappes liquides, feront jaillir de nouvelles sources aux orifices de sortie que l'homme aura pratiqués.

Cette réponse, fondée sur les théories qui précèdent, et appuyée sur des faits déjà existants, renferme une pensée consolante pour l'avenir de l'humanité, puisqu'elle laisse entrevoir la possibilité de faire jaillir des Fontaines nouvelles, et de multiplier ainsi les oasis dans les contrées que le manque d'eau rend aujourd'hui inhabitables.

CHAPITRE XXV.

—

BAGUETTE DIVINATOIRE.

Le procédé de la Baguette divinatoire pour la recherche des sources souterraines est un art prestigieux qui a fait bien des dupes, qui a amené bien
des déceptions, et qui a occasionné bien des dépenses infructueuses.

Nous connaissons plusieurs propriétaires qui ont
eu recours à la Baguette divinatoire, pour rechercher dans leurs domaines des sources cachées. Ils
ont affirmé que, en moyenne, sur dix indications
de la Baguette, huit ont été complétement fausses ;
car, les travaux, les fouilles exécutés sur ces points,
même à des profondeurs plus considérables que celles qui avaient été indiquées, n'ont découvert aucun
filet d'eau ; et deux de ces indications seulement
ont conduit à un résultat inférieur à celui qui avait
été promis, bien qu'on ait poussé les travaux au
delà de la profondeur désignée d'avance.

Or, si, sans employer la Baguette divinatoire,
on creuse çà et là des puits dans un terrain, dans
un domaine, il est bien certain que sur dix fouilles
exécutées en différents points et poussées à diverses profondeurs, deux au moins de ces fouilles amè-
neront la découverte de quelques veines liquides
capables d'entretenir de bons puits.

Ces faits d'expérience journalière qui se passent depuis longtemps, devraient avoir fait raison de l'art prestigieux de la Baguette divinatoire, et avoir donné la mesure de la confiance que l'on doit accorder à ses indications.

Des personnes très-honorables et de bonne foi affirment que la Baguette tourne réellement, non pas dans toutes les mains, mais dans les mains de quelques individus d'une organisation particulière.

Nous admettons le fait, mais que s'ensuit-il? Cela ne prouve pas que les mouvements de la Baguette annoncent avec certitude le gisement de sources cachées sous le sol à la surface duquel ces mouvements s'exécutent. Car, il est de fait, ainsi que l'avancent ces mêmes personnes, que la Baguette tourne sur des terrains qui recèlent des courants d'eau, comme aussi sur des terrains dont l'inté rieur est complétement dénué d'eau; qu'elle tourne sur l'argile, sur la marne irisée, etc.

En admettant que les mouvements de la Baguette divinatoire aient réellement lieu dans les mains de certains individus, nous dirons que c'est là un fait qui demeure inexpliqué; et que ce fait n'annonce point la présence de sources cachées sous terre.

Au surplus, relativement à la Baguette divinatoire, laissons parler M. Biot, de l'Institut, auquel nous empruntons les lignes suivantes.

« La Baguette divinatoire est une petite baguette de coudrier ou de tout autre bois flexible, un peu courbe, et qui, étant posée par ses deux bouts sur les index de certains individus, est supposée se mettre en mouvement et tourner rapidement sur elle-même, lorqu'ils se trouvent dans le voisinage d'une source, ou en général d'une eau courante, ou même sur des métaux enfouis, dont les impressions, disent-ils, leur causent une agitation involontaire.

» Comme toutes les choses que l'on veut rendre merveilleuses, le deviennent davantage étant habillées d'un nom scientifique, on a donné à ces individus privilégiés le nom de *Rabdomanthes*, et on a appelé leur faculté *Rabdomancie*, mot grec, qui signifie divination par la baguette.

» Si nous considérons cette assertion en elle-même, nous n'y trouverons rien qui soit mathématiquement impossible, puisque nous sommes très-éloignés de connaître tous les modes d'action qui peuvent exister dans la nature. Ainsi, il se pourrait que, dans certains individus, le système nerveux fût susceptible d'être influencé sensiblement par des causes qui n'agiraient pas sur d'autres personnes; et la présence même inconnue d'un courant d'eau ou d'un métal pourrait avoir de pareils effets.

» Mais la même philosophie qui nous défend de rejeter *à priori* de semblables annonces, exige que nous ne les adoptions pas non plus sans un mûr examen, et sans les avoir vérifiées par des expériences méthodiques et rigoureuses.

» Or, ici le mode d'expérience est bien simple. C'est de choisir un individu doué de la propriété supposée au plus haut degré possible, de le mettre à la campagne, près d'un bassin dont les conduits communiquent à quelque réservoir distant et caché, où l'on puisse, à volonté, déterminer l'écoulement de ses eaux, en tournant un robinet.

» Placez là un observateur sûr, muni d'une bonne montre, lequel, de temps en temps, à des époques arbitraires, ouvrira le robinet, ou le fermera, en tenant note de l'heure sur un registre.

» Puis, près du bassin, placez le Rabdomanthe, et, à côté de lui, un autre observateur pareillement sûr, muni aussi d'une montre également bonne, et chargez-le d'écrire fidèlement ce que le Rabdomanthe lui indiquera ; c'est-à-dire, s'il n'éprouve pas d'impression ou s'il en éprouve, et à quelle heure.

» Après que cette double épreuve aura été continuée pendant un certain temps, par exemple pendant une demi-journée, rapprochez vos deux registres, confrontez les indications du Rabdomanthe avec les époques connues où l'eau a été mise en mouvement, et par leur opposition ou par leur accord, vous pourrez apprécier la justesse de la faculté qu'il dit avoir.

» Même, pour que cette faculté soit réelle, il n'est pas nécessaire qu'elle ne le trompe jamais ; car, il serait possible, par exemple, qu'elle consistât dans une impression assez faible pour que le

Rabdomanthe pût quelquefois la laisser échapper sans y faire attention. Mais, pourvu que cette impression existe, si l'on a multiplié les épreuves, le Rabdomanthe devra avoir plus souvent rencontré juste que s'être mépris, et, d'après le nombre de ses accords et de ses discordances, comparé au nombre total des coups, vous pourrez, par le calcul des probabilités, apprécier la vraisemblance de la faculté rabdomantique.

» Je ne crois pas qu'on ait soumis aucun Rabdomanthe aux épreuves rigoureuses dont je viens de parler, et j'avoue franchement, qu'à juger par ceux qu'on a déjà observés, je doute qu'aucun d'eux voulût s'y soumettre. Ceux dont on a raconté le plus de merveilles, ont toujours fini par être convaincus de charlatanerie et d'imposture, lorsqu'ils ont été étudiés par des physiciens véritablement instruits.

» Le fameux Bleton, qui a eu à Paris tant de célébrité, et qui a coûté tant d'argent à ceux qui ont voulu le croire, *mentait évidemment et sciemment,* comme le célèbre physicien M. Charles s'en est assuré par des épreuves non douteuses,

» Un autre Rabdomanthe, nommé Pennet, dont on a aussi beaucoup vanté les prédictions presque miraculeuses, a été surpris, à Florence, escaladant une enceinte où l'on avait déposé diverses pièces métalliques pour l'éprouver le lendemain; car, la faculté des Rabdomanthes s'étend aussi à découvrir les trésors cachés, et celui-ci se croyait probablement plus sûr de son fait, s'il commençait par s'aider d'abord des indications ordinaires de la vue et du tact.

» Un autre Rabdomanthe, plus ancien, nommé Jacques Aymar, qui fit aussi beaucoup de bruit dans le monde du temps de Leibnitz, finit par avouer lui-même sa friponnerie, quand il se vit pressé d'une manière un peu vive par des hommes éclairés. Leibnitz, que l'on peut assurément mettre de ce nombre, raconte cette aventure dans une de ses lettres, d'après des renseignements indubitables.

» Enfin, le mouvement même de rotation que prend la baguette entre les mains des Rabdomanthes, est encore un effet très-naturel et très-simple de sa courbure et d'un petit trémoussement qu'ils donnent à leur bras. Tout le monde peut aisément y réussir avec un peu de pratique, et M. Charles était même parvenu à construire un automate qui faisait tourner la baguette aussi bien que Bleton lui même, au grand scandale de ses admirateurs.

» Il faut avouer que toutes ces épreuves ne sont guère favorables aux Rabdomanthes, et qu'elles peuvent bien inspirer quelques doutes aux personnes qui seraient tentées d'entreprendre des fouilles dispendieuses sur leurs prédictions. J'engage ces personnes à essayer auparavant sur leur Rabdomanthe l'épreuve que j'ai plus haut proposée, si toutefois il consent à la subir. »

Nous n'ajouterons que deux phrases à cet article emprunté à M. Biot, sur la Baguette divinatoire.

Comme garantie de la véracité de leurs indications, proposez aux Rabdomanthes d'exécuter à leurs propres frais et à leur risque et péril, toutes les fouilles et travaux nécessaires pour mettre à découvert les sources qu'ils annoncent, avec la condition de n'être remboursés de leurs dépenses et payés de leurs honoraires, qu'après la réussite complète. Ils reculeront tous devant cette proposition aussi simple que juste; et le nombre des dupes ira en diminuant, et aura bientôt atteint sa dernière limite.

CHAPITRE XXVI.

—

FONTAINES ARTIFICIELLES OU MACHINALES.

Les Fontaines artificielles ou machinales sont amenées par le moyen de machines hydrauliques, qui élèvent dans un réservoir une certaine quantité d'eau prise soit à une rivière, soit à un canal et quelquefois à un puisard.

Lorsqu'il suffit d'élever l'eau à une faible hauteur, on produit des Fontaines artificielles ou machinales avec une simple roue hydraulique pendante, sans autres accessoires que des godets disposés autour de la circonférence. Cette roue à aubes étant placée sur une eau courante, qui la met en mouvement, monte de l'eau à une hauteur un peu moindre que son diamètre.

Mais quand il s'agit de porter l'eau à des hauteurs considérables, on emploie des pompes.

Il existe un grand nombre de systèmes de pompes. On les divise généralement en quatre classes, savoir : les pompes aspirantes, les pompes foulantes, les pompes aspirantes et foulantes, les pompes rotatives.

Les pompes qui appartiennent aux trois premières classes sont celles dont l'usage est le plus fréquent. Elles fonctionnent par des mouvements rectilignes alternatifs.

Celles de la quatrième classe ont un mouvement circulaire continu. Elles sont les moins employées, parce qu'elles sont sujettes à d'assez grands inconvénients.

On fait usage de telle ou telle autre variété de pompes suivant les circonstances, suivant la force dont on peut disposer, suivant la différence de niveau entre le réservoir alimentateur et le point où l'eau doit être portée.

Pour faire fonctionner une pompe, il faut une force suffisante. La force nécessaire au jeu d'une pompe, quel que soit d'ailleurs le système auquel cette pompe appartienne, est, sans compter le frottement, égale au poids d'une colonne d'eau dont la base est le piston, et la hauteur la différence de niveau entre le dégorgeoir et le réservoir alimentateur.

Les pompes aspirantes demandent moins de force pour être manœuvrées, parce que dans les appareils construits d'après ce système, la pression de l'air atmosphérique agit pour faire monter le liquide, à mesure que le vide s'opère dans le tuyau d'aspiration. Mais ces pompes ne peuvent pas élever l'eau à une hauteur plus grande que celle où l'eau peut monter dans le vide. Cette hauteur est $10^m,33$ ou 32 pieds à peu près, quand le vide est parfait. Or, le vide parfait ne peut point s'obtenir dans le corps de pompe, 1° parce que le piston ne joint pas rigoureusement les parois; 2° parce que l'eau contient de l'air qui s'en échappe à mesure que le vide se fait, et y remplace une certaine partie de l'air qui a été chassé par chaque coup de piston ; 3° et parce qu'il se forme un peu de vapeur dans l'air très-raréfié. Aussi, à cause des défauts auxquels sont soumises les pompes aspirantes, on ne doit guère compter dans la pratique que sur 8 à 9 mètres d'élévation. Au delà de cette limite, qu'on appelle *point d'arrêt*, les pompes aspirantes ne donnent pas une seule goutte d'eau.

Quand on a à sa disposition des forces suffisantes, on peut, par le moyen des pompes aspirantes, élever l'eau à des hauteurs très-considérables. On adapte latéralement au haut du corps de pompe un tuyau qui doit conduire l'eau à la hauteur voulue. Une fois que l'eau est montée au-dessus de la tête du piston, elle est soulevée à mesure que le piston monte. Ainsi poussée, elle passe dans le tuyau latéral, et l'ascension du liquide n'a d'autre limite que celle qui est déterminée par la force motrice. La pompe prend alors le nom *de pompe aspirante et élévatoire.*

Les pompes foulantes produisent un effet qui est indépendant de la pression atmosphérique. Aussi, avec les pompes foulantes on peut porter l'eau à une hauteur dont la limite sera déterminée par la force motrice employée.

Quand aux pompes aspirantes et foulantes, elles réunissent les principes des deux précédentes. On les fait élévatoires si l'on veut, et elles peuvent porter l'eau à diverses hauteurs.

Il existe des pompes à mouvements alternatifs et rectilignes, qui élèvent l'eau directement, et d'un seul jet, à une hauteur verticale de 200 et même de 300 mètres.

Mais, les pompes ne produisent pas l'effet indiqué par la théorie. Il faut distinguer deux effets dans le produit des pompes ; savoir : l'effet théorique et l'effet pratique.

1° L'effet théorique d'une pompe est celui qu'elle produirait, si elle amenait un volume d'eau égal à une colonne liquide ayant pour base la tête du piston, et pour longueur la course effective du piston dans un temps donné. Or, ce produit n'a jamais lieu.

2° L'effet pratique d'une pompe est le volume d'eau qu'elle produit réellement dans le même temps.

Entre l'effet théorique et l'effet pratique d'une pompe il y a toujours une différence qui varie suivant que la pompe a été plus ou moins bien construite, et qu'elle est maintenue dans un état plus ou moins satisfaisant de conservation. Cette différence résulte des pertes qu'éprouve l'effet théorique ; car, il s'échappe toujours une certaine quantité d'eau entre le piston et le corps de pompe, et entre les clapets pendant qu'ils se ferment.

Outre cela, et quel que soit le système auquel elles appartiennent, les pompes, en général, présentent dans leur emploi plusieurs inconvénients assez graves.

1° Elles sont sujettes à des dérangements fréquents; ce qui occasionne, pendant qu'on les répare, des chômages dans le produit des eaux qu'elles sont destinées à fournir.

2° Elles exigent des soins et un entretien continuels pour les maintenir dans un état satisfaisant de conservation.

3° Quoi qu'on fasse pour les conserver, les diverses parties qui entrent dans leur formation s'usent à peu près complétement dans quelques mois, ou dans quelques années. Alors il faut exécuter le renouvellement complet de tout l'appareil; ce qui exige souvent un temps considérable, et amène un long chômage.

Aussi, on ne doit employer les machines hydrauliques pour obtenir soit des Fontaines, soit des irrigations, que lorsqu'on ne peut point faire autrement, ou lorsqu'une véritable raison d'économie le commande.

Toutefois, il est vrai de dire que les machines hydrauliques ont déjà rendu et rendront toujours de grands et incontestables services dans une foule d'applications.

Mais il est vrai de dire aussi que, considérées sous le point de vue de l'eau potable, les Fontaines produites par le moyen de ces appareils hydrauliques, et qu'on appelle *Fontaines artificielles* ou *machinales*, fournissent des eaux qui amènent

avec elles les bonnes et les mauvaises qualités que
leur communique le réservoir alimentateur, soumis lui-même aux influences des diverses saisons
et de toutes les circonstances accidentelles.

LIVRE QUATRIÈME.

LIVRE QUATRIÈME.

ORIGINE DES FONTAINES NATURELLES.

CHAPITRE XXVII.

OPINIONS DES ANCIENS SUR LES FONTAINES NATURELLES.

Les anciens n'avaient aucune idée bien arrêtée sur les moyens qu'emploie la nature dans la production des sources, des Fontaines. C'est le philosophe Sénèque lui-même qui adresse ce reproche aux physiciens de son temps, quand il dit dans ses questions naturelles « : *Les opinions des anciens, je dois le dire avant tout, sont peu exactes, et pour ainsi dire informes. Ils erraient encore autour de la vérité ; tout était nouveau pour eux, qui n'allaient d'abord qu'à tâtons.*

Mais, si les anciens ignoraient les causes naturelles des sources, s'ils n'avaient pas de notions exactes sur l'origine des Fontaines, toujours est-il vrai de dire qu'ils attachaient une très grande importance au fait en lui-même. Une source, une

Fontaine était pour eux un insigne bienfait, qu'ils savaient apprécier dans ses utilités diverses, et dont ils rendaient un perpétuel témoignage de reconnaissance à la Divinité.

Sénèque dit : *nous révérons les sources des grandes rivières.*

Aussi, les anciens entouraient d'une vénération religieuse les sources naturelles et permanentes, qui donnent naissance aux rivières. Car, ils avaient assez l'habitude d'appeler *grandes rivières* les cours d'eau d'une faible importance, comme ils nommaient *fleuves* les cours d'eau de quelque importance, que les modernes appellent simplement rivières. Par exemple, Sidoine Apolinaire appelait *Vardo fluvius,* le Gardon, ou rivière du Gard, qui se jette dans le Rhône un peu au-dessus de Beaucaire ; et les anciens géographes des Gaules, appellent *Calavo fluvius,* le Calavon, ou Coulon, petite rivière torrentielle qui baigne les murs de la ville d'Apt.

Le même auteur Sénèque dit encore : *l'éruption subite d'une source abondante mérite des autels.*

Ici, Sénèque, par l'expression d'*éruption subite,* entend parler sans doute des sources naturelles intermittentes, ou intercalaires, qui dans tous les temps, ont excité à un si haut point l'admiration des hommes, qu'on est allé jusqu'à attribuer à ces sources une sorte d'intelligence, et la faculté d'annoncer, de prédire les années d'abondance, ou de disette; la paix ou la guerre, etc., etc.; et cette opinion s'est même perpétuée jusqu'aux temps modernes et peu éloignés de l'époque actuelle.

Enfin, Pline est encore plus explicite que Sénèque, quand il parle des Fontaines, et de la vénération qui entourait généralement ces phénomènes naturels. Il donne le motif de cette vénération par ces mots : *Fonti numen inest ; dans toute Fontaine réside une divinité.*

Les idées accréditées dans l'ancienne théogonie faisaient admettre pour toute Fontaine, et dans le bassin souterrain de la source elle-même, la présence d'une divinité mystérieuse et bienfaisante, qui épanchait son urne en ruisseau limpide, roulant une eau fraîche pour féconder la terre, et abreuver les hôtes de toute espèce qui fréquentaient le domaine de cette divinité.

Ces gracieuses fictions donnèrent naissance aux Nymphes des eaux, aux Naïades, aux Néréides, et à toute cette aimable troupe de divinités aquatiques, dont les anciens avaient peuplé les sources, les Fontaines, les ruisseaux, les rivières, les fleuves, les lacs et les mers; ce qui répandait sur une infinité de lieux une animation poétique, un sentiment religieux, qui se sont évanouis devant les idées progressives des siècles subséquents.

De pieuses croyances généralement reçues, remplaçaient donc chez les anciens les théories que la science a établies plus tard et successivement sur des faits nombreux, sur des observations réitérées dans une multiplicité de lieux, et sur les résultats incontestables qui ont été fournis par la physique et par la géologie.

On doit dire cependant que quelques auteurs anciens, tels que Platon, Aristote, Epicure, Vitruve, Sénèque, Pline, et autres, ont commencé à élaborer le problème de l'origine des Fontaines. Mais dans leurs idées sur cette matière, on ne trouve qu'incohèrence et contradictions, ou des hypothèses qui ne pourraient être soutenues que par des raisonnements absurdes et sans fondement.

L'opinion de Platon n'est autre chose que le récit d'une belle fable accréditée dans les temps anciens. Celle d'Aristote ne présente que contradictions; et celle d'Epicure manque de fondement, puisque ce philosophe ne dit rien de l'origine de l'eau dont il forme les sources, les Fontaines, les rivières et les fleuves. Sénèque le philosophe partage l'opinion d'Aristote. Pline donne peu de vue, bien qu'il parle de plusieurs Fontaines, et qu'il rapporte quelques faits isolés. Un seul, Vitruve, a entrevu le vrai et la véritable solution du problème, en considérant comme la cause immédiate des Fontaines le produit des eaux de la pluie en toute saison, et des neiges de l'hiver. Mais tous ces anciens auteurs n'ont traité la question des Fontaines qu'en passant, et sans insister sur les détails. Ces premières idées jetées sans suite, et n'étant pas d'ailleurs appuyées sur des observations qui pussent leur servir de base, ne présentent aucune importance par elles-mêmes, et ne fournissent aucun éclaircissement sur le problème de l'origine des Fontaines naturelles.

De sorte que nous pouvons ajouter ici avec M. Babinet de l'Institut, qu'en ce point comme en toute autre matière, les anciens ont dit le pour et le contre, sans adopter aucune théorie de préférence; ils ont tout imaginé et rien démontré.

Toutefois, soit comme objet de curiosité, soit afin de rendre notre travail plus complet, nous allons donner une analyse succincte de quelques-unes de ces opinions anciennes, en suivant dans ce résumé l'ouvrage intitulé : *Origine des Fontaines;* par Perrault. 1674.

Opinion de Platon.

Platon, dans *le Phœdon*, divise la terre en deux parties, l'une haute pour les bienheureux, l'autre basse pour les vivants. Au-dessous de la terre basse, existent plusieurs cavités de forme ronde, les unes grandes et profondes, les autres moindres et peu profondes. Elles ont diverses ouvertures, par lesquelles sort une grande quantité d'eau qui se verse d'une cavité dans la suivante. Il admet qu'il existe dans la terre une grande quantité d'eau, soit froide, soit chaude, pour fournir aux Fontaines et aux rivières; qu'il y a aussi beaucoup de feu jusqu'à former des fleuves; et en outre, de l'eau bourbeuse. Il suppose que tout cela est mû de même que le serait un vase suspendu en équilibre, comme une balance qui s'élèverait et s'abaisserait tantôt d'un côté, tantôt de l'autre alternativement, et que cela est ainsi disposé de sa nature. Il admet aussi, que toute la terre est traversée par une grande ouverture que les poètes, et surtout Homère, appellent le Tartare, dans lequel tous les fleuves viennent se rendre et d'où ils sortent; et que la cause de cet écoulement continuel est que ces eaux n'ont ni fond, ni fondement, ce qui les fait flotter de la sorte en haut et en bas.

Mais ce n'est pas tout. Platon suppose encore que l'air et les vents règnent dans le Tartare, et y opèrent comme dans les animaux, une continuelle respiration; que l'air qui sort ou qui entre avec l'eau excite de grands vents; que ces eaux, après avoir roulé, s'arrêtent en différents lieux, et font des lacs, des mers, des fleuves et des Fontaines; que ces mêmes eaux, retournant par divers chemins, se rendent au Tartare d'où elles étaient venues, arrivant les unes plus haut, les autres plus bas que le point de leur sortie.

Il dit ensuite qu'il y a quatre principaux écoulements de toutes ces eaux au dedans de la terre; l'un est l'Océan, un autre l'Achéron, qui est à l'opposite, et qui s'écoule par des lieux déserts et souterrains dans le palus Achérus, où les âmes des morts viennent se rendre. Le troisième, qui coule entre les deux premiers, est le Pyriphlégéton, lequel, après avoir roulé pendant quelque temps, tombe dans un lieu vaste où il s'échauffe par l'action d'un grand feu, et forme un lac, ou marais d'eau et de boue bouillante plus grand que n'est la mer. A l'op-posite de ce dernier fleuve est situé le quatrième écoulement. Celui-ci s'échappe avec violence, et, après avoir formé le marais stygien, il se rend par divers chemins arrondis dans le même Tartare, et s'appelle Cocyte.

Opinion d'Aristote.

Aristote, rapportant une opinion déjà émise de son temps, dit que plusieurs croient que les pluies d'hiver étant amassées dans la terre, en des en-droits spacieux, sont élevées par les rayons du so-leil jusqu'au haut des montagnes, d'où elles sor-tent par les ouvertures des sources et forment les rivières; qu'ils supposent dans ces réservoirs sou-terrains des capacités bien différentes; et que par ces deux faits hypothétiques, ils expliquent pour-quoi l'on voit les sources plus fortes en hiver qu'en été, et pourquoi quelques-unes cessent entièrement de couler pendant la saison des chaleurs.

Aristote condamne cette opinion, soutenant que si l'eau que les Fontaines et les rivières donnent pendant une année était ramassée en un lieu, elle formerait une masse plus grande que toute la terre, ou peu s'en faudrait; quantité énorme, que les pluies et les neiges ne sauraient produire.

Son opinion à lui, est que les Fontaines et les fleuves sont engendrés de l'air condensé et résolu en eau dans les cavernes de la terre par le froid

qui y règne toujours. Car, dit-il, il y a apparence
qu'il se fait dans la terre la même chose que nous
voyons se faire dans l'air hors de la terre ; et que,
comme les vapeurs que le soleil attire en haut se
convertissent en humidité, dont les parties se joi-
gnant les unes aux autres forment des gouttes qui
tombent en pluie, de même aussi les vapeurs au
dedans de la terre, pouvant être résolues en humidité par le froid qui y règne constamment, forment
des gouttes d'eau qui s'unissent ensemble, coulent
ensuite et produisent les Fontaines, les rivières et
les fleuves. Il ajoute que la raison de croire que
tout cela se fait de la sorte, c'est que, au pied de
toutes les montagnes, on voit des Fontaines qui
sont d'autant plus fortes que les montagnes sont
plus grandes ; et que les plus grands fleuves y prennent leur naissance.

Quant au motif de ne pas croire que les rivières
viennent d'eaux ramassées et retenues en réserve,
c'est, dit-il, qu'il n'y a point de lieu assez grand
pour les contenir, et qu'il ne se forme pas assez de
nuées pour que le produit des eaux pluviales ainsi
ramassées puisse suffire à un pareil écoulement.

Tandis que ce qui fait que les montagnes rendent l'eau peu à peu, c'est qu'elle s'y engendre
goutte à goutte.

On peut juger aussi, dit-il, qu'il y a de grandes
ouvertures et de grandes cavernes dans la terre,
parce que l'on voit assez de rivières y entrer et s'y
perdre. A ce propos il rapporte qu'au pied du mont

Caucase, règne un vaste lac dans lequel plusieurs rivières très-grandes viennent s'abîmer sans que l'on voit aucune issue par où elles puissent sortir. D'où l'on doit conclure que toutes ces eaux entrent dans la terre, qui les rend fort loin de là.

Il croit aussi que sous la terre existent de grands lacs, qui peuvent fournir des eaux aux Fontaines et aux rivières.

Enfin, il prétend que les montagnes sont comme des éponges appuyées sur les lieux bas, lesquelles distillent les eaux peu à peu; car, ces montagnes, dit-il, reçoivent au dedans une grande quantité d'eau qui tombe d'en haut, et qui refroidit la vapeur qui s'élève pour se convertir en eau.

Opinion d'Epicure.

Epicure, dans son épître à Pytachus, rapportée par Diogène Laërce, dit que les eaux des Fontaines et leurs écoulements continuels peuvent être engendrés à leurs sources mêmes, ou bien par deux autres circonstances : la première, par des eaux qui venant de plus loin continuellement, mais petit à petit, se réunissent et coulent ensemble dans la terre à l'endroit même de la source; la deuxième, par une grande quantité d'eau amassée en cet endroit, et capable de fournir à l'écoulement continuel de la Fontaine. Il ajoute que les ruisseaux produits par les Fontaines, et que l'on voit plus ou moins faibles si on les considère chacun en particulier, sont l'origine des grands fleuves; car, ces ruisseaux, après avoir coulé sur la pente des collines, se mêlent les uns dans les autres, et s'assemblent tous dans un même canal pour former un grand fleuve.

Opinion de Vitruve.

Dans le quatrième livre de son architecture, Vitruve parle des Fontaines et de leurs qualités. Il croit que les Fontaines sont produites par les eaux de la pluie et des neiges de l'hiver, qui traversant la terre et s'arrêtant aux lieux solides et non spongieux, viennent couler par les sources.

Il considère :

Que les pluies et les neiges tombent ordinairement sur les montages, et qu'elles s'y arrêtent dans les lieux creux où il croît beaucoup d'arbres ;

Que ces arbres conservent la neige fort longtemps ;

Que la neige se fondant petit à petit, s'écoule insensiblement par les veines de la terre, et que cette eau étant parvenue au pied des montagnes, y produit les Fontaines.

CHAPITRE XXVIII.

OPINIONS DES PHILOSOPHES DU MOYEN-AGE SUR L'ORIGINE DES FONTAINES NATURELLES.

En donnant l'analyse succinte de quelques opinions du moyen-âge, nous suivrons encore l'ouvrage de Perrault sur l'origine des Fontaines.

Dans cet ouvrage, Perrault a publié, outre son opinion personnelle, les opinions des philosophes et physiciens dont les noms suivent :

Platon, Aristote, Epicure, Vitruve, Sénèque, Pline, St Thomas et les philosophes de Conimbre, Agricola, Cardan, Davity, Scaliger, Lydiat, Wan-Helmont, Gassendi, Descartes, le Père Schottus, Rohault, Papin, Dobrzinski, Duhamel, le Père François de Palissy.

Nous avons donné dans le chapitre précédent quelques opinions des temps anciens. Voici quelques opinions du moyen-âge.

Opinion de St Thomas et des Philosophes de Conimbre.

St Thomas et les philosophes scolastiques de Conimbre disent que l'eau de la mer, dont toute la terre est imprégnée au moyen d'une infinité d'ouvertures que celle-ci présente en sens divers, monte et s'élève jusqu'au sommet des montagnes par la force ou vertu attractive des astres. La raison de cela, dit St Thomas, c'est que les corps inférieurs, outre leur mouvement propre et particulier, suivent en quelque façon le mouvement des corps supérieurs; et que plus le corps inférieur est parfait, plus il participe au mouvement du corps supérieur : De même qu'on voit, ajoute-t-il, que les corps célestes, outre le mouvement propre et particulier à leur sphère, retiennent quelque chose du mouvement de celle qui est au-dessus, et par laquelle ils sont emportés.

Les philosophes de Conimbre complètent cette opinion, en ajoutant : que la terre de son côté attire l'eau en vertu de sa grande sécheresse; que cette eau n'est pas élevée aux sommets des montagnes par des chemins droits et à plomb, mais par des voies obliques, tortueuses et recourbées; que cette élévation se fait en partie par la vertu des astres, et en partie par la faculté attractive de la terre, qui suce l'eau comme le ferait une éponge.

Opinion de Cardan.

Cardan réfute d'abord l'opinion d'après laquelle l'eau monte sur les montagnes par la force de la marée. Il dit : qu'il n'y a point de raison pour que ces eaux, poussées avec force, ne cherchent leur liberté et ne passent par les ouvertures que la terre présente en une infinité de points;

Que le mouvement du flux et du reflux donnerait par sa violence un ébranlement à la terre;

Que depuis le temps que cette circulation a lieu, la mer et les rivières devraient être séchées par la chaleur du soleil;

Que ni les pluies, ni les neiges ne peuvent donner autant d'eau que l'on en voit couler;

Qu'il est pareillement incroyable qu'il puisse s'opérer continuellement une aussi grande génération d'eau.

Après cela, il soutient que l'eau est engendrée et produite par toutes ces causes ensemble;

Que sa principale origine est l'air qui se change en eau;

Que les pluies augmentent les rivières;

Que les rosées du matin, en été, et les brumes de l'hiver avec l'humidité de la nuit contribuent beaucoup à cette augmentation;

Qne l'on remarque en effet que les sources et les rivières sont plus faibles le soir que le matin, à cause de l'arrivée du soleil qui dissipe ces humidités; ce qui se voit principalement au printemps et en automne;

Qu'ainsi les eaux qui sont engendrées au dedans des montagnes par la fraîcheur des pierres, et au dehors par celle de la nuit, coulent insensiblement, s'amassent de çà et de là en petits ruisseaux qui en se réunissant forment un fleuve médiocre, et que plusieurs de ces petits fleuves réunis constituent un grand fleuve.

Cardan croit aussi que l'impétuosité du flux ou du reflux de la mer pousse dans la terre des eaux

qui forment des sources d'eau douce, après qu'elles ont passé par plusieurs sortes de terrains ; et il
pense que les eaux de la mer perdent leur salure et
leur amertume bien moins par cette percolation
que par la rencontre qu'elles font des eaux douces
de la pluie. A ce sujet il attribue trois causes au
dessalement de l'eau de la mer. La première, c'est la
pesanteur du sel qui le fait descendre au fond de
l'eau quand elle n'est point agitée; car, la mer, dit-
il, ne conserve sa salure dans toute sa masse que
par l'agitation du flux et du reflux. La deuxième
cause est l'écoulement paisible des eaux à travers
plusieurs espèces de terre, pendant lequel le sel
descend au fond et y demeure. La troisième est le
mélange des eaux douces des pluies et des neiges
que l'eau de mer rencontre en chemin.

Opinion de Davity.

Davity, dans son livre du *Monde*, imprimé en
1637, émet l'opinion que les Fontaines viennent de
la mer. Il fonde son opinion sur ce passage célèbre
de l'Ecclésiaste : *que les rivières viennent de la mer,
et qu'elles y retournent sans que celle-ci en soit trop
remplie.* Car, on ne peut pas croire, dit-il, que la
mer puisse recevoir tant d'eau sans déborder; on
ne saurait croire non plus que le soleil et les vents
puissent faire exhaler de la mer autant d'eau
qu'elle en reçoit. Il corrobore son opinion par la
considération suivante : La nuit, dit-il, répare assez largement, par le moyen de l'air, la perte que

la mer éprouve pendant le jour par l'action du soleil ou des vents. Cette réparation est commune à
la mer et aux rivières.

Cela supposé, il ajoute que la terre étant ronde,
et présentant une multiplicité d'ouvertures qui sont
l'origine d'autant de canaux mystérieux dirigés en
sens divers, la mer, par sa grande pesanteur,
pousse les eaux dans ces canaux et les fait monter
jusqu'au sommet des montagnes; et il pense,
comme beaucoup d'autres auteurs, que les eaux de
la mer perdent leur amertume et leur salure en
passant par différents terrains.

Il admet pourtant l'effet des vapeurs. Il pense
que les vapeurs de la terre peuvent, en s'épaississant, se convertir en eau dans les cavités souterraines, et se joindre à celles de la mer, pour rendre
les sources perpétuelles.

CHAPITRE XXIX.

—

OPINIONS DES PHILOSOPHES ET DES PHYSICIENS DES TEMPS MODERNES SUR L'ORIGINE DES FONTAINES NATURELLES.

En suivant toujours l'ouvrage de Perrault, nous donnerons dans ce chapitre l'analyse de quelques opinions des temps modernes.

Opinion de Gassendi.

Gassendi, dans les commentaires qu'il a faits sur le dixième livre de Diogène Laërce, de la météorologie d'Epicure, imprimés en 1649, estime que les Fontaines, et par conséquent les rivières et les fleuves qu'elles forment, sont produites par les vapeurs que les eaux et la chaleur qui existent dans les entrailles de la terre excitent et font monter jusqu'à la voûte des cavernes et cavités souterraines, où elles s'arrêtent et se convertissent en eau ;

Que néanmoins les eaux de la pluie et des neiges fondues font la matière principale des Fontaines ;

Que ces eaux de pluie et de neige pénètrent dans la terre, et descendent par les ouvertures que présentent les montagnes, principalement celles qui sont pierreuses et caverneuses, et dans lesquelles règnent de vastes réceptacles où les eaux s'assemblent, et d'où elles sortent en Fontaines avec une force et une durée variables selon la grandeur de l'ouverture, et selon que les réservoirs sont plus ou moins spacieux.

Opinion de Lydiat.

Dans son *Traité sur les Fontaines*, imprimé à Londres en 1605, Lydiat attribue l'origine des fleuves, quant à la matière, à la mer, d'où il prétend qu'ils tirent leurs eaux, comme d'un ample et vaste réservoir, par divers canaux, par d'innombrables ouvertures qui existent dans la terre, et par où s'échappe la majeure partie de ces mêmes eaux.

Et quant à la manière dont tout cela se fait, il soutient, suivant ce que dit Aristote, qu'il n'y a point d'absurdité à croire que les eaux renfermées dans les cavernes de la terre s'élèvent jusqu'au sommet des montagnes, par la même cause qui fait que nous les voyons s'élever dans la moyenne région de l'air, laquelle cause est la chaleur, qui résout l'eau en vapeur. Lydiat regrette qu'Aristote et les partisans de son système n'aient point expliqué cette cause; et il s'imagine qu'Aristote a supposé que cette chaleur émane des rayons du soleil.

Toutefois, Lydiat ne se contente pas de cette chaleur émanée des rayons solaires, il croit en avoir trouvé une autre qui lui semble d'autant plus propre à son sujet, qu'elle doit lui servir, comme il le dit lui-même, pour un autre dessein.

Il dit donc que la chaleur est principalement et absolument nécessaire pour opérer la résolution des vapeurs en eau, selon la doctrine d'Aristote, et que le froid n'y est point nécessaire; qu'il suffit que le lieu où la vapeur est élevée soit moins chaud que celui où elle est excitée; ce qui se voit, dit-il, par l'exemple des couvercles des marmites qui arrètent et convertissent la vapeur en eau, à cause qu'ils sont moins chauds que les marmites dans lesquelles l'eau bout.

D'où il conclut que plus la chaleur sera grande, plus la vapeur sera abondante, pourvu qu'il y ait beaucoup d'eau ou d'humidité. Et comme il existe dans l'intérieur de la terre une très-grande quantité d'eau qui doit servir à la génération de celle des fleuves, il faut qu'il règne aussi dans l'intérieur de la terre une chaleur très-grande et capable de former assez de vapeur et assez d'eau pour alimenter tous les fleuves qu'on voit couler dans le monde.

Donc, toute la difficulté, dit cet auteur, c'est de savoir d'où peut venir cette chaleur.

Quelques-uns, ajoute-t-il, comme il est dit dans Cicéron au livre de la *Nature des Dieux*, croient que la terre a une chaleur qui lui est propre et qu'elle communique aux animaux pour leur donner la vie. Mais il ne partage pas ce sentiment; car, il croit au contraire que la terre, selon l'opinion des péripatéticiens, étant solide et pesante comme elle l'est, doit être froide. Ceci le conduit à discu-

ter les causes que quelques auteurs ont voulu
donner à la chaleur qu'on reconnaît généralement
exister dans l'intérieur de la terre, et qu'ils préten-
dent venir du ciel et des rayons du soleil.

Il repousse avec force cette opinion, parce qu'on
ne voit pas, dit-il, que la chaleur du soleil puisse
pénétrer au delà de quatre ou cinq pieds dans la
terre, pour les pays même où le soleil est le plus ar-
dent ; par exemple, sous la Zone Torride où les
Troglodites ne font pas leurs cavernes plus avant
dans la terre. Il ajoute que non seulement un mur
de pierres de deux ou trois pieds d'épaisseur, mais
aussi un petit arbre avec la faible quantité de feuilles qu'il peut avoir, empêche sous cette zone la
chaleur du soleil, encore que l'air d'alentour soit,
par manière de dire, tout en feu ; et que d'ailleurs
la terre est en même temps froide, à huit ou dix
pieds de profondeur, bien plus sous cette zone
qu'en aucun autre climat. D'où l'on doit conclure,
dit-il, que la chaleur qui règne dans l'intérieur de
la terre, à quarante ou cinquante toises de profondeur, ne peut pas être attribuée aux rayons du
soleil.

Et comme, d'une part, il est certain que l'eau de
la pluie ne peut pas mouiller la terre plus avant
que huit ou dix pieds, ce qui force à avoir recours
à d'autres eaux pour fournir à l'écoulement des
Fontaines ;

Et que, d'autre part, la chaleur du soleil ne peut

pas entrer plus avant que quatre ou cinq pieds sous le sol ;

Il faut trouver une chaleur autre que celle du soleil pour exciter de la vapeur dans les lieux plus profonds de la terre.

Cette chaleur, dit-il, étant située bien avant dans les entrailles de la terre, diminue à mesure qu'elle approche de la superficie où elle est dissipée en été par les rayons du soleil qui lui ouvre des passages; et elle augmente en hiver à cause qu'elle est arrêtée par le froid et la gelée, comme on le remarque dans les puits profonds.

Quand à l'origine de cette chaleur, il croit la trouver par l'observation de la chaleur des Fontaines chaudes, qui sourdent sur quelques points de la surface de la terre, et en établissant :

Premièrement, que la chaleur de ces Fontaines ne peut procéder des rayons du soleil, tant à cause de ce qui a été dit ci-dessus, que parce que ces eaux là seraient plus chaudes en été qu'en hiver, ce qui n'est pas;

Secondement, que cette chaleur ne peut point provenir de l'agitation et du mouvement que ces eaux éprouvent dans leurs cours sous terre par les différents détours pierreux où elles passent, puisque l'eau ne s'échauffe point, quelque agitée qu'elle puisse être;

Troisièmement, que cette chaleur ne tire point son origine du soufre ou de la chaux que les eaux de ces Fontaines chaudes peuvent rencontrer en leur chemin; puisque le soufre n'a aucune chaleur s'il n'est allumé, et que la chaux serait consumée depuis bien longtemps.

Et comme il n'y a point d'autre cause pour produire cette chaleur; il conclut qu'elle ne peut provenir que d'un feu souterrain, qui seul est capable de l'exciter et de l'entretenir telle qu'elle existe. Et il corrobore sa conclusion par le témoignage d'Empédocles, rapporté par Sénèque, qui veut que les eaux des Fontaines chaudes soient chauffées en passant par-dessus des lieux où règnent des feux cachés, comme on peut le conjecturer par celui du mont Etna, et autres semblables.

Opinion de Duhamel.

Duhamel considère deux espèces de Fontaines :
1° Celles qui tarissent et qui sortent du pied des montagnes ;
2° Les Fontaines permanentes qui sortent du haut des montagnes.

A celles qui tarissent, il donne la pluie et la neige pour principe; et aux autres, les eaux de la mer.

D'abord, il se fonde sur certains passages de l'Ecriture Sainte.

Ensuite, il ajoute que les eaux de la pluie, ne pouvant pénétrer la terre au delà de dix pieds, ne donnent que quelques sources qui tarissent; et puisque il y a, dit-il, d'autres Fontaines qui coulent toujours et qui sortent du haut des montagnes où la pluie ne peut ni monter, ni entrer, il faut bien que ce soit l'eau de la mer qui, après avoir abandonné son amertume, s'élève au haut des montagnes par l'effet d'un feu intérieur.

Il observe que ce sentiment se rapporte à celui d'Aristote qui dit : que l'air dans les cavernes de la terre s'épaissit et se change en eau.

Duhamel pense avec Lydiat que par ces paroles d'Aristote il faut entendre la vapeur d'eau, parce que le véritable air ne saurait suffire à former assez d'eau.

Et quant à l'élévation des vapeurs, Duhamel ajoute qu'elles montent facilement dans les conduits de la terre, puisque sur la terre elles sont élevées en l'air jusqu'aux nuées, bien que l'air soit fluide et toujours en mouvement. Car, il faut, dit-il, s'imaginer que les conduits dans la terre étant étroits, soutiennent aisément les vapeurs et les empêchent de descendre; ce qui est conforme au sentiment de Descartes.

N. B. Nous parlerons ci-après de l'opinion de Descartes.

Opinion de Wan-Helmont.

Jean-Baptiste Wan-Helmont, fameux médecin, dans un traité qu'il a fait sous le titre de *Principes inouïs de Physique*, n'appelle pas Fontaines toutes sortes d'écoulements d'eaux, quoique continuels, tels que ceux que la neige fondue ou la pluie peuvent causer. Il les considère comme trop casuels.

Il veut quelque chose de plus vivant; et pour expliquer sa pensée, il dit que la terre a autant de différents aspects que les climats et les astres peuvent lui en donner. Il fait observer que la terre se présente à nos yeux, ici noire, là grise, couverte en certains endroits de bois et de forêts, et en d'autres, de prairies.

Cette terre, si différente d'elle-même, n'est pas, dit-il, l'élément de la terre, mais plutôt les productions de cet élément.

Il ajoute que si l'on creuse profondément, il arrive qu'après avoir rencontré tantôt beaucoup de terre, tantôt du sable, tantôt des pierres, l'on parvient enfin à un sable pur et net, qui n'a aucune qualité soit métallique ou autre. Il nomme ce sable le dernier fond de la nature, lequel règne jusqu'au centre de la terre, excepté la partie qui est occupée par l'enfer.

Selon son opinion, ce sable est la véritable terre exempte de tout changement; il est comme un crible ou filtre par lequel la nature coule et passe les trésors inépuisables de ses claires et nettes eaux pour l'usage de l'univers.

Il attribue à ce sable une vertu vivifiante pour les eaux, qui fait que tant que les eaux y demeurent elles sont affranchies des lois des situations hautes et basses, en sorte qu'elles ont un mouvement général et indifférent pour toutes les parties de ce sable. Mais elles perdent cette indifférence de mouvement dès qu'elles sont sorties de ce même sable, et deviennent soumises aux lois des choses pesantes, qui les entraînent dans les lieux bas jusqu'à ce qu'elles soient rendues dans la mer, où elles demeurent en repos.

Ce célèbre médecin dit que tout ce sable, qui s'est élevé en certains endroits jusqu'à la surface de la terre, ou qui même est monté jusqu'au sommet des plus hautes montagnes entre les pierres et les rochers, garde toujours sa propriété vivifiante, et donne partout des eaux vives que les chaleurs de l'été ne peuvent diminuer. Puis il assimile le mouvement indifférent et général des eaux dans le corps de la terre à celui du sang dans le corps humain.

Il appuie son opinion sur plusieurs passages de l'Ecriture Sainte, d'où il tire occasion de distinguer deux mers, savoir : *la mer invisible*, véritable amas des eaux, régnant dans le sable pur et occupant à peu près tout le diamètre de la terre; et *la mer visible*, faible partie des eaux qui ont été créées, et comprenant l'Océan, les fleuves et les rivières qui en sont les affluents.

Il dit ensuite que les eaux des Fontaines et des rivières, étant enfin entrées dans la mer visible, en pénètrent le fond pour regagner le sable pur, et y remplir la place de celles qui en sont sorties ;

Qu'en passant par beaucoup de terres, ces eaux perdent leur salure et leur amertume;

Que les eaux des Fontaines et des fleuves, après avoir laissé les semences des minéraux et autres

qualités et vertus dans les terres qu'elles ont arrosées, retournent promptement dans la mer du dehors, et rentrent aussitôt dans la mer du dedans
(où gisent les semences de toutes choses), pour en
prendre de nouvelles.

Par où l'on voit, ajoute-il, que l'écoulement de
l'Océan dans ce sable vivifiant n'est pas inutile, et
que l'on peut attribuer à l'Océan et à ce sable vivifiant une sorte d'entendement pour que chacun
fasse si bien son devoir ; mais principalement à
l'Océan qui semble doué d'une vie à sa mode, puisque, à des temps certains et assurés, et en observant exactement les divers changements de la lune,
il élève ses eaux au milieu de son étendue, alors
même qu'il ne fait pas de vent.

Qu'ainsi, celui qui voit ces merveilles arriver
tous les jours dans l'Océan visible et extérieur, ne
doit pas s'étonner de celles qui ont lieu dans l'O-
céan invisible et intérieur ; ni de la vertu vitale
des eaux que la divine Providence a destinées à l'u-
sage des hommes.

Opinion de Papin.

Quoiqu'il pense avec Lydiat et autres auteurs,
que la mer est la véritable origine des Fontaines,
Papin n'est pas de leur avis sur la manière dont
cela peut se faire. Il en tire la cause de plus loin,
et il dit :

Que lors de la création du monde, il fut créé un
esprit qu'il appelle *concrétif* ou de concrétion,

ayant une nature moyenne entre la nature céleste
et la nature élémentaire ;

Que par le moyen de cet esprit, les corps auxquels il est mêlé reçoivent du ciel et des éléments
les qualités destructives et conservatrices de leur
être, et sont maintenus en leur forme particulière,
solidité et consistance, et en union très-étroite avec
les substances hétérogènes dont ils se composent,
ce qu'il appelle proprement *concrétion ;*

Que cet esprit concrétif, par cette qualité qu'il
possède, d'unir les choses auxquelles il est mêlé,
les resserre de telle sorte (et principalement les liquides), qu'elles prennent une forme sphérique ;

Que cet esprit fait la meilleure et la plus noble
partie du sel marin ; et que l'eau de la mer, qui
contient beaucoup de sel, se resserrant en elle-
même par la force de cet esprit concrétif, prend
une rondeur autre que celle qu'elle aurait avec la
terre, si son eau n'était point contrainte et ramassée de la sorte ;

Que cette rondeur, dans les endroits où l'Océan
est le plus large, représente à peu près un demi-
globe sur celui de la terre, et que par cette forme
les eaux de l'Océan se trouvent élevées en son milieu beaucoup au-dessus des plus hautes montagnes
du monde, quoique les bords de la mer soient de
niveau avec la rondeur de la terrre.

Cela étant supposé, il ajoute qu'il est facile à
ces eaux ainsi élevées au milieu de l'Océan de faire

monter d'autres eaux jusqu'aux sommets des montagnes par les canaux souterrains, et à travers les sables et les terres par où elles passent ; et que ces eaux se dessalent au moyen de cette même percolation dont parlent quelques auteurs que nous avons déjà nommés ;

Que ces eaux, en laissant leur salure dans les terres où elles passent, y laissent aussi cet esprit concrétif qui, n'étant plus mêlé avec de l'eau, produit des pierres.

Il ajoute encore, qu'il y a des propriétés élémentaires qui peuvent augmenter ou diminuer la vertu de cet esprit concrétif, savoir : la chaleur et l'humidité;

Que ces propriétés lui sont communiquées par l'influence des astres, et principalement des douze signes du zodiaque, auxquels il attribue différentes qualités de chaleur, de froid, d'humidité et de sécheresse.

Que ces douze signes, par leurs aspects de sentil, de trine, de quadrat et d'opposition, communiquent l'une des qualités sèche, humide, chaude, ou froide, qui sont la cause de la tension ou de la relaxation de cette concrétion, et qui produisent le flux et le reflux de la mer.

Mais de toutes ces suppositions il ne donne d'autre preuve que son témoignage. Il dit pourtant que l'esprit concrétif peut être séparé de son sujet par l'art de la chimie, et qu'on peut même le reconnaître dans les putréfactions par une acidité qui lui est particulière.

Au surplus, il prétend prouver par deux expériences l'élévation que prend la mer.

Pour la première expérience, il dit : deux hommes placés dans le même navire, l'un au tillac, l'autre sur la hune du mât ne verront pas en même temps un objet opposé.

Pour la deuxième expérience, il dit qu'il a placé son œil sur le plan d'un bassin rempli d'eau et situé sur une montagne, et qu'il a vu ce plan couper la mer. D'où il conclut que la mer était plus élevée que la montagne.

Opinion du Père François de Palissy.

François de Palissy, dans son *Traité des Fontaines*, imprimé en 1580, à Paris, soutient que les Fontaines sont engendrées par les eaux pluviales; et que les puits sont les égouts des pluies qui tombent sur les terres d'alentour.

Relativement aux eaux douces que l'on trouve dans les petites îles de la mer, il explique leur présence en ces lieux, en disant que ces eaux douces ne sont que des égouts des pluies qui tombent en divers endroits, lesquelles traversent la terre jusqu'à ce qu'elles aient trouvé fond.

Aussi, il affirme qu'on ne trouve jamais de Fontaine dans un terrain sablonneux; et qu'il faut une terre argileuse pour retenir l'eau.

Perrault discute longuement dans son livre chacune des opinions précédentes, et il les réfute

21

successivement l'une après l'autre, d'après son
opinion personnelle que voici :

Opinion de Perrault.

Perrault est opposé à l'hypothèse des cavités souterraines, admises par beaucoup de philosophes.
Il partage l'opinion des auteurs qui attribuent l'origine des Fontaines au produit des météores aqueux.
Toutefois, une grande différence dans les moyens
d'exécution distingue le système de Perrault de
l'opinion analogue émise par d'autres auteurs.

Mon opinion, dit-il, est donc que les eaux des
pluies et des neiges, qui tombent sur la terre, sont
la cause et l'origine des Fontaines.

Ce sentiment est le plus ordinaire et le plus
suivi.

Néanmoins de la façon que je conçois la chose,
il y a une différence extrême entre ma pensée et
celle de ceux qui suivent ce sentiment ordinaire.

Car, ils croient que les eaux des pluies et des
neiges fondues tombent sur la terre, la pénètrent
jusqu'à ce qu'elles aient rencontré une couche de
terre grasse ou d'autre matière qui les arrête, sur
laquelle couche elles coulent vers quelque ouverture du penchant d'une montagne ;

Et moi, je crois que la pluie ne pénètre point la
terre, ni ne descend point jusque sur cette terre
grasse.

Ils croient que les pluies qui tombent sur les

plaines hautes sont la cause des Fontaines par le moyen de cette pénétration qu'ils supposent ;

Et moi, je tiens que ces eaux-là sont perdues pour les Fontaines : car, je pense qu'elles servent seulement, soit à la nourriture des plantes et des arbres, soit à former des mares, des étangs, et des puits de peu de durée, soit à fournir des vapeurs qui produisent de la pluie, de la neige, de la grlêe.

Ils croient que les pluies qui tombent sur le penchant des collines sont perdues et de nulle utilité pour les sources ; par la raison que de ces surfaces en pentes rapides, elles roulent et tombent dans les rivières qui les conduisent à la mer ;

Et moi, je crois au contraire qu'il n'y a que celles-là qui servent à la production et à l'entretien des sources, par cette même raison qu'elles tombent dans les rivières.

Ils croient aussi que ce sont les Fontaines qui par leur réunion forment les rivières ; et que, s'il n'y avait point de Fontaine, il n'y aurait pas de rivière ;

Et moi, je crois que ce sont les rivières qui produisent les Fontaines ; et que, s'il n'y avait point de rivière, il n'y aurait point de Fontaine.

De sorte qu'il s'en faut beaucoup que nous soyons du même avis, quoique nous convenions d'un même principe. Les moyens que nous établissons de part et d'autre pour l'exécution de la chose sont tout à fait différents ; et la manière dont ils les conçoivent devient en quelque façon une opinion particulière, qu'il faut encore examiner afin de voir si elle peut être reçue.

Perrault combat ensuite l'hypothèse des cavités intérieures, et des canaux souterrains communiquant avec la mer.

Il combat pareillement l'hypothèse de l'action d'un feu intérieur résolvant en vapeurs les eaux renfermées dans le sein de la terre.

Il s'efforce de détruire l'opinion de la pénétration des eaux pluviales dans l'intérieur du sol.

Et il fonde son système sur le produit des météores aqueux, qui fournissent de grandes quantités d'eau de manière à grossir considérablement les rivières.

D'après son opinion, les cours d'eau grossis par les fortes pluies poussent dans les terres, et loin des bords habituels des rivières, des eaux qui remontent jusqu'au sommet des collines et des montagnes. Cette ascension s'exécute d'une manière invisible entre les couches des terres qui aboutissent aux lits des cours d'eau ; et les eaux pluviales ainsi extravasées, vont former les réservoirs des sources et des Fontaines qui alimentent et entretiennent les rivières.

Nous terminerons là les analyses des opinions renfermées dans le livre de Perrault.

CHAPITRE XXX.

AUTRES OPINIONS.

Aux opinions extraites de l'ouvrage de Perrault nous ajouterons les suivantes.

Opinion de Bernard Palissy.

Bernard Palissy, dans son livre : *De la nature des eaux et Fontaines* , affirme positivement que les Fontaines tirent leur origine uniquement des eaux pluviales. Ses observations nombreuses l'avaient conduit à conclure que l'organisation des premières couches de la terre est très-favorable à l'amas des eaux , à leur circulation et à leur émanation. Sa persuasion sur ce fait capital était telle , qu'il proclamait tout haut être en état d'imiter les Fontaines naturelles , en élevant un petit monticule de terrassement formé de diverses couches superposées, dont la distribution aurait été la même que celle qu'il avait remarquée à la surface de la terre dans les lieux qui offrent des Fontaines.

Opinion de Mariotte.

Mariotte soutient l'hypothèse des eaux pluviales.

Il dit que les vapeurs aqueuses qui s'élèvent des mers, des rivières et des terres humides , montent

dans l'atmosphère jusqu'à la moyenne région de
l'air, où elles forment des nuées en se refroidis-
sant;

Que ces vapeurs ne peuvent pas monter plus
haut que cette moyenne région, parce qu'elles y rencontrent un air moins condensé que celui qui est
proche de la terre, et que cet air étant moins pesant que les vapeurs condensées ne saurait les
soutenir;

Que ces vapeurs agitées par les vents se rencontrent, se mêlent et s'attachent ensemble , de sorte
que de plusieurs gouttes imperceptibles il se forme
d'assez grosses gouttes, qui commencent à peser
plus que l'air qui est au-dessous;

Que ces gouttes ainsi formées descendent peu à
peu; que dans leur chute elles rencontrent d'autres gouttes plus petites dont elles s'emparent; d'où
il arrive qu'elles se grossissent successivement,
et par ce moyen elles deviennent enfin des gouttes
de pluie.

Ensuite il discute les différentes grosseurs que
prennent les gouttes de pluie, suivant la hauteur
d'où elles descendent, et suivant la saison pendant
laquelle s'exécute leur chute. Puis il réfute une erreur d'Aristote sur le fait de la chute des gouttes de
pluie.

D'après ce qu'on a souvent remarqué par les dégâts que fait la grêle qui tombe d'une seule nuée,
Mariotte assure qu'une seule nuée, poussée par des

vents impétueux, peut donner de la pluie successivement sur un espace de plus de 50 lieues.

Puis il ajoute :

Les pluies étant tombées, pénètrent dans la terre
par de petits canaux qu'elles y trouvent. Aussi,
lorsqu'on creuse dans le sol un peu profondément,
on rencontre d'ordinaire de ces petits canaux, dont
les eaux s'assemblent au fond de la cavité creusée
et constituent l'eau des puits.

Mais l'eau des pluies qui tombent sur les collines
et sur les montagnes, ayant pénétré la surface de
la terre (principalement quand elle est mêlée de
cailloux ou de racines d'arbres), rencontre souvent
de la terre glaise ou des rochers continus, le long
desquels elle coule parce qu'elle ne peut pas les pénétrer, et suit la voie qui lui est ainsi assignée,
jusqu'à ce qu'étant arrivée au bas de la montagne
ou à une distance considérable du sommet, elle se
fait jour au dehors et forme des Fontaines.

Cet effet de la nature est aisé à prouver.

Car, premièrement, l'eau des pluies tombe toute
l'année en assez grande abondance pour entretenir
les Fontaines et les rivières, comme on le fera voir
ensuite par le calcul.

Secondement, on remarque tous les jours que
les Fontaines augmentent ou diminuent à mesure
qu'il pleut ou qu'il ne pleut pas, et s'il se passe
deux mois entiers sans pleuvoir considérablement,
elles diminuent la plupart de la moitié; et si la sécheresse continue encore deux ou trois mois, la

plupart tarissent, et les autres diminuent des 2/3 ou des 3/4. D'où l'on peut conclure que s'il cessait un an entier de pleuvoir, il ne resterait que fort peu de Fontaines, ou que même elles cesseraient toutes entièrement.

Les grandes rivières, comme la Seine, diminuent souvent à la fin de l'été de plus des 5/6 de la grandeur qu'elles ont après les grandes pluies, quoique la sécheresse ne dure pas trois mois de suite; et s'il y a quelques Fontaines qui ne diminuent que de la moitié ou du tiers, cela provient de ce qu'elles occupent de grands réservoirs à petites issues qu'elles ont creusés dans les rochers, dont les débris très-déliés et résultant d'érosions successives ont été emportés par les eaux. D'où il résulte aussi que ces Fontaines ne croissent pas autant que les autres par les pluies continuelles.

Après cela, Mariotte combat l'opinion de ceux qui pensent que les Fontaines tirent leur origine des vapeurs qui s'élèvent du fond de la terre, lesquelles rencontrent au haut des montagnes des rochers creusés en forme de voûtes, s'y réduisent en eau comme dans le chapiteau d'un alambic, et que cette eau coule ensuite au pied ou au penchant des Montagnes.

Enfin, il réfute l'objection que plusieurs auteurs ont faite contre la pénétration des eaux pluviales dans le sol.

Opinion de Pluche.

Pluche est encore un auteur qui soutient l'hypothèse des eaux pluviales.

Nous extrayons textuellement de son *Spectacle de la Nature*, tome III, page 158, les lignes suivantes :

« La première couche de la montagne de Laon est un sable léger, etc., etc., etc.

» La sixième couche *est la terre forte* sur laquelle se trouve l'eau des puits, celle des Fontaines et de l'étang qui est creusé dans le jardin des Révérends Pères Bénédictins de St-Vincent, etc., etc., etc.

Après cet exposé.....

» Je vous demanderai, mon cher chevalier, d'où vous pensez que proviennent les eaux qui roulent sur la terre forte.

» Viennent-elles de dessous?

» En ce cas, il faudra apparemment recourir à la mer.

» Viennent-elles de dessus?

» En ce cas, elles proviennent des pluies qui de la surface s'assemblent dans les arènes, et qui s'y arrêtent parce que la terre forte les empêche de descendre plus bas.....

» *Le Chevalier...* Toutes les eaux des Fontaines, comme celles des puits, viennent visiblement des pluies qui s'insinuent dans les couches du dehors, et s'arrêtent dans les arènes sur le lit de la terre forte.

» *Le Président...* Le gazon, dont les terrains vides sont revêtus, peut bien empêcher que l'eau ne s'insinue partout. Mais ces herbes n'empêchent point l'eau de trouver une multitude de petites ouvertures pratiquées par différents animaux, ou des rigoles qui serpentent sous terre, et portent les eaux dans les arènes. Quant à la roche, je vous ai averti qu'elle est toute rompue.

» *Le Chevalier...* Voilà des ouvertures suffisantes. Je n'ai plus de peine à comprendre comment l'eau de pluie peut passer des grandes places, des cours et des jardins au travers de toutes ces fentes, et parvenir de couche en couche jusqu'à l'argile qui soutient l'étang, les Fontaines et les puits.

» *Le Président...* Il est donc sensible, par la seule inspection des dehors et des dedans de la petite montagne que nous avons choisie pour exemple, que les eaux de pluie pénètrent fort avant dans la terre, et qu'elles sont la cause, tant de la naissance que de l'entretien des Fontaines et des puits. »

CHAPITRE XXXI.

—

CONSIDÉRATIONS GÉNÉRALES SUR LES DIVERS SYSTÈMES.

Comme on le voit, par ce qui a été exposé dans les quatre chapitres précédents, ce n'a été que bien tard et dans les siècles assez rapprochés du nôtre que les philosophes et les physiciens se sont occupés sérieusement et avec quelques détails du grand problème de l'origine des Fontaines.

Cette conclusion résulte de la connaissance des principales opinions qui ont été émises dans l'espace de plus de 2000 ans, depuis Platon jusqu'à Pluche.

Pendant longtemps, les savants ont beaucoup disputé sur les moyens que la nature emploie pour produire les sources; parce qu'on s'occupait à former des hypothèses dans le cabinet, au lieu d'aller étudier le phénomène sur les montagnes, dans les vallées, dans les grottes naturelles, dans les lieux mêmes où il s'opère habituellement. De toutes ces discussions est sortie une foule de systèmes, dont les uns tendent vers le vrai, tandis que les autres ne s'appuyent que sur des hypothèses plus ou moins dénuées de fondement.

M. P. Perrault, dans son livre intitulé : *Origine des Fontaines*, a publié 22 opinions, lesquelles, jointes à celle de Perrault lui-même, et à celles de Bernard Palissy , de Mariotte et de Piuche, constituent un ensemble de 26 opinions , qui toutes se rapportent à deux principales , et se groupent par conséquent en deux classes.

D'après les unes, les Fontaines tireraient leur origine uniquement des pluies. Celles-là sont dans le vrai.

D'après les autres , les Fontaines n'emprunteraient leurs eaux que de la mer. Celles-ci reposent sur l'absurde.

Ce sont là , à quelques variantes près , relativement aux moyens employés par la nature, les deux opinions qui, dans les siècles passés , ont partagé les suffrages des philosophes et des physiciens, et ont formé deux grandes écoles.

Des noms justement célèbres ont figuré dans chacune des deux écoles. Mais les auteurs se sont bornés généralement à des moyens très-imparfaits pour expliquer la formation des sources, des Fontaines; d'où il est résulté des théories peu satisfaisantes , parce qu'elles manquent de clarté et qu'elles sont incomplètes.

Le chapitre suivant sera consacré au développement, dans tous ses détails, du système actuellement admis sur l'origine des Fontaines ; et dans le présent chapitre nous allons exposer succintement les raisons qui ont fait abandonner les opinions émises antérieurement au système actuel.

1° HYPOTHÈSE DES EAUX DE LA MER.

Les auteurs qui ont soutenu l'opinion que les Fontaines n'empruntent leurs eaux que de la mer, ont supposé qu'il existe généralement, à la base et dans l'intérieur des montagnes, des cavités plus ou moins élevées, et terminées vers le haut par des rochers en forme de voûtes.

Ils ont supposé en outre, que ces cavités communiquent avec la mer par des canaux souterrains, et que ces canaux conduisent sans cesse l'eau de la mer dans les cavités des montagnes.

De ces réservoirs, et d'après quelques auteurs, les eaux de la mer s'insinueraient dans les fissures des rochers, et viendraient se faire jour à la surface du sol pour s'échapper en Fontaines. Mais, comme les Fontaines naturelles donnent généralement de l'eau douce, il était difficile d'expliquer comment la salure de l'eau de la mer disparaissait.

Quelques auteurs ont cherché à faire évanouir cette difficulté de la salure, et pour cela ils ont eu recours à divers moyens.

Les uns ont prétendu que l'action capillaire faisait monter l'eau de la mer dans les interstices des rochers et le long des parois des grottes souterraines; que ces eaux, arrivées par ce moyen à une certaine hauteur, rencontraient de petits canaux qui les conduisaient à l'extérieur des montagnes, et

qu'ainsi la salure disparaissait. Mais ils ne s'inquié-
taient pas de ce que devenait le sel marin, et des
dépôts énormes de cette substance qui devaient se
former continuellement dans les cavités souterraines dont ils supposaient l'existence.

D'autres, pour faire disparaître la salure, ad-
mettaient à la fois l'action capillaire et l'action du
feu central. Ils prétendaient que de la combinaison
de ces deux actions résultait une force qui soule-
vait et soutenait les eaux dans les points les plus
élevés des parois des grottes souterraines; et que,
par les fissures des rochers, par les interstices des
couches des terrains, ces eaux venaient se faire
jour au dehors. D'après eux cette double action ne
laissait pas monter le sel, et les Fontaines ainsi alimentées devaient donner de l'eau douce. Mais ceux-
ci, comme les précédents, ne pouvaient éviter la
difficulté des amas de sel marin dans les cavités
qu'ils supposaient exister au sein des montagnes.

Quelques-uns enfin, pour faire disparaître la
salure de l'eau de la mer, ont eu recours à une
distillation naturelle, s'opérant par l'action du feu
central dans les cavités souterraines. Ils supposaient comme les autres, les mêmes cavités dans
l'intérieur des montagnes, et les mêmes canaux
souterrains qui conduisaient l'eau de la mer dans
ces cavités.

Système de Descartes.

Parmi les opinions des derniers auteurs dont

nous venons de parler, le système qui a eu le plus de vogue est celui appelé le *Système de Descartes*.

Mais la théorie de Descartes ne faisait pas disparaître la difficulté des amas de sel dans les cavités souterraines. Ce système supposait qu'il règne dans les cavernes situées vers la base des montagnes une chaleur capable de convertir les eaux en vapeurs. Pendant cette distillation, disait Descartes, les eaux de la mer perdent leur salure; les vapeurs s'élèvent en vertu de leur légèreté relative dans l'intérieur des montagnes, se condensent en eau douce contre les parois supérieures des terrains, et ces eaux douces s'écoulent au dehors par les fentes des rochers, par les fissures des terres, comme l'eau distillée coule par le bec d'un alambic; et ainsi se trouve entretenue à la surface du sol une continuelle humidité pour alimenter la végétation.

Cette théorie de Descartes, servait à expliquer la prétendue existence de sources au point culminant de certaines montagnes; et ce prétendu fait était même l'argument principal sur lequel s'appuyait tout le système. Mais il a été reconnu par une examen attentif, que les sommets des montagnes qui possèdent des sources reçoivent une quantité d'eau plus grande que celle que ces sources fournissent, ou bien que ces sommets sont dominés par quelques montagnes voisines dont les eaux d'infiltration alimentent en totalité, ou en partie, les susdites sources.

Aussi, ce système de Descartes, comme les précédents, est-il abandonné.

Perrault et Mariotte ont combattu victorieusement les systèmes qui s'appuyaient sur l'existence de cavités souterraines et des canaux qui mettaient ces cavités en communication avec la mer.

Voici du reste comment Mariotte réfute la dernière hypothèse :

« Quelques philosophes, dit-il, apportent un autre cause de l'origine des Fontaines, savoir : qu'il s'élève des vapeurs du profond de la terre, lesquelles rencontrent des rochers au haut des montagnes, en forme de voûtes, s'y réduisent en eau comme dans le chapiteau d'un alambic, et que cette eau coule ensuite au pied ou dans le penchant des montagnes.

» Mais cette hypothèse se peut difficilement soutenir.

» Car, si A B C, Planche IV, Fig. 1, est une voûte dans une montagne D E F, il est manifeste que si les vapeurs se réduisaient en eau dans le concave de cette surface A B C, cette eau tomberait perpendiculairement vers H G I, et non vers L ou M; et par conséquent, elle ne ferait jamais aucune Fontaine.

» D'ailleurs, on nie qu'il y ait beaucoup de telles cavernes dans les montagnes, et on ne saurait les faire voir.

» Que si l'on dit qu'il y a de la terre à côté ou au-dessous de A B C, on répondra que les vapeurs s'échapperont à côté vers A ou C, et qu'il s'en résoudra fort peu en eau; et parce qu'on voit presque toujours de la terre glaise où il y a des Fontaines, il est très-vraisemblable que ces prétendues eaux alambiquées ne pourraient passer au travers, et par conséquent que les Fontaines ne peuvent être produites par cette cause. »

2° HYPOTHÈSE DES EAUX PLUVIALES.

Parmi les auteurs qui ont soutenu l'hypothèse des eaux pluviales, Vitruve, Bernard Palissy, Perrault, Mariotte, le Père François de Palissy, Pluche, Desmarest ont contribué, soit par leur opinion personnelle, soit par des observations et par des expériences nombreuses, à détruire l'hypothèse des réservoirs situés sous les montagnes et alimentés par les eaux de la mer.

Mais ces auteurs laissent tous quelque chose à désirer. Les uns n'ont développé que d'une manière plus ou moins incomplète le système qu'ils admettent : ils manquent d'argument, de conséquence, de conclusion; ou bien, ils manquent du caractère de généralité en rapportant des observations faites sur un point particulier. Ceux-ci sont diffus et obscurs. Ceux-là font regretter dans l'exposition de leur opinion des écarts et des déviations de la véritable route qu'ils avaient d'abord suivie.

Vitruve était sans doute dans le vrai ; mais il entrevoit seulement la vérité, et ne donne qu'un simple aperçu sans théorie.

Bernard Palissy était aussi dans le vrai, lorsqu'il

22

proclamait tout haut qu'il pouvait imiter les Fontaines de la nature, en élevant des tertres, des mon-
ticules composés de diverses couches et à l'instar
de ceux que la nature à formés pour produire des
Fontaines. Mais cela ne constitue pas un système ;
c'est seulement une opinion partielle. Il aurait
fallu ajouter des explications, faire connaître les
moyens, raisonner les procédés, et conclure par des
résultats.

P. Perrault, qui est un de ceux qui ont le plus
contribué à établir l'hypothèse des eaux pluviales,
nous paraît être tombé dans une erreur profonde,
et dévier de la véritable voie, lorsqu'il prétend que
les cours d'eau grossis par les fortes pluies poussent dans les terres, et loin de leurs bords habituels, des eaux *remontant jusqu'aux sommets des
collines et des montagnes*, entre les couches de
terre qui aboutissent au canal des ces cours d'eau;
et que par cette ascension invisible, puisqu'elle
s'exécute sous terre, les eaux extravasées vont former les réservoirs des sources et des Fontaines qui
alimentent les rivières.

Mariotte a donné une théorie qui est vraie, mais
trop peu développée sur plus d'un point. On regrette qu'il n'ait pas insisté sur les détails; et principalement sur le fait de la pénétration des eaux
pluviales dans l'intérieur de la terre et de la formation des nappes et des réservoirs souterrains qui
alimentent les Fontaines.

Le Père François de Palissy est tout à fait dans

le vrai ; mais les détails et les explications qu'il laisse désirer dans l'exposé de ses idées rendent son opinion trop incomplète.

Pluche a donné des détails sur la pénétration des eaux pluviales à travers le sol. Mais ses raisons manquent du caractère de généralité, parce que les observations qu'il a faites ne portent que sur un seul point : la montagne de Laon.

Quand à M. Desmarest ; on pourra consulter (au mot Fontaine) le beau travail que cet académicien distingué a fait insérer dans l'*Encyclopédie métho-dique*, éditée par d'Alembert, etc., 1775. C'est un travail consciencieux, plein de détails et d'érudition, que l'on peut considérer comme ce qui a paru de plus complet sur cette matière. Mais il est un peu diffus et manque par là même de clarté. Aussi, ce n'est pas sans quelque peine que l'on y trouve les divers éléments du système actuellement admis sur l'origine des Fontaines ; et l'on peut dire que dans cet article M. Desmarest a fait plutôt l'histoire de la science fontainière qu'un traité théorique sur les sources naturelles. C'est en effet ce qu'il devait faire dans un article d'encyclopédie.

Tous ces auteurs se sont attachés spécialement à détruire de fond en comble et à faire abandonner l'opinion des souterrains alimentés par les eaux de la mer; et c'est là un véritable mérite. Car, par leurs observations, par leurs expériences et par les résultats de leurs calculs, ils ont jeté une vive lu-mière dans la question des Fontaines. Mais ils sont plus ou moins incomplets dans l'exposition de la théorie sur laquelle ils établissent l'hypothèse des météores aqueux comme cause des Fontaines naturelles.

Le plus grand argument que Perrault et Mariotte aient fourni en faveur du système qui admet le produit des pluies comme cause des Fontaines, est la preuve de fait tirée de la comparaison entre la quantité moyenne des eaux pluviales et la dépense de la Seine. Cette preuve de fait est concluante ; nous en parlerons dans la chapitre suivant.

Ainsi, de tous les auteurs qui admettent en principe l'hypothèse des eaux pluviales comme cause des Fontaines naturelles, aucun, du moins que je connaisse, n'a donné *in extenso*, d'une manière spéciale, claire et satisfaisante, les démonstrations et les détails qui doivent servir de fondement à ce système. De sorte que, bien qu'elle soit généralement admise aujourd'hui, cette opinion n'est pas écrite complétement. Car, depuis les travaux des Palissy, de Mariotte, de Perrault, de Pluche et de Desmarest, personne, que je sache, n'a encore rassemblé les idées éparses qui se rapportent à ce système, pour les coordonner en corps de doctrine et former de leur ensemble une théorie raisonnée et solidement établie.

Nous nous proposons de développer ce système d'une manière complète dans le chapitre suivant.

CHAPITRE XXXII.

SYSTÈME ACTUEL SUR L'ORIGINE DES FONTAINES NATURELLES.

On admet actuellement que les Fontaines naturelles tirent leur origine des faits physiques suivants :

1° L'évaporation qui a lieu continuellement à la surface des eaux et des terres humides.

2° La condensation des vapeurs d'eau qui se convertissent en eau coulante par leur contact avec les sommets des hautes montagnes.

3° Le produit des pluies, des neiges et généralement des météores aqueux qui tombent sur le sol.

Et c'est là le véritable système : car, comme dit M. Desmarest, *n'est-on pas dans la règle lorsqu'on part de faits, qu'on combine des faits pour en expliquer d'autres, surtout après s'être assuré que les premiers faits sont les éléments des derniers ?*

Nous allons passer en revue chacun de ces trois faits ; ensuite nous prouverons que de leur combinaison résulte la formation et l'entretien continuel des Fontaines et de tous les cours d'eau.

1° L'ÉVAPORATION.

Nous savons déjà, d'après ce qui a été dit (chapitre 1er, pages 18 et 20) que, en toute saison et à toute température, des vapeurs aqueuses s'échappent de la surface des eaux et de tous les corps qui contiennent de l'humidité. Ainsi, de tous les ruisseaux, de toutes les rivières, de tous les fleuves, de tous les lacs, de toutes les terres humides s'exhalent continuellement des vapeurs aqueuses. C'est là un fait bien constaté. Mais c'est la mer principalement qui doit être considérée comme le grand réservoir d'où s'exhalent sans cesse des masses énormes de vapeurs humides qui montent dans l'atmosphère en vertu de leur légèreté relative et se répandent dans tous les sens à cause de leur expansibilité.

Ici se présente naturellement la question suivante :

Quelle est la quantité moyenne de vapeur d'eau qui s'élève journellement, et quelle épaisseur d'eau le phénomène de l'évaporation enlève-t-il moyennement dans la durée d'une année entière?

Le calcul de l'évaporation journalière, ou même annuelle pour un lieu déterminé, est très-facile à faire, d'après ce qui a été dit (page 23) sur la mesure de l'évaporation.

Les expériences ont constaté que la perte provenant de l'évaporation est variable suivant la saison, la position des lieux, l'état de l'atmosphère, et suivant la latitude. Elle est moyenne dans la zone tempérée, moindre dans la zone glaciale et très-forte dans la zone torride.

Le physicien Halley ayant pris de l'eau salée au

même degré que l'est ordinairement l'eau de la mer, c'est-à-dire, celle qui a dissout une quantité de sel égale à 1/32 de son poids, et ayant exposé, cette eau à une chaleur de 25 à 28 degrés, qui est la température de nos étés les plus chauds, a trouvé qu'au bout de 12 heures l'eau avait diminué d'à peu près l'épaisseur d'une ligne. Calculant ensuite par approximation l'étendue de la mer en lieues carrées, il a trouvé que l'évaporation enlève chaque jour de 12 heures, sans compter les nuits, plus de 20,000,000,000 de pieds cubes d'eau.

Enfin, par le rapprochement des divers résultats obtenus sur une foule de points, on a trouvé que la quantité d'eau que l'évaporation fait perdre annuellement à la masse des mers est égale à une couche d'un mètre d'épaisseur prise sur toute la surface.

L'énorme quantité de vapeur ainsi formée continuellement monte dans l'air; de sorte que le globe terrestre se trouve enveloppé continuellement par deux atmosphères : l'une d'air, l'autre de vapeur; lesquelles, comme nous l'avons dit (page 28), sont formées d'après les mêmes lois et se déploient simultanément dans le même espace.

En outre, il s'exhale des masses considérables de vapeurs de toutes les surfaces des cours d'eau, des lacs, des terres humides, etc. Mais en faisant abstraction de ces dernières évaporations, et en ne tenant compte que de celles qui ont lieu à la surface des mers; si la quantité des vapeurs que ren-

ferme l'atmosphère et qui provient annuellement
de la mer, était réduite tout d'un coup en pluie,
également distribuée sur le sol, elle produirait une
couche liquide de $0^m,75$ d'épaisseur sur toute la surface du globe. Car, nous savons (page 55) que les
mers occupent environ les 3/4 de la surface de notre
planète. Or, une couche d'eau d'un mètre d'é-
paisseur prise sur les 3/4 de la surface et répandue
également sur la surface entière donne $0^m,75$
d'épaisseur sur chaque point de cette surface totale.

C'est là un premier fait acquis à la science.

Passons au second fait qui est la condensation
des vapeurs d'eau.

2° CONDENSATION DES VAPEURS D'EAU.

Il a été déjà démontré qu'il existe une circulation continuelle de vapeurs aqueuses qui, s'échappant des surfaces liquides ou humides, montent
dans l'atmosphère et s'y répandent en tous sens; et
même la quantité annuelle de ces vapeurs a été
calculée.

Eh bien, lorsque ces vapeurs viennent à rencontrer les sommets des hautes montagnes, qui sont
dans des régions où la température est presque
toujours au terme de la glace, ou à peu près, elles
se condensent aussitôt par le contact de ces corps
froids et se convertissent en eau.

Ce phénomène, tout à fait analogue à celui de la

rosée (page 113), a lieu sur les sommets des montagnes principalement pendant la nuit.

La condensation des vapeurs aqueuses est très-
fréquente sur les sommets des montagnes de
moyenne élévation; car, on sait que les montagnes
exercent une attraction puissante sur les corps qui
se trouvent dans leur voisinage, et par conséquent
sur les vapeurs de l'atmosphère.

Or, voici ce qui se passe :

D'abord, les vapeurs attirées qui sont les plus
voisines de la montagne se condensent au contact
des parties froides; puis, dès que les premières vapeurs sont condensées, celles qui les suivent et qui
les pressent en vertu de leur élasticité, viennent
se mettre en contact avec le sommet pour s'y condenser à leur tour, et sont remplacées par d'autres
qui subissent la même transformation.

Toutefois, ces condensations successives n'ont
lieu qu'en temps calme et serein, et ordinairement
pendant la nuit. Les vents empêchent la formation
de ce phénomène, parce que, sous l'impulsion des
vents, les vapeurs atmosphériques étant agitées et
déplacées vivement, ne font que choquer les sommets des montagnes et n'y séjournent pas assez
de temps pour se condenser jusqu'à saturation.
Pareillement l'action des rayons solaires, ou une
haute température dans l'air atmosphérique s'opposent aussi à la condensation des vapeurs sur les
sommets de moyenne élévation.

Mais la condensation des vapeurs atmosphériques est presque continuelle sur les sommets des montagnes très-élevées. Aussi, voit-on ces sommités presque toujours environnées d'une ceinture de brouillards. La masse de ces brouillards ne provient pas seulement des nuages épars dans l'air et qui sont visiblement attirés par la montagne ; mais elle provient aussi des vapeurs qui sont répandues dans l'atmosphère à l'état invisible, tant qu'elles sont raréfiées, et qui deviennent apparentes et forment des brouillards qui se résolvent en eau, dès qu'elles sont parvenues assez près de la montagne, ou au point de contact.

L'eau résultant des condensations dont nous venons de parler coule le long des rochers, et, comme le dit M. Patrin : « Cette eau pénètre dans les interstices des feuillets presque verticaux des roches qui constituent les sommets des hautes montagnes ; elle s'y fraye des routes qui s'élargissent avec le temps. Peu à peu les feuillets de la roche se détachent et tombent ; voilà le commencement d'un petit ravin qui s'approfondit insensiblement. Les eaux qui découlent des rochers voisins s'y rendent et pénètrent dans les fissures verticales qui sont au fond du ravin ; puis elles descendent à des profondeurs plus ou moins considérables, et finissent par paraître au jour sur le flanc ou vers la base de la montagne. »

De pareilles condensations des vapeurs atmosphériques ont lieu sur les sommets les plus élevés où règnent des neiges et des glaces perpétuelles.

Ici les vapeurs condensées se convertissent non
seulement en eau coulante, mais le plus ordinairement en neiges ou en glaces, formant sur la masse
ancienne des couches nouvelles qui s'accumulent
successivement. Or, tandis que le glacier s'accroît
ainsi par les condensations successives qui s'opèrent à sa partie supérieure, il s'use et se fond à sa
partie inférieure qui est en contact avec la montagne et soumise à l'influence de la chaleur propre
du globe. En sorte que, par ces compensations, les
pertes éprouvées par-dessous sont réparées par-
dessus ; et la masse de neiges et de glaces qui
couronne ces sommités demeure constamment à
peu près la même, bien qu'elle se renouvelle partiel-
lement chaque jour , et dans son entier au bout
d'un certain temps.

Les couches successives de neiges ou de glaces
provenant de la condensation des vapeurs aqueuses
se superposent dans l'ordre de leur formation , et
descendent progressivement vers la montagne, à
mesure que les couches inférieures s'en vont par
la fusion. Ce n'est donc qu'au bout d'un certain
temps que les couches qui étaient d'abord au-dessus
voient arriver leur tour de se mettre en contact avec la montagne, et de revenir à l'état liquide.

Mais, quel que soit le temps qu'emploient les
couches supérieures pour venir se mettre en contact avec la montagne, le phénomène de la liqué-

faction des couches inférieures du glacier est permanent.

Une partie des eaux résultant de la liquéfaction des couches inférieures des glaciers s'infiltre, par l'effet de la pesanteur, dans les interstices des rochers, pénètre dans les fissures, dans les pores du sol pour aller former plus loin des sources, des Fontaines; ou bien elle s'introduit dans les couches perméables dont elle rencontre sur son passage les tranches épanouies et disposées comme à dessein pour la recevoir. Cette partie obéissant toujours aux lois de la pesanteur et à celles de l'hydrostatique, circule dans les couches perméables des terrains, s'étend en nappes intérieures d'étendue et de puissance variables, et va former des lacs ou des Fontaines dans des lieux souvent fort éloignés du glacier alimentateur.

Une autre partie de ces eaux, celle qui manque les tranches perméables des terrains ou qui ne peut y être reçue à cause de son abondance, forme sur place, sur le lieu même, des lacs plus ou moins vastes et profonds, ou bien des sources d'eaux vives et roulantes qui s'échappent de la lisière inférieure du glacier et descendent jusqu'à la base de la montagne en ruisseaux ou en rivières qui ne tarissent jamais, parce que la source alimentatrice ne cesse pas de fournir. Telle est, par exemple, l'origine de l'abondante source de l'Aveyron qui sort comme un torrent de l'antre de glace qu'on admire au bas du *Glacier des bois* dans la vallée de Chamouni.

3° PRODUIT DES PLUIES, ETC.

La pluie, la neige, la grêle sont des météores aqueux qui tombent accidentellement, soit sur les montagnes, soit dans les plaines.

Nous avons parlé longuement (page 93), de l'origine et de la formation de la pluie. Nous avons parlé de la grêle et de la neige (page 112).

Ce sont encore les condensations des vapeurs aqueuses qui produisent la pluie, la neige et la grêle. Mais ces condensations ne sont pas locales comme celles dont nous avons parlé dans le paragraphe précédent. Elles n'ont pas non plus la permanence, ni même la fréquence de ces dernières. Elles sont tout à fait accidentelles, se formant capricieusement dans telle ou telle autre région de l'atmosphère. Le phénomène de la pluie a une durée très-variable et s'étend plus ou moins loin. Mais souvent il occupe une étendue qui lui donne un certain caractère de généralité; et dans toutes circonstances, la pluie tombe indifféremment sur les montagnes, sur les plaines, et sur toute contrée qui se trouve au-dessous du nuage en liquéfaction.

La pluie tombe en neige pendant certains jours de la saison d'hiver dans les contrées tempérées; elle tombe en neige pendant plusieurs mois de l'année dans les contrées froides. La neige tombe souvent sur une surface de très-grande étendue.

Quant à la grêle, elle ne tombe guère que pendant l'été; sa chute est de courte durée; le phénomène de la grêle est assez rare et ne s'étend pas au loin.

La neige et la grêle n'étant que de la pluie congelée, nous les comprendrons dans le phénomène de la pluie. Ainsi, en parlant des quantités d'eau qui tombent sur la surface du globe, il sera sous-entendu que nous y comprenons les chutes de neige et de grêle, comme formant un tout destiné à humecter la surface du sol et à entretenir l'écoulement des Fontaines.

De toute la quantité d'eaux pluviales qui tombe sur la surface du globe une partie formée des eaux sauvages roule en torrents, principalement dans les grandes pluies, et va grossir momentanément les rivières et les fleuves. Une autre partie s'exhale par évaporation dans l'atmosphère. La troisième partie est absorbée par le sol.

C'est seulement cette troisième partie qui concourt à la formation des Fontaines, à l'entretien des ruisseaux, des rivières, des fleuves.

Or, la pluie tombe sur la plaine, ou sur les montagnes. Nous considérerons donc cette troisième partie des eaux pluviales dans deux circonstances.

1re Circonstance.

Si la pluie est tombée sur la plaine, cette troisième partie des eaux pluviales humecte la terre végétale, puis, obéissant aux lois de la pesanteur, elle filtre à travers le sol perméable jusqu'à ce qu'elle

rencontre une couche d'argile, ou de marne, ou
une couche stratifiée et assez compacte pour l'arrêter; ou bien elle continue à descendre jusqu'à la
roche sur laquelle repose le sol de la plaine.

Dans le premier cas, elle s'étend en nappes ou
circule sur cette couche, suivant toutes ses pentes
et ses sinuosités, et finit par paraître au jour, dans
le voisinage, en Fontaines qui diffèrent souvent soit
par l'abondance soit par la constance de leur débit;
ou bien, parvenue à l'extrémité de cette couche elle
trouve un terrain perméable qui l'absorbe et lui
permet de descendre plus bas, pour aller sortir
plus loin.

Dans le second cas, elle circule sur cette roche,
s'insinue dans toutes les failles, dans toutes les fissures que la roche lui présente; passe ainsi entre
d'autres couches qui la conduisent jusqu'à sa sortie dans quelques lieux plus bas de cette plaine.

2e Circonstance.

Si la pluie est tombée sur des montagnes, cette
troisième partie des eaux pluviales, quand elle est
reçue par les points les plus élevés de la montagne,
s'insinue entre les feuillets ordinairement verticaux,
ou peu inclinés, de la roche qui constitue le sommet de la montagne; se joint au produit des condensations qui s'opèrent fréquemment sur ces lieux;
se forme en filets, en veines, et après avoir circulé
souterrainement à diverses profondeurs, elle va

sourdre non loin de là en Fontaines peu volumineuses.

Quand la pluie est reçue par les versants de la montagne, elle aboutit directement, ou par la réunion des eaux sauvages, dans les couches perméables dont les tranches redressées s'appuyent et se montrent à nu sur ces versants. De là, en suivant les lois de la pesanteur et celles de l'hydrostatique, elle va former sous le bassin circonscrit par les montagnes, des nappes d'où elle s'échappe en Fontaines ordinairement voisines de l'escarpement qui limite la plaine.

Quand les couches perméables qui contiennent ces eaux sont plus intérieures et vont aboutir au-dessous du niveau des plaines, elles forment des nappes d'eau qui entretiennent les puits, ou des sources qui s'échappent au milieu des pays plats. Quelquefois même ces nappes, après avoir parcouru la plaine intérieurement, remontent sur le versant de la montagne qui termine le bassin et y portent à une certaine hauteur une Fontaine qui jaillit de l'extrémité d'un aqueduc naturel formé par les faces de deux couches imperméables courbées en siphon renversé dont l'autre branche commence à un point plus élevé de la montagne opposée. Quelquefois aussi ces couches s'étendent sous les eaux de la mer, en s'abaissant insensiblement pour former son bassin, et y conduisent des eaux douces qui alimentent de très-bons puits sur ses

bords, ou des sources qui jaillissent sous l'eau
salée.

Preuves du système.

De la combinaison des trois faits que nous venons
de passer en revue résultera l'origine des Fontaines, et par suite celle des lacs, des ruisseaux, des
rivières et des fleuves, si l'on établit, 1° que la pénétration des eaux pluviales a lieu dans le sein de
la terre ; 2° que la quantité moyenne annuelle des
eaux pluviales suffit largement pour fournir au débit de toutes les Fontaines et de tous les cours
d'eau qui existent ; et pour faire face à la dépense
occasionnée, soit par les végétaux, soit par l'évaporation sur tous les continents.

1° PÉNÉTRATION DES EAUX PLUVIALES.

Relativement à la pénétration des eaux pluviales
dans le sein de la terre, l'académicien M. de la Hire
a fait pendant 17 années une suite d'observations
qui prouvent que dans un fonds solide les eaux de
la pluie ne pénètrent pas à 16 ou 18 pouces ($0^m,432$
ou $0^m,486$) en assez grande quantité pour former
le plus petit amas d'eau.

Cela est vrai, et la même impénétrabilité, comme
l'observe M. Desmarest, doit avoir lieu sous les
lacs, sous les étangs, sous les mers ; sans quoi
toutes les eaux auraient déjà disparu de la surface,
en pénétrant indéfiniment dans les profondeurs
du globe.

Mais si les eaux pluviales ne peuvent pénétrer

que superficiellement le sol dans le sens de son
épaisseur et verticalement, elles peuvent parcourir diverses couches perméables dans le sens de
leur longueur, soit que ces couches aient une position inclinée, soit qu'elles aient une position
horizontale. Car, les sommets et les flancs des
montagnes présentent, dans presque toute leur
surface, des débris soulevés, des roches entrou-
vertes, des couches déchirées et redressées. De
sorte que les produits des météores aqueux peuvent se filtrer aisément dans toutes ces issues favorables, qui sont les véritables prises d'eau des
nappes et des courants intérieurs qui alimentent
les Fontaines, les lacs, les ruisseaux, les rivières
et les fleuves. D'ailleurs, une preuve évidente de
la pénétration des eaux pluviales à travers les
terres, c'est que toutes les sources tarissent ou diminuent considérablement s'il ne pleut pas de
quelques mois, et que l'abondance reparaît dans
leurs bassins après la pluie ou la fonte des neiges.
Ceci est connu de tout le monde; car, chacun a pu
faire l'observation que, dans les années de sécheresse, l'eau baisse dans les puits dont plusieurs tarissent complétement; et que les Fontaines tarissent ou ont en général moins d'eau à ces
époques que pendant les années humides. Ces
faits établissent incontestablement que les eaux
pluviales pénètrent dans les terres à une profondeur suffisante pour entretenir le cours perpétuel
ou passager des Fontaines.

Au surplus, on peut voir (t. III du *Spectacle de la Nature*), le détail des observations de M. Pluche sur la manière dont l'eau pluviale pénètre dans les premières couches de la montagne de Laon, et fournit à l'entretien des puits et des Fontaines. Un extrait de ces observations a été donné (page 329).

2° SUFFISANCE DES EAUX PLUVIALES.

Relativement à la quantité moyenne annuelle des eaux pluviales, on a trouvé par le calcul appuyé sur des faits, que le produit des météores aqueux suffit à l'entretien des Fontaines, des cours d'eau et à la dépense occasionnée par l'évaporation ou autrement.

Perrault, de l'Académie des sciences, est le premier qui ait eu l'idée de recourir à cette preuve de fait, devant laquelle doivent tomber tous les doutes et toutes les allégations opposées au système actuel.

Il a évalué la quantité d'eau que la Seine roule depuis son origine jusqu'à Arnay-le-Duc; puis il a calculé la quantité annuelle de pluie qui tombe sur les terres qui peuvent verser leurs eaux dans le bassin de la Seine entre les deux limites (la source et Arnay-le-Duc).

Comparant ensuite les deux résultats, il a trouvé que la quantité d'eau pluviale est sextuple de la dépense de la Seine.

Après lui, l'Académicien Mariotte, appliquant

les mêmes calculs sur une plus grande étendue de terrain est arrivé au même résultat déjà trouvé par Perrault.

Ces deux savants ont fait leurs calculs en partant de 15 pouces pour la quantité moyenne de pluie annuelle ; tandis qu'ils auraient pu prendre 20 pouces, qui est un chiffre plus voisin de la vérité. Ils ont pris seulement 15 pouces, afin de faire une large concession et d'avoir un résultat que personne ne pût trouver exagéré. S'ils étaient partis du chiffre 20 pouces de pluie, ils auraient trouvé que la quantité des eaux pluviales est huit fois plus grande que la dépense de la Seine.

Les 5/6, ou même les 7/8 des eaux pluviales qui n'arrivent pas dans le lit de la Seine sont employés et suffisent largement à entretenir l'humidité dans le sol, à fournir à la dépense des végétaux, comme aussi à l'évaporation journalière qui a lieu à la surface de la terre humide, ainsi qu'au-dessus des surfaces liquides.

Donc, la quantité moyenne annuelle des eaux pluviales suffit largement à l'entretien des cours d'eau, etc., etc., dans les pays qu'arrose la Seine.

Sans doute la quantité d'eau pluviale qui arrive dans les lits des rivières n'est pas la même pour toutes les localités. La nature des terrains, la disposition des surfaces, les plaines et les montagnes peuvent causer des différences très-sensibles, en présentant çà et là des circonstances plus ou moins favorables au rassemblement des eaux pluviales.

Pour certains pays, c'est la presque totalité; pour d'autres, c'est la moitié; et pour d'autres, c'est une portion moindre des eaux pluviales qui se rend dans les lits des rivières. Toutefois, il est constaté par les observations faites sur plusieurs lieux que la quantité d'eau charriée par les rivières est inférieure à la moyenne annuelle des pluies qui tombent dans les bassins des cours d'eau; ce qui prouve généralement la suffisance des eaux pluviales pour l'entretien des cours d'eau, etc.

Mais, d'après cela, doit-on conclure que l'Océan éprouve chaque année des pertes qu'il ne répare point? Non certes. Car, la portion des eaux pluviales qui n'est pas portée dans la mer par les cours d'eau n'est point perdue. Cette partie, variable suivant la localité, retourne dans l'atmosphère par deux voies : Elle s'évapore, en partie directement de la surface du sol, et des surfaces liquides; et, en partie elle est absorbée par les végétaux dont les racines tirent l'eau de la terre plus ou moins humide. Cette dernière quantité s'évapore peu après par les pores des feuilles.

De sorte que la portion des eaux pluviales qui n'est pas employée à former les sources, à alimenter les Fontaines, les lacs, les ruisseaux, les rivières et les fleuves, pour se rendre dans la mer, se transforme en vapeurs que les vents dispersent dans l'atmosphère, pour les mêler avec les vapeurs qui s'élèvent de l'Océan, et les ramener ainsi à la masse commune.

De là deux conclusions à tirer : ces deux conclusions serviront à corroborer et à expliquer plus clairement ce qui précède.

1° Puisque une certaine portion des eaux pluviales se répand en vapeur dans l'atmosphère, soit par l'action des végétaux, soit par l'évaporation immédiate à la surface des terres humides, ainsi qu'à la surface des lacs et de tous les cours d'eau ; il est bien évident que les rivières et les fleuves doivent porter à la mer une quantité d'eau moindre que la moyenne quantité des pluies qui tombent sur les continents.

2° Ce surcroît de vapeurs qui s'exhalent continuellement soit de la surface des terres humides, soit de la surface des lacs, des ruisseaux, des rivières, des fleuves, et qui montent dans l'atmosphère pour se joindre à l'évaporation constante des mers, devrait augmenter progressivement la quantité moyenne annuelle des pluies. En effet, l'atmosphère doit restituer en pluies autant qu'elle reçoit en vapeurs ; car, si elle rendait moins chaque année qu'elle ne reçoit par l'évaporation, l'eau aurait déjà complétement disparu de la surface du globe et se trouverait disséminée dans l'océan aérien. Il faut donc que ce surcroît de vapeurs produise une augmentation de pluie soit sur les continents, soit sur les mers séparément, ou sur le tout ensemble. Or, cette augmentation n'a pas lieu sur les continents ; car, la quantité moyenne de pluie qui y tombe, est toujours à peu près égale à 0^m,75, d'après des observations assez exactes faites depuis plus d'un demi-siècle. Il doit donc tomber beaucoup plus d'eau sur les mers que sur les continents, ainsi qu'il a été dit (page 100); en sorte que, par l'abondance des pluies qu'il reçoit directement, l'Océan répare le déficit que lui font éprouver les cours d'eau.

Il est ainsi démontré que toute l'eau qui existe sur la partie solide du globe soit dans les lacs extérieurs ou intérieurs, soit dans les bassins et les courants souterrains qui alimentent les Fontaines, soit dans les lits des ruisseaux, des rivières et des fleuves, provient de l'atmosphère par les pluies, la neige, la grêle, etc.

Mais la pluie, la neige, la grêle, etc., ne sont elles-mêmes que le produit de l'évaporation. De sorte que c'est toujours à peu près la même quantité d'eau qui passe de la terre dans l'atmosphère, et de l'atmosphère retombe sur la surface du globe.

Ainsi se trouve expliquée, par tout ce que nous avons dit dans le présent chapitre, l'admirable simplicité du mécanisme naturel qui produit les sources, entretient les lacs, les Fontaines et tous les cours d'eau,

Résumé.

Les développements qui précèdent peuvent se résumer ainsi :

Les mers reçoivent le tribut quotidien des fleuves

et des rivières qui se jettent dans leur sein ; et, à leur tour, les mers, comme toutes les surfaces liquides ou humides, cèdent continuellement à l'atmosphère, par voie d'évaporations successives, des masses d'eau qui, tantôt invisibles à l'état de fluide aériforme, tantôt visibles sous forme de brouillards ou de nuages, voguent dans l'atmosphère au gré des vents et vont semer partout soit la pluie soit la neige en proportions diverses.

Mais en définitive, quelles que soient les transformations que subissent les vapeurs aqueuses, l'eau est toujours le dernier résultat de ces évaporations successives que la mer et les surfaces humides cèdent continuellement à l'atmosphère.

En effet ;

Les brouillards étant formés sur un sol plus froid que l'air ambiant (page 88), mouillent le sol et produisent une rosée plus ou moins abondante.

Les nuages se résolvent ordinairement en pluie.

Les neiges disparaissent par l'action de la chaleur propre du globe terrestre, ou de celle du soleil, et se réduisent en eau ; ou bien, si elles résistent en raison de la hauteur des montagnes où elles se trouvent, d'abord elles s'amoncèlent, puis glissent ou roulent par leur propre poids dans les cols, dans les vallées où elles s'accumulent et forment des glaciers, lesquels, tandis qu'ils s'accroissent par dessus, se fondent et s'usent à la surface inférieure et alimentent ainsi des cours d'eau permanents.

L'eau, sous forme de rosée, ou de pluie, ou de neige, étant ainsi distribuée à la surface du sol, pénètre de proche en proche dans l'intérieur de la terre; glisse dans les fissures des rochers; s'insinue par des myriades de canaux mystérieux dans des réservoirs souterrains qui sont les vases alimentateurs des sources, des Fontaines; s'épanche en ruisseaux, ou roule en torrents; entretient ou enfle les rivières pour former plus loin des fleuves chargés de porter à la mer le tribut qu'ils lui doivent.

C'est par ce commerce harmonieux et constant établi entre le ciel et la terre, que la mer donne, reçoit et rend des masses d'eau qui vont alimenter les sources et les rivières, et retournent à la mer; tandis que d'autres masses d'eau en sortent pour subir les mêmes transformations, les mêmes retours, et entretenir par cette circulation continuelle la végétation et la vie.

CHAPITRE XXXIII.

OBJECTIONS CONTRE LE SYSTÈME ACTUEL SUR L'ORIGINE DES FONTAINES NATURELLES.

Contre ce système ont été produites quelques objections.

Ici nous laisserons parler M. Teyssèdre.

1re Objection.

« D'après quelques observations qui ont été faites dans certains lieux, des savants ont prétendu que les eaux qui tombent du ciel coulent sur la surface de la terre, et qu'elles ne pénètrent pas à d'assez grandes profondeurs ni en assez grande quantité pour alimenter les courants souterrains.

Réponse.

» Il est vrai qu'il existe des cavités peu éloignées de la surface du sol dans lesquelles on n'observe aucune infiltration. Que s'en suit-il? qu'il y a des couches qui sont imperméables à l'eau; cela est incontestable. Mais il existe des preuves innombrables que les eaux peuvent s'infiltrer et se répandre dans l'intérieur de la terre. L'eau des puits salés que l'on creuse à des distances plus ou moins considérables de la mer est évidemment fournie par celle-ci; on observe souvent des infiltrations dans les cavernes, dans les caves, etc.

2ᵉ Objection.

» D'autres ont dit : Est-il vraisemblable que des
courants perpétuels si nombreux soient alimentés
par les eaux qui tombent du ciel, dont la plus
grande partie va grossir, à mesure qu'elle tombe,
les ruisseaux et les rivières; dont une autre partie
est absorbée par les végétaux; et une troisième
convertie en vapeurs se dissipe dans l'atmosphère?

Réponse.

» Il est facile de répondre à cette objection par
des expériences et par des calculs incontestables.

» A compter du Pont-Royal et en amont, la surface du bassin de la Seine est, suivant Mariotte,
de 3000 lieues carrées, de 2300 toises. Or, il tombe,
année commune, environ 20 pouces d'eau dans
les pays qu'arrosent la Seine et ses affluents; ce
qui fait 316,200,000 pieds cubes par lieue carrée;
et pour la surface totale du bassin 948600 millions
de pieds cubes.

» D'après les calculs du même savant, il passe,
année commune, sous le Pont-Royal, 105120 millions de pieds cubes d'eau; un peu moins du neu-
vième de celle qui est tombée dans le bassin de
la Seine. Les huit neuvièmes qui ne sont pas arrivés
jusqu'au Pont-Royal ont été absorbés par les terres,
les végétaux, ou bien ont repassé dans l'atmosphère
à l'état de vapeurs.

» Terme moyen , il tombe annuellement 28 pouces d'eau sur la surface du globe. Cette couche de liquide est bien suffisante pour alimenter les sources, fournir l'humidité nécessaire à la végétation , etc.

» Il est d'ailleurs digne de remarque que les Fontaines sont très-rares dans les contrées où il ne tombe jamais ou presque jamais de pluie. »

Contre ce système a été produite une troisième objection à laquelle M. De Marlès (*les Cent Merveilles de la nature*) s'est chargé de répondre. Cette troisième objection est fondée sur un fait d'observation de M. de la Hire et se rapporte à la première; mais elle est réfutée différemment.

D'après 17 années d'expériences , M. de la Hire a constaté que les eaux pluviales ne pénètrent pas au-dessous de 16 à 18 pouces dans un terrain solide.

3ᵉ Objection.

C'est M. de Marlès qui parle.

« On oppose le fait suivant :

» Les eaux pluviales , ou provenant de la fonte des neiges, ne pénètrent pas en général au-dessous de 16 à 18 pouces, ou $0^m,432$ à $0^m,486$ de profondeur.

Réponse.

» Cela est vrai. Observons même qu'il doit en être ainsi pour la conservation de la partie du sol que nous habitons sur la terre; car, si les eaux pluviales pénétraient partout à une grande profondeur, toute la surface de la terre, ramollie et fangeuse, constamment délayée, ne présenterait bientôt à l'homme qu'un vaste marais. Il faut donc, pour le maintien de l'ordre établi par la Providence dans ses créations, que les choses restent toujours telles qu'elles sont. L'eau ne pénétrant qu'à une petite profondeur, la croûte du globe n'est point endommagée, et sa surface est promptement desséchée par l'évaporation et par les vents.

» Mais tout cela ne fait point que les eaux pluviales ne trouvent pas en quelques parties des fentes, des crevasses, ou une terre moins résistante qui leur ouvre une voie vers les cavités souterraines où elles se réunissent. On trouve l'eau partout où l'on creuse, à une certaine profondeur. Or, cette eau n'y vient point de la mer, sauf quelques cas assez rares, puisqu'il est bien prouvé que les eaux de la mer ne s'infiltrent pas. Ces réservoirs intérieurs ne sont donc que des dépôts d'eau de pluie. »

Sans doute, M. de Marlès a très-bien réfuté la 3ᵉ objection ; mais on peut répondre encore que dans le lieu même où M. de la Hire a fait ses observations *(l'Observatoire de Paris)*, on remarque dans les caves, à une profondeur considérable, un petit fil d'eau qui tarit pendant la sécheresse et qui ne peut évidemment provenir que de l'infiltration des eaux pluviales.

Telles sont les objections principales et les plus sérieuses qui ont été produites contre le système actuel sur l'origine des Fontaines. Des savants ont pris soin de répondre à ces objections d'une manière péremptoire.

Nous ajouterons que le système actuellement admis sur l'origine des Fontaines réunissait déjà, dans le siècle dernier et dans les siècles antérieurs, les suffrages de plusieurs physiciens distingués. D'ailleurs, ce système, qui est admis aujourd'hui par tous les hommes éclairés, parait d'autant plus fondé qu'il explique parfaitement ce que devient le produit immense de l'évaporation journalière; et qu'il est le seul moyen que l'on puisse employer pour fournir cette explication.

LIVRE CINQUIÈME.

LIVRE CINQUIÈME.

CRÉATION DE FONTAINES NATURELLES.

CHAPITRE XXXIV.

SYSTÈME GÉNÉRAL DE FONTAINES NATURELLES.

Ici, comme dans toutes les sources de la richesse nationale, l'homme doit s'ingénier à aider la nature.

On s'est toujours éloigné du véritable fait naturel tant qu'on a supposé que dans la formation des Fontaines, la nature agit à la manière des hommes, par des procédés plus ou moins compliqués ; car, dans ses opérations elle suit une marche presque toujours plus simple, et les moyens qu'elle emploie sont ordinairement plus faciles.

La nature met fréquemment sous nos yeux des Fontaines toutes faites ; et quand nous la consultons avec persévérance et sans parti pris d'avance pour aucun système, elle nous révèle, ou du moins nous laisse entrevoir la simplicité admirable des procédés qu'elle a suivis, et les moyens faciles qu'elle a employés dans la formation des sources et des Fontaines.

Pour créer des sources nouvelles dans une localité quelconque, nous n'avons qu'à copier la nature et à mettre à profit les utiles leçons qu'elle expose à nos yeux sur une infinité de points de la surface du globe. Elle nous a donné des modèles nombreux et variés à imiter, des procédés simples à suivre, des moyens faciles d'exécution, et tous les matériaux à employer. En nous dotant de toutes ces ressources, en nous donnant tous ces enseignements, ne semble-t-elle pas dire à l'homme de s'ingénier à la copier, de l'imiter, pour former des Fontaines dans les localités qui en manquent?

Nous allons indiquer dans ce chapitre le moyen de créer des Fontaines nouvelles et formées à l'instar de celles de la nature.

Nous désignons cette théorie sous le titre de *Système général de Fontaines naturelles.*

Ce système est *général*, parce qu'il est applicable à toutes les localités qui réunissent les conditions renfermées dans la conclusion ci-après; et les Fontaines créées d'après ce système sont dites *naturelles*, parce que, ainsi qu'il sera démontré plus tard, elles sont formées à l'instar des Fontaines de la nature, d'après les mêmes procédés, par les mêmes moyens, en employant les mêmes éléments.

Il sera établi (chapitre 56, théorème 6ᵉ), que ces Fontaines possèdent le précieux avantage de ne pouvoir pas abaisser leur niveau, de ne pouvoir pas dévier, de ne pouvoir pas se perdre, de ne pouvoir pas déplacer leur orifice de sortie, et de donner un débit constamment le même en toute saison.

Ce système est fondé sur les faits physiques suivants :

1° Origine des Fontaines ;

2° Pluie moyenne annuelle ;

3° Perte moyenne annuelle des eaux pluviales ;

4° Quantité moyenne annuelle de pluie absorbée par le sol.

1° ORIGINE DES FONTAINES.

Ce premier fait a été traité avec beaucoup de détails dans le livre quatrième dont il fait tout l'objet.

2° PLUIE MOYENNE ANNUELLE.

Nous avons déjà dit que la quantité de pluie qui tombe annuellement varie en général et d'une manière notable suivant les latitudes et même suivant les localités.

Nous raisonnerons d'une manière générale ; viendront ensuite les applications aux localités diverses.

Le point essentiel ici est de faire remarquer que la quantité de pluie qui tombe annuellement *s'écoule de trois manières.*

Une partie est absorbée par le sol et produit des sources, des Fontaines qui se réunissent en ruisseaux, en rivières, et forment successivement des fleuves qui vont à la mer.

Une autre partie (principalement dans les pluies

d'orage), glisse seulement sur le sol, roule en torrents passagers qui vont grossir momentanément les rivières et les fleuves. *C'est la majeure partie des eaux pluviales qui s'écoule de cette manière*, dans les pays de montagnes et dans les terrains situés en pente.

Une troisième partie se dissipe par l'évaporation immédiate soit au-dessus des surface liquides, soit au-dessus des surfaces terreuses humides.

La partie qui s'écoule en ruisseaux ou en torrents passagers et celle qui se dissipe par l'évaporation immédiate doivent être considérées dans notre système comme de véritables pertes.

2° PERTE MOYENNE ANNUELLE DES EAUX PLUVIALES.

Une grande partie des eaux pluviales se perd (d'après ce système de Fontaines), en formant des ruisseaux ou des torrents qui se jettent dans les rivières. Mais cette perte pourrait être annulée, ou réduite considérablement, si l'on arrêtait ces eaux dans leur course, en leur opposant des digues ayant des dimensions convenables. Ces digues formeraient des écluses dans les vallées où courent les ruisseaux et les torrents, et leur emploi *autoriserait alors à ne pas tenir compte de la perte des eaux torrentielles*

Une autre partie se perd réellement (d'après ce système), par l'évaporation immédiate qui s'opère sur les surfaces liquides et sur le sol humide.

Relativement aux surfaces liquides.

Les expériences faites sur différents points du globe font admettre que pour la zone tempérée on a, terme moyen, $0^m,002$ d'évaporation par jour sur les surfaces liquides. Mais dans notre système de Fontaines nous ne devons pas nous occuper de cette évaporation, parce que nous laissons à peine quelques jours les eaux pluviales exposées à l'action absorbante de l'air, comme nous le verrons ci-après.

Relativement au sol.

Par les expériences relatives au sol, on sait que la terre, dans son état moyen d'humidité, perd tout au plus dans un an, une couche d'eau d'environ $0^m,24$ d'épaisseur pour la terre nue ; et de $0^m,27$ d'épaisseur pour la terre couverte de végétation.

Admettons la moyenne de ces deux chiffres, en forçant l'unité ; et soit $0^m,26$ l'évaporation totale, pendant une année, pour les terres en général.

C'est cette dernière évaporation que nous devons considérer comme une véritable perte dans notre système de Fontaines.

4° QUANTITÉ MOYENNE DE PLUIE ABSORBÉE ANNUELLEMENT PAR LE SOL.

De ce qui précède il résulte que, connaissant la quantité moyenne de pluie qui tombe annuellement dans une localité quelconque, si l'on retranche de cette quantité le nombre $0^m,26$ perte provenant de l'évaporation, le résultat de cette soustraction exprimera l'épaisseur de la couche d'eau absorbée annuellement par le sol dans cette localité; pourvu que les eaux pluviales ne puissent pas courir dans les vallées et s'en échapper en torrents ou en ruisseaux; mais que, au contraire, *elles soient arrêtées et maintenues dans le lieu même où elles sont tombées du ciel*, et qu'elles soient ainsi contraintes de demeurer là pour saturer plus longtemps et plus au loin les terres qui les ont reçues.

La couche d'eau pluviale dont l'épaisseur est ainsi déterminée sera, à très-peu près, la quantité d'eau absorbée annuellement par le sol, si la nature du terrain permet aux eaux pluviales de pénétrer dans l'intérieur assez facilement pour que l'écoulement complet soit opéré en peu de jours. Car, alors l'évaporation à la surface liquide étant de courte durée, causerait par là même une perte peu sensible.

Dans les terrains argileux où l'eau pénètre avec lenteur, l'évaporation s'exerçant longtemps sur la surface liquide ferait éprouver des pertes considérables. Mais dans ces terrains mêmes on peut faciliter un prompt écoulement dans l'intérieur au moyen de *tranchées filtres* dont nous parlerons ci-après.

Conclusion.

Ces principes posés, on est conduit rigoureusement à la conclusion suivante.

Dans toute localité où la disposition des terrains
diversement accidentés présentera des ondulations
bien saillantes et une ou plusieurs vallées d'assez
grande étendue et conformées de manière à recevoir naturellement les eaux pluviales des collines
adjacentes ; il sera toujours possible de créer dans
cette localité *des Fontaines nouvelles à l'instar de
celles de la nature*, en exécutant dans ce lieu ce
que la nature n'a pas fait, mais qu'elle aurait pu
faire, et en procédant d'après des moyens analogues à ceux qu'elle a primitivement employés
dans la formation des Fontaines naturelles existantes.

Il suffira pour cela de construire dans une vallée, ou dans plusieurs vallées, des digues formant
écluses pour arrêter et recevoir les eaux de la pluie ;
afin de forcer ces eaux de saturer au loin et au
large le sol de la vallée, et de favoriser ainsi l'absorption d'une grande masse d'eau par le sol et
son écoulement dans l'intérieur de la terre.

On conçoit très-bien que le nombre et la capacité
de ces écluses peuvent et doivent varier suivant
la disposition des lieux, suivant la forme et la
pente de la vallée qui doit les recevoir ; et princi-

palement, si la vallée reçoit naturellement les eaux pluviales de plusieurs collines adjacentes.

Par le moyen des écluses, les terres de la vallée se trouvant saturées d'eau, un système de tranchées couvertes dont plusieurs transversales et une longitudinale pratiquées assez profondément au-dessous des écluses, et disposées en sens convenable, réuniront intérieurement toutes ces eaux filtrées à travers les terres, et les conduiront dans *un vaste souterrain* construit à l'extrémité inférieure de la vallée pour les recevoir.

Les tranchées transversales devront être plus ou moins rapprochées suivant la nature du terrain et suivant la direction des diverses couches. Ces tranchées transversales seront disposées de manière à éviter la déperdition des eaux dans les profondeurs de la terre par la pente des couches, et leur dispersion dans les voies latérales qu'elles pourraient rencontrer.

Pour qu'elles puissent atteindre ce double but, on doit donc leur donner une longueur suffisante à droite et à gauche du ruisseau de la vallée, et une distance convenable de l'une à l'autre.

Elles devront toutes s'incliner vers la tranchée longitudinale. Celle-ci régnera sous le berceau même du ruisseau de la vallée, croisera toutes les tranchées transversales qu'elle mettra ainsi en communication, et recevra leur tribut pour le transmettre au *réservoir souterrain*.

Le réservoir souterrain, une fois plein, sera constamment alimenté par le tribut variable, mais quotidien, que lui fourniront les tranchées, et deviendra un *sage régulateur* de la dépense des eaux, au moyen de vannes ou de larges robinets échelonnés sur l'une des faces.

De ce réservoir on pourra donc diriger des *Fontaines permanentes* vers les habitations qui seront situées assez bas au-dessous du sommet du niveau de pente.

Conséquence.

De ce qui précède résulte cette conséquence bien remarquable :

Il est évident que par la fuite non réglée des eaux pluviales qui tombent sur des vallées placées au-dessus et dans le voisinage des villes privées de Fontaines, *ces villes perdent volontairement un véritable trésor dont elles peuvent s'enrichir*, si par le moyen d'un système de tranchées et d'un ou de plusieurs réservoirs souterrains que j'appelle *des Régulateurs*, on parvient à leur former une immense provision d'eau sans cesse renouvelée, et s'épanchant suivant un débit calculé sur les besoins de la population.

Résumé.

Le système que nous venons d'exposer peut se résumer ainsi :

Utiliser les eaux torrentielles qui dans les pluies assez fortes vont passagèrement grossir les cours d'eau voisins et occasionner souvent des inondations désastreuses.

Et pour cela,

1° Arrêter ces eaux dans les vallées où elles courent, en leur opposant des digues ou barrages formant des écluses capables de les contenir dans toutes les circonstances, même dans les pluies les plus fortes.

2° Au moyen de tranchées de recherche et de tranchées filtres, pratiquées convenablement sous les écluses, recueillir souterrainement ces eaux ainsi filtrées et dégagées de tout corps étranger.

3° Par la voie d'une tranchée longitudinale, qui mettra les autres tranchées en communication, et qui constituera ainsi la mère Fontaine, conduire ces eaux dans un réservoir souterrain qui sera le point de partage. De ce bassin appelé régulateur, on pourra distribuer, sur les points inférieurs, des Fontaines permanentes qui fourniront en toute saison les meilleures eaux potables.

Tel est le principe général pour la création de Fontaines naturelles.

Mais, afin de faire mieux comprendre ce système général et d'en donner une idée complète, nous allons l'expliquer avec détail dans ses applications pour des localités déterminées.

CHAPITRE XXXV.

—

APPLICATIONS.

Le système général de Fontaines naturelles que nous venons d'exposer peut être utilement appliqué à un très-grand nombre de localités qui manquent d'eau et de moyens faciles d'en obtenir.

Il se prête à une ville, à un village, à un château, à une simple habitation rurale.

La dépense d'argent est proportionnelle au volume d'eau que l'on veut obtenir. Ainsi, des sources minimes suffiront pour créer des Fontaines d'un demi-pouce, ou d'un pouce. Mais quand il s'agira de créer des sources puissantes, de 10, ou de 20 pouces, ou de 40 pouces, etc., les sacrifices d'argent devront suivre à peu près la raison directe du nombre de pouces d'eau que l'on veut faire produire à la source.

Nous allons expliquer le système sur deux exemples : l'un général pour servir de type d'application à toute localité; l'autre particulier qui, pour mieux fixer les idées, renfermera tous les détails de construction.

Comme c'est ici la partie la plus importante et le véritable but de cet ouvrage, nous ne craignons pas de paraître long en nous livrant à beaucoup de détails.

Pour créer une Fontaine, d'après notre système dans une localité quelconque.

1° Parcourez la localité, étudiez la nature et les accidents du terrain, dans un rayon assez long. Cette étude ne devant s'attacher à peu près qu'à la surface du sol, sera bientôt faite.

2° Choisissez donc les environs, et au-dessus du lieu où l'on veut amener de l'eau, une vallée assez étendue et disposée de manière que par pente naturelle les eaux pluviales qu'elle reçoit directement et celles qui sont reçues par les surfaces voisines, aillent se réunir superficiellement dans un espace limité, d'où elles s'échappent en torrent toutes les fois qu'il pleut.

3° Mesurez en mètres carrés l'étendue des surfaces dont les eaux pluviales vont se réunir dans la vallée par pentes naturelles.

4° Pour recueillir souterrainement et en peu de temps toutes les eaux pluviales que reçoivent les diverses surfaces dont l'ensemble constitue le bassin de la vallée, creusez en travers et en long dans l'étendue de ces surfaces des tranchées de $2^m,50$ de profondeur sur $1^m,50$ de largeur. Disposez ce réseau de tranchées de manière que toutes ces cavités s'inclinent vers une tranchée longitudinale qui régnera sous le ruisseau même de la vallée, afin que celle-ci puisse recevoir facilement le tribut des tranchées transversales.

5° Au moyen de digues construites en terre et suffisamment élevées, partagez la vallée en plusieurs écluses capables d'arrêter et de contenir les eaux des plus fortes pluies connues qui soient tombées sur ces surfaces.

6° Il faut revêtir toutes les tranchées de murs en pierres sèches, de $0^m,50$ d'épaisseur, et jusqu'à une hauteur de $0^m,50$, puis paver le fond dans toute sa surface, qui ne sera que de $0^m,50$ de largeur. Ce pavé maintiendra dans leurs bases les murs de revêtement, et ne permettra pas aux eaux de creuser les tranchées plus profondément.

Si le terrain est très-compacte, on donnera un peu moins d'épaisseur aux murs de revêtement, en laissant entre ces murs et la berge de la tranchée un certain espace vide qu'on remplira de gros gravier et de sable.

La tranchée longitudinale doit être de $0^m,50$ plus large que les tranchées transversales. Elle sera continue, ou bien elle sera coupée par cascades. Si le lit de la vallée n'a que peu de pente, ou est presque horizontal, la tranchée longitudinale pourra être continue; mais si le lit du ruisseau de la vallée a beaucoup de pente, on brisera la pente de la tranchée longitudinale en ménageant une cascade souterrainement de distance en distance; de manière que les divers éléments de la tranchée longitudinale n'aient qu'une pente très-médiocre. Voyez les Planches V et IX.

7° Il faut couvrir ces tranchées au moyen de larges dalles qui s'appuyeront sur les murs en pierres
sèches; et au-dessus des dalles on remblayera le vide
restant d'abord avec des cailloux, ou de la pierraille, ou du gros gravier, puis du sable, et enfin
de la terre extraite des tranchées.

Dans les pays où la pierre manque, on pourra
substituer la brique à la pierre pour les murs de
revêtement. Mais dans les diverses assises, il faudra
laisser de très-petits espaces vides d'une brique à
l'autre, afin que les eaux filtrées à travers les terres puissent arriver facilement dans les cavités qui
règnent sous les tranchées filtres.

Dans le cas de l'emploi des briques, la cavité de
$0^m,50$ de largeur pourra être couverte par une
voûte en briques, ou bien on divisera cette largeur
en deux ou trois parties par des murs de compartiments en briques, sur lesquels on appuyera les
briques qui doivent remplir l'office des dalles et
couvrir la cavité.

8° Relativement aux intervalles qui doivent sé-
parer les tranchées transversales voisines, il faut
considérer la nature du terrain et la direction des
couches comme il a été dit (page 378).

Si le terrain est stratifié, compacte, solide, et à
tranches à peu près horizontales, on pourra laisser
d'une tranchée à la tranchée voisine, un intervalle
de 20 à 30 mètres.

Si le terrain, quoique parfaitement stratifié, est
composé de couches inclinées à l'horizon, il faudra

rapprocher les tranchées et laisser d'autant moins d'intervalle entre elles que les couches du terrain seront plus inclinées; car, on ne doit pas perdre de vue le rôle des tranchées indiqué page 378.

Si le terrain est mouvant et sans consistance, il se laisse traverser facilement par l'eau; de sorte que dans un pareil terrain les eaux pluviales descendent promptement jusqu'à la roche sous-jacente, quand elles ne rencontrent pas dans leur marche une couche d'argile qui les arrête. Dans les terrains de cette sorte les tranchées ne sauraient être trop rapprochées et multipliées, afin d'éviter la fuite des eaux pluviales dans les profondeurs du sol. De plus on doit donner au fond des tranchées la forme concave, et étendre sur toute cette surface concave une couche d'argile d'un décimètre d'épaisseur, et bien battue.

Au-dessus de cette couche d'argile on pourra laisser une cavité divisée en deux ou trois compartiments formés par des murs de briques; ou bien encore on pourra se dispenser de laisser une cavité vide, et l'on remblayera le vide de la tranchée d'abord moitié en gravier, sable et cailloux, puis la moitié supérieure avec les déblais extraits de la tranchée elle-même. Les eaux infiltrées dans les terres seront arrêtées par les couches d'argile disposées en forme de tuile, et elle suivront lentement ces conduites à travers les matières perméables qui les rempliront.

9° Si l'on n'a pas, dans le voisinage, des vallées

dont on puisse disposer, on a toujours quelque
terrain situé en pente, ou bien quelque plateau
assez étendu. En employant des terrains en pente,
on pourra se procurer plus d'eau avec moins de
travaux. Si l'on emploie les terrains situés en plateaux, on n'aura que les eaux qui tombent directement sur ces plateaux. Mais dans ces terrains
mêmes on pourra toujours se procurer des Fontaines, en pratiquant des tranchées comme il vient
d'être indiqué, suivant que le terrain est stratifié et
compacte, ou bien qu'il est mouvant et sans consistance.

10° Là peuvent se borner, si l'on veut, les ouvrages de construction pour obtenir de l'eau potable de très-bonne qualité. Ces seuls ouvrages, de
facile exécution, donneront une Fontaine permanente qui s'échappera de l'extrémité inférieure de la
tranchée longitudinale.

Il est vrai que cette Fontaine, quoique permanente, donnera tantôt plus, tantôt moins. Le
volume de son débit sera variable comme celui de
presque toutes les Fontaines naturelles existantes.
Il sera fort après les pluies, et il s'affaiblira pendant
la sécheresse.

11° Pour donner à cette source un perfectionnement qui consiste à lui faire produire un débit
constamment le même en toute saison, on cons-
truira dans la partie inférieure de la vallée un
grand bassin ou réservoir souterrain que nous
appelons *bassin-régulateur*. Ce bassin, construit

sous terre, présentera tout au plus à découvert la face qui terminera la vallée. Le long de cette face on disposera de haut en bas des robinets qui ne laisseront échapper que la quantité d'eau que l'on voudra. Un seul robinet placé dans la partie inférieure de cette face peut très-bien suffire.

Ce réservoir pourrait être laissé à découvert en l'entourant de murs assez élevés pour mettre son eau à l'abri de la malveillance. Alors sa construction coûte beaucoup moins cher. L'eau de ce réservoir à découvert étant constamment renouvelée par le tribut permanent de la tranchée longitudinale, qui remplacera en tout ou en partie le débit du robinet, sera toujours de bonne qualité. L'action de l'air et de la lumière ne lui sera pas nuisible (pages 194 et 196); seulement sa température variera de quelques degrés dans les diverses saisons.

Ou bien ce bassin pourra être couvert par une voûte continue, ou par plusieurs voûtes associées et soutenues par des murs de compartiment, suivant la largeur du bassin. Les murs de compartiment seront découpés par des ouvertures qui ne se regarderont pas, mais qui seront disposées de manière que les ouvertures pratiquées à un quelconque de ces murs correspondent au milieu des parties pleines qui séparent les ouvertures du mur voisin ; ainsi qu'il a été dit et par les raisons exposées à la page 212. La voûte qui couvrira ce bassin devra être recouverte elle-même d'une épaisse couche de terre, afin d'assurer l'invariabilité de température à l'eau qu'il contient.

12° Mais pour que ce bassin-régulateur puisse fournir en toute saison le même débit déterminé d'avance, il faut lui donner une capacité convenable et avoir calculé cette capacité : 1° d'après la quantité moyenne de pluie absorbée annuellement par le sol de la vallée ; 2° et dans la vue du débit que l'on veut obtenir. Ce sont là les éléments du calcul à faire.

On connaît ordinairement la pluie moyenne annuelle qui tombe dans la localité, ou dans les lieux circonvoisins. Si on ne la connaît pas, on la trouve en employant le procédé du pluviomètre indiqué page 106

De l'épaisseur de la couche moyenne annuelle d'eau pluviale qui tombe dans ce lieu retranchant $0^m,26$ qui est la perte provenant de l'évaporation immédiate, le reste exprimera l'épaisseur de la couche moyenne de pluie absorbée annuellement par le sol dans ce même lieu.

On a ainsi le premier élément du calcul.

Multipliant cette épaisseur par le nombre de mètres carrés que contient la surface totale de la vallée, le produit exprimera en mètres cubes la quantité moyenne d'eau qu'on peut amener annuellement dans le bassin-régulateur.

Or, on sait qu'il pleut de temps en temps, au moins tous les deux ou trois mois, par précipitations de pluie considérables. Car, les sécheresses qui durent plus de trois mois sont très-rares et de véritables exceptions à la fréquence connue des pluies.

Il suffira donc de construire un bassin capable de contenir l'eau nécessaire pour quatre mois seulement. Prenant le 1/3 de la quantité moyenne d'eau que le sol de la vallée absorbe annuellement, on aura le volume d'eau dont on peut disposer pendant quatre mois.

On a ainsi la capacité que l'on doit donner au bassin.

Divisant ce volume par 120, qui est le nombre de jours renfermés en quatre mois ; le quotient exprimera le débit constant qu'on pourra exiger du bassin-régulateur. Il sera démontré dans les réponses aux objections ci-après que le débit ainsi calculé du bassin-régulateur ne se démentira point.

2° EXEMPLE PARTICULIER.

Pour l'explication du système général sur un exemple particulier, prenons la ville d'Aubenas (Ardèche).

Dans l'exposé détaillé de cette application nous suivrons l'ordre méthodique de la théorie.

Position d'Aubenas.

La ville d'Aubenas occupe un petit plateau qui domine le lit de la rivière de l'Ardèche (rive droite), à une hauteur verticale d'environ 130 mètres. Le

territoire de la commune d'Aubenas (qui est fort
étendu), ne présente point de Fontaine abondante,
ni aucun cours d'eau que l'on puisse conduire par
pente naturelle dans la ville. Les sources puissantes et à niveau sûr ne se trouvent que dans les
communes circonvoisines et à des distances de 20
à 50 kilomètres. La conduite de l'une quelconque
de ces sources éloignées exigerait des travaux d'art
considérables, parce qu'il y a à franchir des ruisseaux, des rivières et des vallées larges et profondes, et par conséquent elle entraînerait des dépenses énormes d'argent.

Cette ville, dont la position est si difficile, si in-
grate pour obtenir une eau bonne et toujours courante, est dominée vers le Sud-Ouest par un chaînon
formant embranchement d'une chaîne fort élevée.
Ce chaînon se subdivise en nombreux rameaux, et
c'est même sur la croupe terminale de ce chaînon
qu'est posée comme un nid la ville d'Aubenas. Ces
rameaux irrégulièrement alternés, ont leurs points
d'attache inégalement distants sur la crête du chaînon, et servent de berges à plusieurs vallées plus
ou moins larges, plus ou moins profondes, qui
s'ouvrent du Nord au Sud, et réciproquement.

Choix de la Vallée.

Une de ces vallées semble avoir été placée là tout
exprès pour recevoir un système de Fontaines établi conformément à notre théorie. Le fond de cette

vallée possède déjà quelques fils d'eau qui forment
pendant 7 ou 8 mois de l'année un ruisseau inutile d'environ 4 pouces fontainiers, et dont les eaux,
pendant les mois d'été, diminuent considérablement, ou même disparaissent par intervalles sous
le sable de son lit étroit.

Cette vallée, qui n'est éloignée de la ville que de
deux kilomètres, s'incline du Sud au Nord. Elle a
850^m de longueur; sa largeur moyenne est de 300^m;
sa superficie horizontale est de 255000 mètres carrés. Mais ce qui augmente en réalité sa surface,
c'est que, par la disposition des lieux, elle reçoit
dans ses flancs, par pentes naturelles diversement
inclinées, les eaux pluviales des collines adjacentes
pour une superficie horizontale d'environ 295000
mètres carrés. Sa surface utile se trouve ainsi
portée réellement à environ 550000 mètres carrés.

C'est sur cette vallée choisie comme exemple
particulier que nous allons expliquer avec détails
une application de notre système, et l'exécution
d'un projet de Fontaines naturelles pour la ville
d'Aubenas.

Pour cette application particulière nous avons
besoin de connaître d'abord la quantité moyenne
de pluie qui tombe annuellement sur le territoire
de la commune d'Aubenas.

Pluie moyenne annuelle dans la commune d'Aubenas.

La quantité moyenne de pluie qui tombe annuellement sur le territoire de la commune d'Aubenas
et les lieux circonvoisins s'élève à 1^m,15.

Ce chiffre résulte d'une longue suite d'expériences faites dans la ville de Viviers par l'astronome
Flaugergue, et de vingt-cinq années d'observations
(de 1804 à 1829) de M. Tardy de la Brossy, de
Joyeuse; et en outre de quelques observations faites dans la ville d'Aubenas de 1842 à 1847.

Il est vrai que la pluie moyenne annuelle pour
Viviers est de $0^m,92$; pour Joyeuse, $1^m,29$; et pour
Aubenas, $1^m,26$. Mais nous pensons que dans l'application d'un système général de Fontaines tel que
celui que nous proposons, il est prudent, pour être
plus sûr du résultat, de prendre pour base, non pas
précisément et uniquement la pluie moyenne qui
tombe sur le lieu même où l'on veut établir des
Fontaines, mais la moyenne des pluies qui tombent dans ce lieu et dans les localités circonvoisines.

On sera assuré d'avoir une base certaine, lorsque cette moyenne résultante sera inférieure à la
pluie qui tombe annuellement dans le lieu où l'on
veut établir le système de Fontaines naturelles.
Mais si cette moyenne résultante dépassait la quantité de pluie qui tombe annuellement dans ce lieu,
on aurait une base exagérée. Alors il faudrait
abandonner cette moyenne résultante, et prendre
pour base des calculs un chiffre un peu inférieur à
celui qui exprime la quantité de pluie qui tombe
annuellement sur ce lieu.

Ainsi, dans l'exemple présent, on peut, sans
crainte, prendre soit pour Joyeuse, soit pour Au-

benas, la moyenne résultante $1^m,15$, parce qu'elle est inférieure à la quantité de pluie qui tombe annuellement sur Aubenas ou sur Joyeuse. Mais on ne devrait pas prendre pour Viviers cette moyenne résultante $1^m,15$, parce qu'elle dépasse la quantité de pluie qui tombe annuellement sur cette dernière localité. Pour la ville de Viviers on pourrait prendre avec assurance $0^m,90$ pour base des calculs.

Ce sont des détails de simple prudence que nous venons de donner dans ces trois derniers alinéas. Mais on ne risque rien en les suivant. On s'expose seulement à trouver pour résultat réel un peu plus d'eau que n'en feront espérer les calculs; ce qui n'est pas un mal.

Quantité moyenne de pluie absorbée annuellement par le sol dans la commune d'Aubenas.

La quantité moyenne de pluie qui tombe annuellement sur le territoire de la ville d'Aubenas étant ainsi déterminée à $1^m,15$, si de cette quantité moyenne on retranche le nombre $0^m,26$ qui est la perte provenant de l'évaporation, on trouve $0^m,89$ pour résultat.

Donc le nombre $0^m,89$ exprime l'épaisseur de la couche d'eau qui sera absorbée annuellement par le sol de la susdite vallée; pourvu que les eaux de la pluie soient arrêtées au moyen d'écluses, et qu'on n'ait à tenir compte d'aucune perte par les eaux torrentielles.

Cherchons maintenant le volume de cette masse

d'eau absorbée par le sol dans la commune d'Aubenas, et considérons :

1° La surface propre de la vallée, qui est de
255000 mètres carrés. Nous trouverons pour volume :

$$255000 \times 0,89 = 226950 \text{ mètres cubes.}$$

Ce premier résultat peut fournir à la dépense de
32 pouces fontainiers pendant une année entière.
Car, d'après ce qui a été dit (page 244), un pouce
fontainier dépense dans un an 7027 mètres cubes;
et 32 fois 7027 mètres cubes ne donnent que
224864 mètres cubes; nombre moindre que le résultat ci-dessus 226950 mètres cubes.

Si nous considérons la surface additionnelle d'environ 295000 mètres carrés des collines adjacentes
dont les eaux coulent par pente naturelle dans ladite vallée, nous trouverons pour le volume d'eau
absorbé par le sol de la vallée,

$$550000 \times 0,89 = 489500 \text{ mètres cubes.}$$

Cependant, ce deuxième résultat pourrait manquer d'exactitude. Car, l'eau qui tombe sur cette
surface de 550000 mètres carrés (abstraction faite
de la partie perdue par l'évaporation), n'arrivera
pas toute dans la vallée; parce qu'une partie des
eaux absorbée par le sol, sur cette grande surface
qui affecte des pentes diversement inclinées,
pourra éprouver en quelques points des déviations
dans le trajet souterrain que ces eaux ont à parcou-

rir; et pourra manquer par conséquent les berges de
la vallée et se diriger ailleurs.

Admettons que 1/10 du volume total 489500
mètres cubes se perde ainsi. Certainement c'est assez dire, à cause de la disposition des lieux et de la
nature du terrain. Eh bien, le volume utile des
eaux qui tombent sur cette surface de 550000 mètres carrés serait encore de 440550 mètres cubes.

Le deuxième résultat, même réduit de 1/10, fournira à la dépense de plus de 62 pouces fontainiers
pendant la même durée d'une année. Car, 62 fois
7027 mètres cubes ne donnent que 435674 mètres
cubes; nombre inférieur d'environ 1/2 pouce fontainier au résultat ci-dessus 440550 mètres cubes.

Voilà la quantité d'eau de pluie que le sol de la
susdite vallée absorbera, année commune.

Mais nous devons dire, d'après l'expérience, que
la quantité de pluie peut par exception varier considérablement d'une année quelconque à l'année
qui la suit.

Toutefois, cette variation, quelle qu'elle soit, ne
descend jamais du double au simple.

Faisons une large part à ce cas très-rare de sécheresse exceptionnelle; et admettons que dans
une année de très-grande sécheresse on ait 1/3 de
déficit sur la moyenne adoptée 1^m,15, qui contient
déjà elle-même une compensation, parce qu'elle
est une moyenne, et parce que la véritable moyenne
pour Aubenas n'est pas 1^m,15, mais bien 1^m,26; on

aurait encore pour cette année d'exception plus de 41 pouces fontainiers absorbés par le sol de ladite vallée.

Cette observation d'extrême prudence assigne la limite inférieure du volume d'eau que l'on pourra obtenir en tout temps dans le bassin-régulateur.

Conséquemment, dans le cas où l'on voudrait prendre toute la quantité d'eau que ladite vallée peut fournir à la ville d'Aubenas, il sera prudent de calculer la distribution des eaux d'après le chiffre de 41 pouces fontainiers; bien que l'on doive être persuadé que ce chiffre sera presque toujours dépassé par le tribut annuel des tranchées.

Ecluses.

Afin de recueillir et d'arrêter la masse d'eau qui tombe directement, ou qui coule dans la vallée, et pour l'obliger à saturer le sol de cette vallée et à s'écouler dans l'intérieur, on établira dans la vallée elle-même quatre ou cinq écluses. La disposition des lieux, l'évasement et la pente de la vallée n'exigent pas un plus grand nombre d'écluses.

On donnera à chacune de ces écluses une capacité telle qu'elle puisse contenir à peu près toute l'eau qui tombe dans les plus grandes pluies sur une surface d'environ 137500 mètres carrés; ce qui est le 1/4 de la surface totale 550000 mètres carrés dont les eaux pluviales sont reçues par la vallée. Si l'on établissait cinq écluses, on donnerait à chacune une capacité d'environ le 1/5 du volume des

eaux qui tombent dans les plus grandes pluies sur
ladite surface totale.

Nous donnons ici à chacune des écluses une capacité à peu près égale, parce que la disposition des
lieux et la forme de la vallée le permettent. Dans
une autre localité, cette égalité des écluses pourrait
bien n'être pas possible. On est forcé de se confor-
mer aux exigences des lieux. En général la capacité respective des écluses doit dépendre de la forme de la vallée, et de la direction des ravins affluents
qui composent son bassin.

Au moyen de fossés auxiliaires, ou même de
simples rigoles pratiquées à la surface du sol en
sens convenable, on dirigera sur la pente des collines les eaux pluviales, de manière que chaque
écluse reçoive à peu près le 1/4 ou 1/5 de l'eau qui
tombe sur cette étendue de 550000 mètres carrés.

Dans les plus fortes pluies d'orage il tombe une
couche d'eau dont l'épaisseur n'atteint jamais $0^m,85$.
La pluie diluvienne qui se précipita sur le territoire
de la commune d'Aubenas et lieux circonvoisins,
dans la soirée du 22 septembre 1846, et qui occa-
sionna une inondation épouvantable, fournit une
couche d'eau de $0^m,56$ d'épaisseur en six heures.

Supposons une pluie exceptionnelle plus forte
que toutes les pluies connues, et admettons que
cette précipitation extraordinaire fournisse, en
quelques heures, une couche de $0^m,85$ d'épaisseur.
Cette précipitation, qu'on n'aura probablement jamais, donnerait sur une surface de 137500 mètres

carrés un volume d'eau d'environ 116875 mètres cubes.

Pour que chaque écluse ait la capacité de 116875 mètres cubes environ (en supposant la vallée partagée en quatre écluses), on devra lui donner 150^m de longueur, 100^m de largeur, et de 7^m à 8^m de profondeur (rigoureusement $7^m,79$), en supposant le plat-fond à peu près horizontal. Cette profondeur peut varier entre 8^m et 12^m et même plus que cela; suivant le plus ou moins d'évasement de l'angle formé par les plans de la vallée.

Au moyen de ces dimensions, les masses d'eau de pluie qui arriveront dans la vallée, seront, dans tous les cas, reçues et contenues par les quatre écluses. Ces eaux ne pourront donc jamais déverser sur les digues, et par conséquent aucune dégradation des travaux ne pourra jamais avoir lieu. D'où il suit qu'on n'aura pas à redouter de voir se perdre une partie des eaux recueillies dans les écluses.

Tranchées.

Les eaux pluviales étant ainsi reçues dans les écluses, il importe de leur faciliter un prompt écoulement dans l'intérieur, afin d'éviter les pertes par *l'évaporation à la surface liquide.*

Pour atteindre ce but, au-dessous de chaque écluse seront creusées trois, ou quatre, ou même un plus grand nombre de tranchées transversales d'environ $2^m,50$ de profondeur, sur $1^m,50$ de largeur, et d'une longueur convenable, de manière que ces tranchées traversent complétement le lit de la vallée.

La première de ces tranchées régnera derrière la face antérieure de l'écluse, et assez près de la digue ; la dernière longera le côté opposé de l'écluse, et les autres seront distancées intermédiairement.

Ces tranchées seront revêtues de murs à pierres sèches, mais solidement établis, ayant $0^m,50$ d'épaisseur et autant de hauteur. Les canaux souterrains ainsi formés seront soigneusement pavés dans toute leur étendue, afin que les eaux ne les creusent pas plus profondément, et afin de maintenir par là même les murs de revêtement dans leurs bases. On couvrira ces canaux avec de fortes dalles dont les bords extrêmes s'appuyeront sur les murs de revêtement, et l'on aura des souterrains de $0^m,50$ de hauteur sur $0^m,50$ de largeur.

La première tranchée, ou *tranchée de recherche*, sera destinée à arrêter la fuite des eaux qui descendent dans les fissures des terres, et vont presque toujours se perdre inutilement dans les interstices des diverses couches qu'elles rencontrent, où elles se subdivisent et se dispersent pour aller former capricieusement sur des points plus ou moins éloignés les uns des autres, soit de petites sources dont l'extrême faiblesse les rend à peu près inutiles ; soit de fausses sources qui tarissent dans les moindres chaleurs et qu'on appelle eaux folles ou pleurs de terre, parce qu'elles ne dérivent pas de quelque réservoir souterrain qui les alimente.

Les autres tranchées, ou *tranchées filtres*, auront pour objet spécial de recevoir les eaux filtrées de l'écluse, pour les transmettre à la tranchée longitudinale dont il va être parlé; mais elles remplissent aussi le rôle de tranchées de recherche.

Pour assurer la prompte filtration des eaux, on remblayera le vide restant au-dessus des souterrains des tranchées dans toute leur longueur et à partir des dalles qui les recouvrent, d'abord par une couche de cailloux, ou de la pierraille; puis du gros gravier et du sable; enfin de la terre extraite des tranchées, de manière à remplir complétement le vide jusqu'au niveau de la surface du sol dans la vallée. On constituera ainsi un véritable filtre qui s'élèvera en s'élargissant sur le fond de l'écluse; et l'on donnera au plat-fond de l'écluse une pente telle que toutes les eaux qu'elle recevra se porteront naturellement vers le filtre.

Les tranchées transversales s'inclineront toutes vers l'intersection mixtiligne des plans de la vallée.

Là elles seront traversées et mises en communication par *une tranchée longitudinale* de 2^m,50 de profondeur, qui sera creusée sous le berceau même du ruisseau de la vallée. Cette tranchée longitudinale sera construite comme les tranchées transversales, et on lui donnera un peu plus de largeur qu'à celles-ci. Elle remplira le rôle des autres tranchées, mais elle sera destinée principalement à recevoir les eaux fournies par les tranchées des quatre écluses, pour les verser dans le bassin-régulateur dont il va être question.

Bassin-Régulateur.

Les eaux ainsi filtrées arriveront pourtant en quantités très-inégales, selon que les pluies seront fortes, faibles ou même nulles, dans les diverses saisons de l'année.

Pour obvier à ce défaut de régularité, et afin de pouvoir fournir constamment à la cité, *la même quantité d'eau pour chaque jour*, on creusera au pied de la vallée, ou après la dernière écluse, *un grand réservoir* établi pour recevoir ce que les tranchées fourniront en plus dans certaines circonstances, et pour suppléer à ce que les tranchées fourniront en moins dans d'autres occasions.

Ce bassin, véritable lac alimentateur des Fontaines publiques, réglera la dépense des eaux au moyen de larges robinets qui ne laisseront échapper que la quantité d'eau convenable. C'est à cause de cet emploi que nous appelons ce bassin *un Régulateur*.

Ce réservoir sera aussi une ressource assurée contre tout manque d'eau qui pourrait résulter d'une longue sécheresse; car, on pourra y réunir les eaux nécessaires pour trois mois, et même davantage.

Il s'emplira en peu de temps dans la saison des grandes pluies; et ses eaux seront continuellement

renouvelées et rafraîchies par le tribut que lui fournira chaque jour la tranchée longitudinale.

Ce bassin-régulateur sera construit solidement
en maçonnerie, et pavé avec des cailloux noyés
dans un ciment hydraulique, afin d'éviter la fuite
des eaux, soit par infiltration sous le fond de ce bassin, soit par des fissures que pourraient présenter
les murs d'enceinte. On pourra le laisser à découvert par raison d'économie. Son eau exposée à l'action de l'air et de la lumière n'en sera pas moins
bonne, comme nous avons déjà dit; seulement, sa
température variera d'une saison à l'autre.

Si l'on veut conserver toute sa fraîcheur à l'eau,
il faut soustraire cette masse liquide aux influences
atmosphériques. Pour cela, on terminera ce bassin
par une voûte en maçonnerie formée de plusieurs
arcades ou berceaux, et recouverte dans toute l'é-
tendue de sa surface supérieure d'une épaisse couche de terre.

Par la disposition des lieux, les murs des faces
Est, Ouest et Sud du bassin-régulateur seront sous
terre; la face Nord sera seule à découvert.

Le mur qui fermera du côté du Nord ce lac souterrain sera très-consistant, et capable de résister
à la pression de l'eau.

Dans la direction verticale de ce mur seront
échelonnés, depuis le haut jusqu'au niveau le plus
bas, des robinets d'un diamètre convenable; lesquels pourront s'ouvrir successivement suivant le
besoin, et régleront ainsi le débit des eaux.

Au-dessus du plus haut robinet régnera une large ouverture rectangulaire pour donner issue au trop plein.

Cette ouverture et les robinets seront enveloppés d'une chappe, ou chambre en maçonnerie dans le fond de laquelle on placera une grande auge qui sera la naissance de la conduite.

L'eau du trop plein, ou celle des robinets sera reçue dans cette auge, d'où elle passera immédiatement dans les tubes ou dans le canal de conduite pour se rendre dans la ville.

1re Remarque.

Des deux exemples que nous venons de donner, il sera facile de conclure l'application du système à une autre localité quelconque.

2e Remarque.

Parmi un très-grand nombre de lieux que l'on pourrait citer, nous avons pris pour exemple particulier la ville d'Aubenas, parce que ce site (qui est totalement déshérité de Fontaines naturelles, qui n'a pas même de puits, qui ne possède que des citernes, et qui est éloigné des cours d'eau), présente une application très-remarquable de notre système; et sert à prouver que dans les localités dont la position est des plus ingrates pour se procurer de l'eau bonne et toujours courante, on peut appliquer notre système de Fontaines, pourvu que ces localités soient dominées par des plateaux, par des montagnes ou par des collines formant une ou plusieurs vallées d'assez grande étendue. Car, nous ne savons pas perdre de vue que le but principal de notre système, c'est de donner de la bonne eau potable aux villes, aux villages, aux habitations quelconques dont la soif cherche inutilement des Fontaines.

CHAPITRE XXXVI.

—

THÉORÈMES SUR LE SYSTÈME GÉNÉRAL
DE FONTAINES NATURELLES.

Bien que le système général de Fontaines naturelles soit solidement établi par les raisons que nous avons déjà données, nous croyons néanmoins devoir ajouter les théorèmes suivants qui découlent comme conséquences naturelles des développements qui précèdent.

Théorème 1er.

Les Fontaines établies d'après ce système sont de véritables Fontaines naturelles.

En effet ;

Et d'abord, qu'est-ce qu'une Fontaine naturelle?

D'après les meilleurs dictionnaires, une Fontaine naturelle est une eau qui sort d'elle-même de terre, d'un réservoir souterrain *ordinairement creusé par la nature*, et alimenté par les eaux pluviales.

Dans cette définition l'adverbe *ordinairement* modifie l'expression *creusé par la nature*, et étend la signification de cette expression aux fouilles et aux travaux que la main de l'homme exécute pour creuser des sources et établir des Fontaines. Car, dire que ce réservoir *est ordinairement creusé par la nature*, c'est-à-dire implicitement que ce réser-

voir *est quelquefois creusé par l'homme*, et c'est ce
qui arrive très-souvent. Dans presque tous les éta-
blissements de Fontaines publiques destinées à
fournir de l'eau potable soit à une cité, soit à une
agglomération quelconque, des fouilles sont faites
en divers sens pour trouver les sources, les filets
liquides que les eaux pluviales forment sous terre.
Des travaux de déblais sont exécutés pour rassembler les veines, les filets d'eau dans un réservoir
commun que l'on appelle alors *Mère-Fontaine.*
C'est de ce réservoir que partent les canaux ou les
tubes de conduite qui doivent porter les Fontaines
à leur destination. Souvent même, dès leur sortie
du réservoir commun on dirige les sources dans un
bassin couvert ou découvert appelé *point de partage;* et alors c'est de là que partent les tuyaux de
conduite.

Or, dans les Fontaines établies d'après notre système, *les eaux pluviales viennent souterrainement,
par infiltration*, après avoir traversé des couches
de terre plus ou moins épaisses. A mesure qu'elles
arrivent, elles sont amassées et réunies par un réseau de cavités qui aboutissent à *un réservoir
commun caché sous terre.* Ce réservoir commun
est la tranchée longitudinale; le point de partage
est le bassin-régulateur couvert ou découvert, que
l'on construit à l'extrémité de la tranchée longitudinale, et qui est destiné à recevoir les eaux que
celle-ci lui apporte. Enfin, l'eau de ce réservoir
s'épanche d'elle-même en Fontaines.

La nature ne procède pas autrement dans la formation *des Fontaines naturelles existantes.*

Certainement les personnes qui verraient jaillir une source produite par notre système, et qui ne connaitraient pas les travaux exécutés sous terre, ne mettraient aucune différence entre cette source et les Fontaines formées par la nature.

L'eau des Fontaines établies d'après ce système réunit toutes les conditions de bonne qualité ; c'est-à-dire, que cette eau sera claire, pure, fraîche, aérée, agréable à boire en toute saison.

Et en effet ;

1° Cette eau sera claire comme l'est ordinairement l'eau de source; car, d'après la démonstration précédente, c'est une eau de source, c'est une Fontaine qui ne diffère pas des Fontaines naturelles.

2° Cette eau sera pure, comme l'est généralement l'eau filtrée; car, elle a traversé assez promptement des couches de terre qui ne sont pas très-épaisses, et qui sont mêlées çà et là de cailloux, de sable et de gravier.

3° Cette eau sera fraîche; car elle est amassée souterrainement à une profondeur où la température est à peu près invariable.

4° Cette eau sera aérée; car, c'est une eau de source; et nous savons (page 190), que l'eau de source, l'eau qui a été filtrée à travers les terres a été mise en contact avec l'air par une infinité de points, et se trouve généralement plus aérée que l'eau des rivières et des fleuves.

D'après tout cela, l'eau des Fontaines établies conformément à notre système sera claire, pure, fraîche, légère, et d'une température peu variable. Elle sera donc agréable à boire en toute saison, et elle sera propre à tous les usages civils, domestiques et alimentaires.

Théorème 3ᶜ.

Le tribut de la tranchée longitudinale sera permanent.

En effet;

Les eaux que la tranchée longitudinale verse dans le *bassin-régulateur* sont (après que l'eau des écluses a disparu), *le produit d'infiltrations lentement opérées au travers des terres qui ont été saturées profondément, au loin et au large.*

On ne peut pas admettre que l'écoulement complet de cette saturation d'eau soit opéré avant qu'il ne tombe dans la vallée de nouvelles précipitations de pluie, lesquelles viendront de nouveau saturer le sol de la vallée, et perpétueront ainsi *les infiltrations*, qui entretiennent et renouvellent l'eau du *bassin-régulateur*.

Observation.

Aux trois théorèmes précédents se rapporte l'observation suivante :

Les premières eaux qui arriveront dans le bassin-régulateur auront lavé toutes les tranchées, et laveront le régulateur lui-même. Par conséquent, elles seront terreuses et colorées. Il faudra donc sacrifier les premières eaux et les laisser se perdre, jusqu'à ce que tout le système des travaux étant suffisamment lavé, fournisse et conserve les eaux claires. Il suffira ordinairement de deux précipitations moyennes, ou même d'un seul écoulement un peu considérable, pour obtenir des eaux d'une belle limpidité.

Théorème 4e.

Pour avoir un débit constant et qui ne manque jamais, il suffira de construire un bassin-régulateur capable de contenir la provision d'eau pour quatre mois seulement.

En effet ;

D'après la démonstration précédente, le tribut de la tranchée longitudinale sera permanent. Donc, à mesure que l'eau s'échappera du bassin-régulateur, elle y sera remplacée en tout ou en partie par le tribut de ladite tranchée.

Conséquemment, et d'une part ; si l'on a un bassin-régulateur préalablement plein et qui contienne la provision d'eau pour quatre mois, ce bassin-régulateur ne sera pas entièrement vide après qu'il aura fourni le même débit pendant quatre mois consécutifs.

Mais, d'autre part, on sait qu'il pleut de temps en temps, au moins tous les trois ou quatre mois,

par précipitations de pluie considérables ; car, les
sécheresses qui durent plus de trois mois sont très-
rares et de véritables exceptions. Donc, avant que le
bassin-régulateur préalablement plein ait débité sa
provision d'eau, sans compter le tribut qui lui aura
été sans cesse fourni pendant tout ce temps par la
tranchée longitudinale, il surviendra une pluie
considérable qui humectera largement les terres
de la vallée; et le produit des tranchées deviendra
assez fort pour remplir complétement et de nouveau le bassin-régulateur. D'où il suit que le bassin-régulateur pourra s'emplir *au moins* trois fois
dans l'espace de 12 mois.

Donc, il suffira de le rendre capable de contenir
la provision d'eau pour quatre mois seulement.

On doit donc admettre qu'un bassin-régulateur
de la capacité de 35000 mètres cubes, par exemple,
c'est-à-dire, de cinq pouces fontainiers environ,
pour un an, fournira un débit journalier *d'autant
de fois cinq pouces* qu'il pourra s'emplir de fois
dans l'espace de 12 mois.

Ainsi, dans la susdite vallée, qui nous a servi
d'exemple comme application de notre système, un
bassin-régulateur de la capacité de 35000 mètres
cubes pouvant être rempli trois fois bien certainement par les eaux pluviales qui tombent dans cette
vallée en 12 mois consécutifs, fournira un débit de
15 pouces fontainiers d'une manière permanente
pendant une année entière, et continuera ce débit
indéfiniment.

Remarque.

Ce quatrième théorème garantit la fidélité des Fontaines établies d'après notre système.

Théorème 5e

Ce système de Fontaines est, dans ses applications, moins dispendieux qu'aucun des moyens employés jusqu'à ce jour.

En effet;

Il ne s'agit ici, d'après ce que nous avons déjà dit, que des localités qui sont dépourvues de sources, de Fontaines, et qui se trouvent éloignées des cours d'eau qui pourraient y être amenés par pentes naturelles. Conséquemment, dans ces localités on est contraint de renoncer à tout projet d'amener par pentes naturelles une source lointaine, à cause des dépenses énormes qui s'en suivraient. On pourrait tout au plus recourir à l'emploi de quelques pompes élévatoires, placées dans les cours d'eau les plus voisins de la localité.

Or, notre système est moins dispendieux que l'emploi des machines élévatoires de l'eau, en ce sens que les travaux et toutes les constructions une fois bien établis n'exigent pas de réparations ni de frais d'entretien. C'est fait pour un nombre d'années indéfini.

Tandis que les machines demandent des soins

continuels, un entretien considérable, et, en outre, un renouvellement complet après un certain
nombre d'années.

Ce qu'il y a de plus dispendieux dans notre
système de Fontaines c'est le bassin-régulateur couvert. On peut prendre pour base 45 ou 50 mille
francs de dépense d'argent pour une capacité d'environ 35000 mètres cubes; c'est-à-dire, pour un
bassin-régulateur couvert, et capable de fournir un
débit permanent de 15 pouces fontainiers.

Mais, si on laisse à découvert le bassin-régulateur, la dépense d'argent se trouve considérablement diminuée. L'eau sera de bonne qualité dans
ce bassin, comme il a été déja dit; seulement, sa
température variera de quelques degrés dans les
diverses saisons.

Et si l'on supprime le bassin-régulateur, la dépense se réduit à de faibles sommes. La Fontaine
sera permanente, elle donnera de l'eau toute l'année; mais le volume de son débit éprouvera de
grandes variations dans les différentes saisons. Elle
sera soumise aux variations qu'éprouvent presque
toutes les Fontaines de la nature.

Théorème 6e.

Les Fontaines établies d'après notre système
possèdent le précieux avantage de ne pouvoir pas
dévier, de ne pouvoir pas se perdre, de ne pouvoir
pas déplacer leur orifice de sortie, et de donner un
débit constamment le même en toute saison.

Les quatre premiers caractères dépendent des travaux de digues, d'écluses et de tranchées ; le cinquième dépend du bassin-régulateur.

Ce sont là cinq caractères particuliers aux Fontaines de notre système ; caractères que ne possèdent pas généralement les Fontaines de la nature.

En effet ;

Les Fontaines établies d'après notre système ne peuvent pas varier dans leur niveau, ni dans la voie qui leur est tracée, ni dans leur orifice de sortie, et à plus forte raison elles ne peuvent pas se perdre.

Car, 1° Leur niveau est déterminé par l'ensemble des travaux solidement exécutés ;

2° La voie qu'elles suivent souterrainement leur est assignée par les cavités des tranchées ;

3° Leur orifice de sortie est fixé invariablement à l'extrémité de la tranchée longitudinale ;

4° Le réseau de cavités bien établi dans son ensemble, et les pentes ménagées dans ses diverses parties sollicitent les eaux à circuler souterrainement, et à se diriger vers un même point qui est l'orifice de sortie.

De sorte que, il ne faudrait rien moins qu'une violente secousse, un tremblement de terre en ce lieu pour déranger un pareil système de travaux.

Donc, l'existence des quatre premiers caractères dans les Fontaines de notre système est démontrée.

Quant au 5° caractère ; il est assez évident qu'au

moyen d'un bassin-régulateur préalablement plein et d'une capacité calculée d'avance, on peut faire débiter à ces Fontaines un volume constamment le même en toute saison.

Généralement les Fontaines de la nature ne jouissent pas de ces cinq caractères.

Car, il est constaté par une foule de faits que, dans diverses localités, des Fontaines ont abaissé leur niveau plusieurs fois dans un laps de temps assez court, par exemple, la durée de la vie ordinaire d'un homme. Ou bien, elles ont déplacé leur orifice de sortie en conservant à peu près leur niveau ; ou bien encore elles ont éprouvé des déviations, et ont même fini par disparaître.

Enfin, il y a peu de Fontaines de la nature qui ne varient pas dans la valeur de leur débit d'une saison à l'autre. Car, tout le monde sait que la plupart des Fontaines diminuent considérablement, ou même tarissent s'il ne pleut pas de quelques mois.

Observation.

Les raisonnements renfermés dans le 6ᵉ théorème sont présentés sans orgueil, sans ostentation et avec toute l'humilité d'un ferme croyant. Ils sont donnés seulement pour établir l'exactitude d'un fait.

Nous ne prétendons pas avoir créé une nouvelle chose, car, à Dieu seul appartient la puissance créatrice.

Nous ne prétendons pas non plus avoir fait ce que la nature ne saurait faire; car, nous avons déjà dit, au commencement de ce 5ᵉ livre, que nous empruntons tout à la nature elle-même : les matériaux à employer, les modèles à imiter, les enseignements à appliquer, les procédés à suivre.

Nous signalons seulement la certitude d'un perfectionnement dans le fait des Fontaines, comme on a pu jusqu'à nos jours, signaler avec vérité les divers perfectionnements que l'intelligence humaine a introduits successivement, et à des intervalles de temps plus ou moins longs, soit dans les arts, soit dans l'industrie, soit dans l'agriculture, etc.

Le Créateur nous a livré toutes choses avec la faculté de faire, de défaire, et de disposer de tout suivant notre vouloir, et dans les limites de notre intelligence et de nos forces.

Nous pouvons ainsi nous former des habitations à notre gré et dans les lieux que nous préférons; nous pouvons embellir nos demeures, donner aux sites que nous chérissons tel aspect qui nous convient, améliorer notre bien-être, etc., etc., etc., en effectuant divers travaux mécaniques dirigés par l'intelligence.

C'est ainsi que, par la culture, par des soins persévérants, la plante qui, prise à l'état naturel et sauvage, ne donne que des fleurs exiguës et souvent sans odeur, s'accroît, se développe et produit des fleurs odorantes et amplifiées, qui sont un magnifique ornement de nos parterres.

C'est ainsi que par la greffe et par la culture les fruits si grêles et si âpres des arbres que la nature donne à l'état sauvage, acquièrent des développements très-considérables, et parviennent par des perfectionnements successifs à flatter la vue autant que le goût.

C'est ainsi que par le travail persévérant tout se développe, s'embellit et s'améliore.

Ces perfectionnements que l'homme obtient par ses soins, par ses travaux divers, par son industrie, par les efforts de son intelligence, sont la récompense de sa soumission à la loi du travail.

C'est seulement un semblable perfectionnement que nous avons voulu signaler dans le fait des Fontaines; et rien de plus.

CHAPITRE XXXVII.

DESCRIPTION DES TRAVAUX.

Comme il a été dit dans les précédents chapitres, les travaux à exécuter pour créer des Fontaines d'après notre système sont : 1° des chaussées ou digues élevées de distance en distance, dans la vallée choisie, pour former des écluses ; 2° des tranchées qui doivent être creusées en divers sens au-dessous des écluses ou au-dessous des plateaux ; 3° Enfin le bassin-régulateur.

La Planche V représente une coupe horizontale des chaussées et des tranchées exécutées dans la vallée. Ce plan est fait sur une échelle arbitraire et très-petite. Mais il suffira pour faire comprendre l'ensemble des ouvrages qui doivent être exécutés dans une vallée où l'on veut appliquer le système de Fontaines.

Légende du Plan.

DD première digue.
EE deuxième id.
GG troisième id.
HH quatrième id.
LL cinquième id.

Ces digues admettent entre elles des distances égales ou inégales, suivant la conformation de la vallée ; et elles doivent être disposées de manière à former des écluses capables de contenir les plus fortes précipitations d'eaux pluviales connues de mémoire d'homme, dans la localité.

Dans ce plan les digues sont supposées avoir une longueur variable entre 100^m et 150^m, sur 15^m d'épaisseur à la base et 10^m de hauteur au-dessus du ruisseau de la vallée. Elles se terminent en talus, et n'ont que 2 à 3^m d'épaisseur en haut. Elles sont construites en terre végétale. La face Sud est recouverte entièrement d'une couche d'argile de 0^m,15 à 0^m,20 d'épaisseur.

Toutes les lignes ponctuées désignent des tranchées creusées à 2^m ou 2^m,50 de profondeur sur 1^m ou 1^m,50 de largeur.

Les lignes pleines et à peu près parallèles marquées par les lettres M N C F K I désignent le berceau ou lit du ruisseau de la vallée.

Toutes les lignes ponctuées marquées X Y désignent les tranchées transversales, communiquant avec la tranchée longitudinale à laquelle elles apportent leur tribut.

La tranchée longitudinale qui est située sous le berceau même du ruisseau de la vallée reçoit les eaux de toutes les autres tranchées. Par conséquent, celles-ci doivent s'incliner convenablement vers la tranchée du milieu M N C K I.

Au point C le ruisseau se détourne presqu'à angle droit vers le point F où il fait un second coude d'un angle aussi à peu près droit, et se dirige ensuite vers le point I en suivant une ligne légèrement courbe.

Afin d'éviter ce double coude, la tranchée longitudinale suit la direction C K et ensuite K I.

Au point I la tranchée longitudinale est arrêtée en forme de T par une tranchée transversale A B.

Cette dernière reçoit les eaux que fournissent toutes les tranchées et les verse par les trois points A, I, B, dans le bassin-régulateur qui est construit immédiatement après et au-dessous.

Les lignes ponctuées O P Q R et S T V U désignent des tranchées auxiliaires situées à droite et à gauche de la tranchée longitudinale et dans le sens, à peu près, de celle-ci.

Les tranchées longitudinales auxiliaires peuvent être principalement utiles, lorsque le fond de la vallée est large. Elles sont continues ou discontinues, et doivent être creusées au pied même des berges de la vallée. Leur rôle est d'arrêter et de recueillir les eaux pluviales qui circulent dans l'épaisseur de la couche de terre végétale, et qui pourraient manquer les tranchées transversales pour aller se perdre à diverses profondeurs, sous le large lit de la vallée.

On devra ménager aux tranchées auxiliaires des points de communication avec les tranchées transversales, et une pente convenable afin qu'elles puissent verser facilement dans celles-ci les eaux qu'elles auront recueillies.

Divers systèmes de Tranchées.

La planche VI représente la coupe verticale de quatre systèmes de tranchées.

Dans les terrains ordinaires qui offrent de la bonne pierre à proximité, on emploiera le système représenté Fig. 1.

Dans les localités où la pierre manque, on substituera la brique à la pierre. La Fig. 2 représente ce système de tranchées.

Dans les quartiers qui ne présentent, jusqu'à une profondeur considérable, que des couches de cailloux roulés, ou des couches sableuses, on emploiera le système Fig. 3, ou le système Fig. 4.

Dans l'un et dans l'autre de ces deux derniers systèmes, les lettres A B C ou D E H désignent une couche d'argile de $0^m,10$ à $0^m,15$ d'épaisseur, disposée en forme courbe et recouvrant le fond de la tranchée composé de cailloux roulés, ou de terrain sableux et très-perméable. Le système Fig. 3 sera employé dans les localités où l'on peut se procurer de la bonne pierre ou de la brique facilement; et l'on emploiera le système Fig. 4, dans les cantons où l'on devra par diverses raisons se servir de sable pour occuper entièrement la cavité de la tranchée.

Les tranchées d'après le système Fig. 4 doivent être très-rapprochées les unes des autres, afin de recueillir à peu près toute la quantité des eaux pluviales qui descend promptement dans les terrains très-perméables. Car, si elles étaient plus ou moins espacées, l'extrême perméabilité du terrain laisserait passer verticalement dans l'intervalle des tranchées une partie des eaux de la pluie, qui descendrait profondément, en pure perte pour l'établissement des Fontaines.

C'est afin de pouvoir rapprocher autant qu'on le voudra les tranchées du système Fig. 4 pour éviter la perte d'une partie des eaux pluviales, qu'on les creusera à parois verticales et sans talus.

Il sera utile dans tous les cas de donner une forme légèrement déprimée à la surface supérieure des tranchées.

Bassin-Régulateur.

COUPES DIVERSES.

Dans la Planche VII, Fig. 1, les lettres F K S R désignent une coupe horizontale du bassin-régulateur. Les murs Sud et Nord affectent une forme angulaire vers le milieu, ce qui leur donne plus de force de résistance contre la pression des terres pour le mur Sud, et contre la pression de l'eau du réservoir pour le mur Nord.

Le mur Nord, qui est à découvert, a une épaisseur très-considérable à la base, par rapport à l'épaisseur des trois autres faces. Ce bassin-régulateur est divisé en plusieurs compartiments, dans le sens de l'Est à l'Ouest, par des murs qui se dirigent du Nord au Sud.

La Fig. 2 est une coupe verticale de ce bassin-régulateur, suivant la ligne droite A B, et donne une vue du profil des voûtes associées et soutenues par les murs de compartiment dont nous venons de parler.

Dans la Planche VIII, les Fig. 1 et 2 sont des coupes verticales du bassin-régulateur suivant C D et suivant M L, et laissent voir les découpures des murs intérieurs. Une coupe verticale faite suivant E H serait découpée comme la section M L. Ces deux coupes font ainsi voir la disposition que l'on doit donner aux ouvertures des murs voisins. D'après ce qui a été dit (page 112) les ouvertures d'un mur quelconque intérieur doivent correspondre aux parties pleines du mur voisin.

L'obliquité de la ligne A B dans les deux Figures 1 et 2 de la Planche VIII, désigne la coupe verticale de la face Nord du bassin-régulateur, et l'augmentation d'épaisseur que le mur du Nord prend depuis le haut jusqu'à sa base.

La Planche IX donne une coupe verticale et longitudinale, représentant l'ensemble des travaux à exécuter dans une vallée pour l'application complète du système de Fontaines. Dans cette Planche, le dernier plan dont une ligne ondulée termine le dessus, représente le flanc ou la berge Ouest de la vallée. Les figures marquées D sont les profils de cinq digues formant un pareil nombre d'écluses, qui sont toutes désignées par les mêmes lettres n T n. Les lettres T qui sont répétées dans toute la

longueur du plan désignent la terre végétale. Les
lignes ponctuées et de niveau *n n* désignent la plus
grande hauteur à laquelle pourraient atteindre les
eaux reçues par les écluses, et provenant des plus
fortes pluies diluviennes connues de mémoire
d'homme dans la localité. La hauteur des digues
dépasse cette ligne d'extrême niveau, afin que dans
tous les cas les eaux ne puissent point franchir ces
barrières. Les lettres V désignent la bande étroite
qui est inclinée à l'horizon, et qui descend de degré
en degré jusqu'au point O. Cette bande étroite est
la coupe verticale du vide ou cavité qui règne sous
la tranchée longitudinale, et qui doit conduire
dans le bassin-régulateur B le tribut de toutes les
tranchées. Au-dessous de cette bande étroite se
présentent le sol et le sous-sol, sur lesquels repose
tout le système des travaux. Entre cette bande étroite
et le fond des écluses règne une bande plus large,
ponctuée ou sablée, inclinée à l'horizon et affectant
les mêmes chutes que la cavité dont nous venons
de parler. C'est la coupe verticale et en long de la
tranchée longitudinale. Le bassin-régulateur B reçoit l'alimentation par l'orifice O de la cavité qui
règne sous la tranchée longitudinale. F est une fenêtre rectangulaire pour donner issue au trop plein,
de manière que dans le bassin-régulateur les eaux
fournies par la tranchée longitudinale laissent toujours un vide entre la ligne de niveau OF et la
voûte de ce bassin. Le fond du bassin-régulateur
est légèrement incliné vers le point R, afin qu'il

puisse se vider entièrement par cet orifice R. La voûte du bassin est, au contraire, légèrement relevée vers le point F, et porte une couche de terre dont l'épaisseur va en augmentant dans la direction du Sud au Nord. On se ménage ainsi une sixième écluse, qui dirigera ses eaux filtrées vers l'extrémité de la tranchée longitudinale, et dans le voisinage de l'orifice O. C C est le mur extérieur de la chambre du robinet. R est l'orifice intérieur du robinet qui traverse le mur et qui doit régler le débit des Fontaines, quand la fenêtre rectangulaire ne fournira pas suffisamment. Dans le fond de la chambre du robinet est située l'auge destinée à recevoir les eaux qui s'échappent de la fenêtre rectangulaire par le trop plein, ou celles fournies par le robinet. N est la naissance du canal de conduite.

Nous terminerons ce chapitre par quelques mots sur les Fontaines publiques.

Fontaines Publiques.

Tout le monde connaît la simplicité de construction des Fontaines de pure utilité, destinées à fournir de l'eau à une agglomération, ou même à un seul ménage. Ces Fontaines sont ordinairement construites avec économie. On emploie des pierres plus ou moins grossières, des conduites de bois ou de poterie, et un simple bout de tuyau de plomb ou de fer à la sortie.

On emploie beaucoup aujourd'hui les Bornes-Fontaines. Elles 'sont quelquefois isolées, mais le plus souvent on les voit adossées contre la façade d'un édifice. Ces Fontaines ont l'avantage d'occuper peu de place et de ne point gêner la circulation dans les rues; de plus, leur peu d'élévation facilite le service à tel point, que les enfants même peuvent remplir l'office de porteur d'eau.

Dans les Fontaines monumentales ou d'ornement (qui sont toujours des contructions de luxe), on emploie des marbres, des bronzes, des pierres susceptibles de prendre un beau poli, etc. On fait des Fontaines surmontées de statues et de figures emblématiques. Au moyen de divers ajutages placés aux orifices de sortie et qu'on peut changer à volonté, les eaux jaillissent dans les airs en prenant plusieurs dispositions, comme d'éventails, de soleils, de girandoles; on produit des jets verticaux, des jets en gerbes, des jets en courbes de différentes formes, des bouillons, des cascades, etc. Les systèmes usités sont variés à l'infini. Aussi, les modèles en fait de Fontaines publiques monumentales et d'ornement ne manquent pas. Dans le choix, ce n'est qu'une affaire de goût et de fantaisie qui fait préférer un système à un autre.

La Planche X représente une Fontaine d'ornement à un jet vertical et à deux jets obliques pour animer et embellir un parc, ou un parterre.

La Planche XI représente un système de Fontaine

monumentale, en cascades pyramidales, assez usité dans la décoration des places publiques.

La Planche XII représente une Fontaine monumentale en forme de dôme pour la décoration d'une place publique, d'un parc, etc.

CHAPITRE XXXVIII.

—

OBJECTIONS CONTRE LE SYSTÈME GÉNÉRAL DE FONTAINES NATURELLES.

Nous allons au-devant des objections que l'on pourra soulever contre notre système de Fontaines; et d'avance nous donnons les réponses à celles que nous avons pu prévoir, et qui nous ont paru sérieuses.

1re Objection.

On dira peut-être :

Le bassin-régulateur n'est pas autre chose qu'une grande citerne. Ainsi, le système proposé ne présente rien de neuf, et ne donne pas des Fontaines dans l'acception vraie de ce mot.

Réponse.

Pour répondre à cette première objection, il faut partir de bonnes définitions, et, avant tout, se mettre d'accord sur l'acception des mots que l'on emploie.

Nous reproduirons ici les définitions déjà données, d'après les meilleurs dictionnaires, des mots citerne et Fontaine.

1° CITERNE. — Réservoir ordinairement souterrain, établi pour recueillir et conserver les eaux pluviales.

2° FONTAINE NATURELLE. — Eau vive qui sort de terre, d'un réservoir *ordinairement* creusé par la nature, et alimenté par les eaux pluviales.

Or, 1° notre bassin-régulateur n'est pas une citerne ;

Parce qu'il n'est pas alimenté comme les citernes, qui ne reçoivent de l'eau qu'à des intervalles de temps plus ou moins longs, et seulement pendant la durée de la pluie.

Mais il est alimenté sans interruption avant la pluie et après la pluie par la tranchée longitudinale, ainsi qu'il a été démontré dans le théorème 3°.

2° Notre bassin-régulateur n'est pas une citerne ;

Parce qu'il ne reçoit pas les eaux de la pluie directement et immédiatement après qu'elles ont balayé et entraîné avec elles de dessus les toits ou des surfaces en pente toutes sortes d'ordures qui troublent la limpidité de la masse de l'eau, et qui sont capables de gâter, de vicier cette eau et de la rendre insalubre ; ce qui fait donner aux eaux de citerne une place très-inférieure dans la classification des eaux douces par ordre de mérite.

Mais notre bassin-régulateur reçoit, au contraire, les eaux de la pluie souterrainement, après qu'elles ont été filtrées lentement à travers les terres ; opération naturelle qui les dépouille entièrement de tous les corps étrangers dont ces eaux ont pu s'emparer, soit en traversant l'atmosphère, soit en circulant à la surface du sol. De sorte que, après cette opération, les eaux pluviales arrivent claires, pures, aérées, vives et légères, dans la tranchée longitudinale qui les verse constamment dans le bassin-régulateur.

3° Notre bassin-régulateur n'est pas une citerne;

Parce que ses eaux conservent toujours leur bonne qualité; car, elles ne contiennent aucune matière étrangère qui puisse les vicier, les gâter, les corrompre. Aussi, ce bassin-régulateur n'aura pas besoin d'être nettoyé intérieurement, pas plus que le réservoir souterrain d'une source, d'une Fontaine naturelle. Tandis que l'eau des citernes prend un goût désagréable, nauséabond; elle se gâte et se corrompt, s'il ne pleut pas de quelque temps; parce que les matières qu'elle a déposées au fond du réservoir fermentent, se putréfient et communiquent des qualités mauvaises à l'eau qui les recouvre. Aussi, est-on obligé de nettoyer à peu près tous les ans l'intérieur des citernes, afin d'avoir des eaux moins mauvaises; comme aussi afin que les dépôts successifs ne finissent pas par remplir complétement la capacité du réservoir.

Par toutes les raisons que nous venons d'exposer nous pouvons donc conclure que notre bassin-régulateur n'est pas une citerne.

Qu'est-il donc?

Une mare? un marais? oh, certes, encore moins; ceci n'a pas besoin d'être démontré.

Un puits? mais non; car, la définition du puits

ne convient en aucune manière à notre bassin-régulateur.

Un lac? un étang? ni l'un, ni l'autre; car, la définition du lac, pas plus que celle de l'étang, ne
saurait se rapporter à notre bassin-régulateur.

Il n'y a point d'autre définition que celle de Fontaine naturelle qui puisse convenir à notre bassin-
régulateur.

Donc, notre bassin-régulateur est une source, ou
le bassin d'une Fontaine naturelle; ou bien il faut
imaginer une autre définition pour le décrire. Mais
cette nouvelle définition se confondrait nécessairement avec celle de source, ou de Fontaine. Donc
elle serait inutile.

2ᵉ Objection.

On dira encore peut-être :

L'eau des Fontaines établies d'après ce système
ne sera pas de bonne qualité; elle ne réunira pas
les conditions qui caractérisent les bonnes eaux
potables.

Réponse.

Si l'eau des Fontaines créées d'après notre système ne réunit pas tous les caractères que doivent
posséder les meilleures eaux potables, que leur
manque-t-il? Il conviendrait de déterminer et de
spécifier les défauts qu'on voudra lui supposer. Il
faudra dire, par exemple, qu'elle manquera de pureté, ou de limpidité, ou de fraîcheur ; ou bien

qu'elle ne sera pas aérée, vive, légère. Le défaut attribué ne saurait porter que sur une ou plusieurs de ces cinq conditions qui constituent les meilleures eaux potables.

Or, l'eau des Fontaines établies d'après notre système réunira les cinq caractères ci-dessus, pourvu que tous les travaux soient exécutés dans les conditions voulues, et comme il a été indiqué dans l'exposé de la théorie et de l'application.

1° *Cette eau sera pure.* Car, c'est de l'eau de pluie, qui est déjà de bonne qualité. D'ailleurs, cette eau a peu séjourné à la surface du sol et n'a pas eu le temps de dissoudre des matières étrangères. Ensuite, elle a traversé une faible épaisseur de terre qui n'a pu par conséquent lui communiquer de mauvaises qualités, mais qui, au contraire, l'a débarrassée des corps étrangers qu'elle aurait pu entraîner avec elle à la surface du sol. Enfin, elle traverse une couche de gravier, sable et cailloux, excellent filtre et capable de la ramener à la pureté désirable. C'est dans cet état de pureté qu'elle est versée dans le bassin-régulateur par la tranchée longitudinale. Donc, cette eau ainsi filtrée possède le caractère de pureté des meilleures eaux potables.

2° *Cette eau sera limpide.* Car, la démonstration que nous venons de donner, pour établir la pureté de l'eau, prouve aussi, et *à fortiori*, la limpidité. En effet; une eau ne saurait être pure, si elle n'est limpide.

3° *Cette eau sera fraîche.* Car, d'une part, elle est rassemblée en masse considérable qui séjourne peu à la surface du sol ; et par conséquent elle n'a pas le temps de prendre la température extérieure. Et d'autre part, elle circule lentement sous terre, et à une profondeur pour laquelle les variations de température de l'air atmosphérique sont sans influence sensible. Donc, cette eau aura une température très-peu variable, et qui sera sensiblement égale à celle des sources et des Fontaines de la nature.

4° *Cette eau sera aérée.* En effet ; d'une part, cette eau provient d'eaux de ravines qui ne peuvent manquer d'être aérées, ainsi qu'il a été établi (livre 2°, à l'article *eau de ravine*) ; et d'autre part, c'est une eau filtrée qui par conséquent doit être très-aérée, d'après l'opinion de M. Orfila, rapportée (livre 2°, à l'article *eau de source*).

5° *Cette eau sera vive et légère.* Car, elle sera pure, limpide, fraîche et aérée, ainsi qu'il vient d'être démontré. Or, une eau qui possède ces quatre qualités est appelée vive, légère, pénétrante.

Donc, cette eau réunit toutes les conditions de bonne qualité ; donc, elle doit être rangée parmi les meilleures eaux potables.

3ᵉ Objection.

On dira peut être aussi :

La quantité d'eau fournie par ces Fontaines sera inférieure au volume trouvé par le calcul.

Réponse.

Mais pour soutenir cette opinion, il faudrait, soit par des expériences, soit par d'autres calculs, avoir établi que nos résultats sont faux; sans cela, cette 3ᵉ objection croule d'elle-même.

Les résultats trouvés par le calcul sont appuyés sur des raisonnements rigoureux et sur des faits bien acquis à la science. Ces résultats doivent donc être maintenus jusqu'à preuve du contraire.

4ᵉ Objection.

Pour venir au secours de la 3ᵉ objection on ajoutera, peut-être :

L'eau filtrée à travers les terres, ou les sables et graviers, pourra se perdre soit sous les tranchées, soit sous le bassin-régulateur, soit par des fissures latérales que présenteraient les murs de ce même bassin.

Réponse.

Cette 4ᵉ objection repose sur une supposition tout à fait gratuite.

En effet; elle laisse sous-entendu que les travaux de construction de toute nature seront exécutés dans de mauvaises conditions; ce qui ne doit pas être, si l'on suit les prescriptions relatives à la construction du bassin-régulateur.

Ainsi, 1° L'eau ne se perdra pas inférieurement

sous le bassin-régulateur, ni latéralement par des fissures, quand ce bassin sera établi comme il convient.

2° L'eau ne se perdra pas non plus sous les tranchées ; car, le fond des tranchées doit être pavé avec soin, ainsi qu'il est prescrit page 399. Ce pavé a pour but d'empêcher que les eaux, dans leur marche, ne creusent plus profondément le fond des tranchées ; et de maintenir par là même les murs de revêtement dans leurs bases. D'où il suit que les eaux ne trouveront pas sous le pavé des tranchées des voies plus faciles que celle qui leur est livrée dans la cavité des tranchées elles-mêmes. Par conséquent elles suivront naturellement cette voie qui est en pente convenable, et qui les entraîne assez vite pour ne pas leur laisser le temps de chercher d'autres issues qui n'existent pas. Ainsi, les eaux qui seront déjà arrivées dans les tranchées ne se perdront pas comme l'objection voudrait le prétendre.

3° Les eaux pluviales qui ne traversent pas les terres directement sur le vide des tranchées, mais qui descendent dans le sol en pénétrant les terre-pleins qui séparent les tranchées voisines, ne se perdront pas non plus ; car, le vide des tranchées attire les eaux qui pénètrent dans les couches voisines à droite et à gauche.

En effet ; les eaux infiltrées qui arriveront aux berges des tranchées s'écouleront naturellement dans cette voie facile, et laisseront derrière elles un vide qui sera envahi par les veines liquides les plus voisines, lesquelles s'écouleront de même dans les tranchées; celles-ci seront suivies par d'autres qui viennent immédiatement après; et ainsi de suite de proche en proche. De sorte que les eaux pluviales qui traverseront les terre-pleins situés entre les tranchées se frayeront successivement des voies toujours plus faciles vers le vide des tranchées et prendront définitivement cette direction, au bout de quelque temps, pour ne plus en dévier.

Ceci est un fait d'observation qui se vérifie toujours dans les fouilles que l'on exécute pour creuser les sources naturelles. On sait par expérience que la seconde année de son établissement une Fontaine donne plus d'eau que pendant la première année, et qu'une augmentation sensible dans le volume des eaux fournies par la source nouvellement creusée se fait remarquer pendant les deux ou trois premières années, après l'exécution des fouilles pratiquées pour rechercher les sources et former cette Fontaine.

Au surplus; de deux choses l'une :

Ou le terrain dans lequel on pratique les tranchées est parfaitement stratifié, compacte, solide ;

Ou bien, ce terrain est un mélange confus, mouvant, sans consistance.

Dans le premier cas, on sait, par 17 années d'observations de M. de la Hire, que les eaux pluviales ne pénètrent pas au delà de 16 à 18 pouces.

Or, nos tranchées sont de quatre ou cinq fois plus profondes que cela. Conséquemment, les eaux pluviales qui s'infiltreront dans les terre-pleins ne descendront pas à la profondeur de nos tranchées. Elles exécuteront leur écoulement dans les tranchées bien au-dessus du vide qui règne dans le fond. Donc, elles n'iront pas se perdre en passant au dessous du vide des tranchées.

Dans le second cas, le terrain boit et absorbe promptement toutes les eaux qui tombent à sa surface. Ces eaux descendent jusqu'à la roche imperméable sous-jacente, à moins qu'elles ne rencontrent une couche d'argile qui les arrête et les dirige. Mais il a été dit (page 420) que dans ces sortes de terrains on doit creuser les tranchées très-rapprochées les unes des autres; qu'il faut battre le fond des tranchées et donner à ce fond la forme d'une tuile creusée au milieu et relevée sur les bords; puis étendre sur toute cette surface courbe concave une couche de glaise bien battue et d'un décimètre, ou plus, d'épaisseur; enfin, sur cette couche de glaise remblayer tout le vide, par moitié avec sable, gravier et cailloux, et le restant avec les terres extraites.

On ne laisse ainsi entre les tranchées voisines que des terre-pleins très-étroits. *L'eau pluviale qui descendra dans les terre-pleins* trouvera à droite et à gauche vers les tranchées très-voisines des voies d'écoulement plus faciles que les routes toujours tortueuses qui contrarient et dévient en tous sens sa descente verticale. Donc, cette eau passera en très-grande partie, pour ne pas dire en totalité, dans les tranchées. Et comme c'est une faible quantité d'eau pluviale qui traversera les terre-pleins (puisqu'ils sont très-étroits), la perte des eaux, si toutefois il y a perte, sera si minime, qu'il n'importe nullement d'en tenir compte.

D'ailleurs, si le terrain était très-perméable, on éviterait même cette petite perte dont nous venons de parler, en rapprochant les tranchées et en employant le système de tranchées Planche VI, Fig. 4. Cette forme n'étant pas évasée permet de rapprocher les tranchées jusqu'à les rendre contiguës depuis le haut jusqu'à la base. Alors, il n'y aurait pas de terre-pleins entre les tranchées; et par conséquent, aucune fuite des eaux filtrées ne pourrait avoir lieu. ·

5ᵉ Objection.

On dira peut-être :

Les filtres des tranchées s'obstrueront à la longue, et donneront successivement un produit qui ira en diminuant jusqu'à se réduire à rien.

Réponse.

Cette 5ᵉ objection pèche par une fausseté de comparaison. Elle part de l'idée d'un petit filtre portatif, présentant une faible épaisseur, continuellement en activité, ne recevant aucune matière qui jouisse de la propriété filtrante, et qui puisse aider à le renouveler ou à le conserver; mais, au contraire, arrêtant, absorbant sans cesse les matières visqueuses, gluantes, et toutes les impuretés des eaux qu'on lui livre à épurer.

Un petit appareil filtrant établi pour le besoin guttural d'un seul ménage est bientôt obstrué, on le sait; surtout quand on l'emploie à épurer l'eau puante, visqueuse, gluante, de mares, ou de marais, ou de mauvaises citernes. Aussi, faut-il de temps en temps renouveler les petit filtres des ménages, si l'on veut leur perpétuer la propriété filtrante.

Cette 5ᵉ objection, comparant les petites choses aux grandes, suppose aux vastes filtres de notre système de Fontaines les inconvénients des petits filtres particuliers.

La comparaison sur laquelle se fonde cette objection est fausse de tout point.

1° Parce qu'on ne peut pas conclure du petit au grand. Ce serait conclure du particulier au général; ce serait conclure, par exemple, que parce qu'il a plu dans une localité à une heure déterminée, il a plu dans le même temps sur toute la surface de la terre; que parce qu'un éboulement s'est opéré sur un point particulier, toute la croûte du globe a croulé; que parce qu'une Fontaine connue a cessé de couler, toutes les Fontaines de la nature doivent comme elle refuser leurs eaux.

2° Parce que les filtres des Fontaines établies d'après notre système étant très-vastes, comparativement aux petites dimensions des filtres destinés à un simple ménage, ne doivent pas s'obstruer comme ces derniers. La nature fournit des faits nombreux à l'appui de notre opinion.

En effet ; les filtres des Fontaines naturelles ne s'obstruent pas ; car, il existe des Fontaines connues qui ne sont évidemment alimentées que par les eaux pluviales qui tombent sur des plateaux, ou sur des collines de médiocre étendue ; et cependant, de mémoire d'homme, le débit de ces Fontaines n'a pas diminué sensiblement. Donc, les filtres naturels qui entretiennent ces sources, ces Fontaines ne s'obstruent pas.

5° Parce que les eaux qui traversent nos filtres sont des eaux pluviales ; c'est-à-dire des eaux déjà assez pures par elles-mêmes ; elles ne peuvent donc pas obstruer les filtres quand elles tombent directement sur les tranchées.

Et quant aux eaux pluviales qui n'arrivent pas directement sur les tranchées, savoir : les eaux sauvages qui, après avoir circulé à la surface du sol, viennent en divers sens se réunir dans les écluses ; celles-là sont plus ou moins troubles et entraînent avec elles des débris de végétaux, etc. De sorte que, en se mêlant aux eaux qui tombent directement des nuages dans les écluses, elles colorent toute la masse.

Cela est vrai. Mais que s'en suit-il ?

Ces eaux, quoique plus ou moins colorées, ne sont pas impures ; leur composition intime de-

meure la même, parce qu'elles n'ont pas eu le
temps de décomposer, de dissoudre des matières
étrangères ; et qu'il leur suffit de quelques heures
ou quelques jours de repos pour reprendre une
belle limpidité. Alors elles sont d'excellentes, pour
ne pas dire les meilleures eaux potables, d'après ce
qui a été exposé page 183. Ces eaux traversant les
tranchées, dans ces conditions de bonne qualité,
n'amènent donc rien avec elles qui puisse obstruer
les filtres. Ainsi, l'eau qui descend dans les tranchées, après que la masse a repris la limpidité
dans les écluses, ne peut causer aucune obstruction
dans les filtres.

Cela est un fait bien établi.

Pour ce qui est des premières eaux qui descendent dans les tranchées pendant que la masse est
trouble et colorée ; celles-là déposent et abandonnent à la superficie du sol les matières grossières,
terreuses, sablonneuses, limoneuses qu'elles ont
entraînées, mais qu'elles n'ont pas eu le temps de
dissoudre ; et après avoir traversé la couche de dépôts où elles perdent leur teinte colorée, elles continuent à circuler, claires et pures, vers les cavités des tranchées. Elles ne peuvent donc pas
endommager les filtres par obstruction.

Au surplus, les dépôts que les eaux abandonnent
superficiellement dans les écluses, sont formés de
matières que les eaux sauvages ont balayées et
charriées avec elles. Ces matières sont limoneuses,
sableuses, et jouissent à un très-haut degré de la

propriété filtrante. Conséquemment, elles constituent dans les écluses, et au-dessus des tranchées,
de véritables et excellents filtres qui s'accroissent
et se renouvellent naturellement. Ces filtres ainsi
établis successivement à la surface supérieure, après
chaque pluie un peu considérable, exécutent le
travail de clarification et d'épuration des eaux et,
par cette opération, ils garantissent de toute obstruction les filtres intérieurs.

Raison de plus pour conclure que les filtres
intérieurs des tranchés ne s'obstrueront pas.

6ᵉ Objection.

Enfin, on ajoutera sans doute, comme complé-
ment de l'objection précédente :

Les dépôts successifs des matières terreuses, limoneuses, sablonneuses entraînées par les eaux
sauvages sur les filtres des tranchées finiront à la
longue, par combler totalement la capacité des
écluses; et alors il faudra refaire tous les travaux
de tranchées, de digues; ou bien *renoncer à cet
établissement de Fontaines dont le produit serait réduit à néant.*

Réponse.

De toutes les objections qui ont été présentées,
cette dernière est la moins sérieuse. Elle exige dans
les ouvrages humains la perfection qui ne peut pas
s'obtenir, et la durée indéfinie qu'on n'atteindra
jamais.

Les dépôts successifs qui font la matière de cette dernière objection donneront une épaisseur variable suivant la nature des surfaces qui conduisent les eaux sauvages; et l'accroissement de ces dépôts sera lent ou rapide suivant l'étendue et la disposition des écluses.

Si les écluses sont vastes et à peu près horizontales, les dépôts successifs mettront un très-grand nombre d'années (soit plusieurs siècles), pour produire une épaisseur de deux à trois mètres, ce qui constituera, comme nous venons de le dire, un filtre additionnel. Mais cette addition, cet accroissement supérieur des filtres ne diminuera que très-faiblement et peu à peu la capacité des écluses; de sorte qu'une diminution notable dans cette capacité exigera un laps de temps très-considérable.

Si les écluses sont en pentes rapides et de faible dimension, les dépôts successifs produiront une épaisseur considérable en un nombre restreint d'années; ce qui constituera aussi un filtre additionnel, mais aux dépens de la capacité des écluses.

Pour remédier à l'inconvénient des dépôts,

Il sera facile, dans le 1er cas, d'élever les digues, après un certain laps de temps et lorsqu'on le jugera à propos, afin de conserver toujours aux écluses la capacité voulue.

Il sera également facile, dans le 2e cas, soit d'exhausser les digues, soit d'enlever quelques tombereaux de déblais, lorsqu'on le jugera convenable, pour rendre aux écluses la capacité qu'elles doivent avoir.

Et dans l'un et l'autre cas, il n'en coûtera ni beaucoup de temps, ni beaucoup de travail, ni même beaucoup d'argent, pour diminuer par quelques déblais, exécutés à divers intervalles de temps, les dépôts successifs, de manière à conserver toujours aux écluses à peu près la même capacité.

D'où l'on voit que la 6ᵉ objection ne présente pas une difficulté sérieuse. Elle ne demande pas, à cause de son peu d'importance, une plus ample réponse :

Au surplus, et pour terminer la réponse à la 6ᵉ objection, nous rappelerons ce que nous avons dit au commencement de ce 5ᵉ livre.

Ici, comme dans toutes les sources de la richesse nationale, l'homme doit s'ingénier à aider la nature.

CHAPITRE XXXIX.

—

CONSÉQUENCES ET CONCLUSION.

Il est établi par tout ce qui précède que notre système général de Fontaines naturelles fournit un moyen infaillible d'obtenir pour des habitations soit isolées, soit agglomérées, une eau permanente et réunissant toutes les conditions de bonne qualité.

Mais notre système de Fontaines ne se borne pas, dans ses utilités, à fournir de l'eau potable ; il présente aussi plusieurs avantages remarquables que nous résumons dans les conséquences suivantes.

1re Conséquence.

EXCELLENCE DE NOTRE SYSTÈME.

Ce qui fait l'excellence de ce système général de Fontaines, c'est que, au moyen de la tranchée longitudinale et du bassin-régulateur continuellement alimentés et rafraîchis par le tribut constant des tranchées transversales, l'eau de nos Fontaines que rien ne peut salir (puisqu'elle est amassée et conservée sous terre), *est toujours de bonne qualité, toujours fraîche et s'épanche toujours en même quantité avec la certitude de la permanence et avec tout le prestige mystérieux et tout le charme particulier qui entourent les Fontaines naturelles.*

Ce degré de perfection n'a été encore atteint par aucun des procédés suivis jusqu'à ce jour.

2ᵉ Conséquence.

MOYENS D'IRRIGATION.

Notre système général de Fontaines peut être employé comme moyen d'irrigation, et porter ainsi la fertilité et l'abondance dans une foule de localités qui manquent de cours d'eau favorablement situés pour arroser les terres.

Cette conséquence découle évidemment des raisonnements qui précèdent, et de l'ensemble du système lui-même. Car, il est bien évident que, quand on a de l'eau à sa disposition, on peut donner à cette eau telle destination que l'on veut.

3ᵉ Conséquense.

EFFETS DES INONDATIONS DIMINUÉS, OU MÊME ANNULÉS.

Notre système de Fontaines diminue et tend à annuler les effets désastreux des inondations.

Car, les eaux pluviales qui sont arrêtées par les écluses, pour former et entretenir des Fontaines, n'arriveront pas dans les lits des torrents et des rivières. Par conséquent, le volume des eaux torrentielles sera diminué, dans le voisinage de nos Fontaines, de toute la quantité des eaux pluviales qui aura été arrêtée par les digues.

D'où il suit que si notre système de Fontaines était appliqué sur un grand nombre de points assez voisins, le volume des eaux torrentielles serait diminué considérablement dans le bassin de la rivière qui les reçoit; et cette diminution dans le volume des eaux torrentielles pourrait même rendre les inondations impossibles.

4e Conséquence.

ACCROSSEMENT D'INDUSTRIE.

Notre système général de Fontaines crée à l'industrie d'innombrables moteurs.

En effet;

D'une part, les Fontaines établies d'après notre système ne puisent pas leur aliment dans les rivières ni dans les canaux, et ne portent conséquemment aucune atteinte à l'industrie existante.

D'autre part, ces Fontaines sont uniquement formées et entretenues par des masses d'eau pluviales qui (si elles n'étaient pas sagement arrêtées par nos écluses), seraient tout au moins perdues pour l'industrie, lorsqu'elles ne formeraient pas des torrents passagers ayant pour effet de grossir pendant quelques heures seulement la rivière voisine, et de causer souvent des désastres déplorables.

Or, notre système de Fontaines arrête ces eaux torrentielles et les dispense peu à peu et en tel volume calculé d'avance, d'un point de partage ordinairement très-élevé au-dessus de la plaine. De sorte que, de ce point élevé de départ jusqu'au niveau de la plaine, on pourra ménager à ces eaux plusieurs chutes qui fourniront à l'industrie des moteurs plus ou moins puissants, mais toujours utiles.

Et comme ces moteurs n'existent pas sans l'emploi de notre système de Fontaines; il est donc vrai de dire que notre système de Fontaines étant appliqué généralement, créerait à l'industrie d'innombrables moteurs.

5e Conséquence.

SOURCE INTARISSABLE DE RICHESSES.

Enfin, notre système général de Fontaines, étant établi soit comme Fontaines d'eau potable, soit comme moyen d'irrigation, soit pour fournir des moteurs à l'industrie, crée dans toute localité qui l'adopte une véritable richesse de plus; richesse intarissable, puisqu'elle tire sa source des eaux pluviales, qui certainement ne manqueront jamais (page 34).

Conclusion.

De tous les détails que nous avons donnés sur le système général de Fontaines naturelles, et sur ses applications et ses conséquences, nous devons tirer une conclusion remarquable, mais simple et facile; car, elle se déduit naturellement de l'idée d'ensemble de tout le système; elle en est le corollaire essentiel et en résume les heureux résultats.

Voici cette conclusion :

Le système général de Fontaines naturelles, dans ses diverses applications, intéresse la santé publique, l'agriculture, l'industrie, le commerce.

1° Notre système de Fontaines intéresse la santé publique.

En effet ;

D'une part, on sait que l'eau commune, l'eau de Fontaines ordinaires, a une multiplicité infinie d'emplois, et qu'après l'air que nous respirons, elle est le fluide le plus nécessaire à la vie. C'est le breuvage que nous tenons de la nature ; la boisson ordinaire de l'homme et la seule qui convienne aux animaux. L'eau sert à modérer ou à composer nos autres boissons ; elle entre dans la plupart de nos aliments ; on en fait le bouillon, on en pétrit le pain, etc. La qualité de l'eau influe donc essentiellement sur la santé. Cela est d'ailleurs connu de tout le monde. Il serait donc surabondant de démontrer plus au long une proposition qui est parfaitement connue et généralement admise.

D'autre part, il reste établi, d'après ce qui a été dit dans la page 430 et suivantes, que nos Fontaines fournissent les meilleures eaux potables.

Donc, il est vrai de dire que notre système de Fontaines intéresse la santé publique.

2° Notre système de Fontaines intéresse l'agriculture.

Car, il peut être employé comme moyen d'irrigations dans tous les pays où il pleut de temps en temps (tous les deux ou trois mois), par précipitations un peu considérables.

Il peut donc rendre arrosables, et par conséquent fertiles, des terrains naturellement perméables, secs et situés en pente, qui n'étant arrosés qu'à des intervalles plus ou moins longs par les eaux pluviales, donnent ordinairement des produits nuls ou trop faibles pour dédommager le propriétaire des frais de culture, d'engrais, d'entretien, etc. Combien de terrains demeurent tout à fait sans culture, qui produiraient d'excellents pâturages, des fourrages abondants et diverses sortes de légumes, s'ils étaient convenablement arrosés.

De là un moyen de multiplier les produits des propriétés rurales, d'enrichir les fermiers, les propriétaires, et de répandre partout le bien-être et l'abondance.

Sully disait souvent à Henri IV *que le labourage et le pâturage étaient les deux mamelles dont la France était alimentée, et les vraies mines et trésors du Pérou.* Aussi, l'agriculture fixa l'attention de Henri IV; et l'on sait que la France devint sous ce roi le grenier de l'Europe, et qu'elle continua à jouir de cet avantage sous Louis XIII et dans les premiers temps du règne de Louis XIV.

Les paroles mémorables de Sully n'ont jamais trouvé une plus exacte application que dans notre système de Fontaines ; car, les moyens d'irrigation que ce système fournit en sont la réalisation parfaite.

3° Notre système de Fontaines intéresse l'industrie.

Car, il peut être employé à fournir d'innombrables moteurs, comme il a été établi dans la 4ᵉ conséquence ci-avant (page 447). Cet accroissement considérable de moteurs doit faciliter l'industrie dans les localités qui manquent de cours d'eau présentant des chutes convenables, en dispensant les industriels d'aller choisir plus loin et souvent à grands frais des moteurs qu'ils ne trouvent pas dans le voisinage de leurs habitations.

Il évitera ainsi des déplacements, des pertes de temps, et une foule d'autres inconvénients.

4° Notre système de Fontaines intéresse le commerce.

Car, il est bien évident que le commerce deviendra plus actif et recevra de l'extension lorsque les produits agricoles et industriels se trouveront multipliés et répandus sur une infinité de points qui sont actuellement privés des heureuses conséquences de notre système.

Il suit de tout cela, comme une conclusion finale,

Que tout ce qu'il y a d'hommes intelligents, bien intentionnés, amis de l'agriculture, de l'industrie, du commerce, doivent répandre et populariser ce système de Fontaines dans ses diverses applications.

Ces hommes concourront ainsi à multiplier la richesse nationale, à assurer la santé publique, le bien-être général et privé, à encourager le travail des champs, qui aura désormais pour récompense des produits sûrs et abondants, véritables sources du bien-être.

Mais, de plus, les propagateurs de ce système accompliront une œuvre infiniment méritoire :

Ce sera d'améliorer les mœurs publiques par l'encouragement au travail; car, le travail est le plus sûr gardien de la vertu.

Question.

Nous terminons cet ouvrage par la réponse à une question qui se présente naturellement, quand il s'agit d'établir des Fontaines publiques pour une commune rurale, ou pour une ville, etc.

Voici cette question :

Quelle est la quantité d'eau nécessaire à une agglomération quelconque d'habitants ?

Réponse.

Après s'être assuré de la bonne qualité de l'eau que l'on veut procurer à une ville, à une commune, à une agglomération quelconque, il importe d'en faire venir une quantité suffisante, proportionnée au nombre des habitants et calculée d'après leurs besoins. Il convient même que cette quantité d'eau soit supérieure aux besoins actuels de la population, parce que cette population peut augmenter.

1° S'il s'agit d'une commune rurale, il faut tenir compte non seulement de la quantité d'eau néces-saire aux personnes, mais aussi de celle qu'exigent les animaux.

Or, la quantité d'eau nécessaire journellement à chaque espèce a été indiquée (page 211), à l'article citerne.

Et le tableau du débit des Fontaines (page 244), indique le volume que doit fournir journellement une Fontaine destinée à alimenter une commune, une agglomération rurale, pour qu'elle puisse satisfaire largement à tous les besoins domestiques.

2° S'il s'agit d'une ville, et si l'on veut donner seulement le nécessaire, c'est-à-dire, la quantité d'eau strictement proportionnée aux besoins de la cité, il faut compter sur environ un pouce d'eau fontainier par mille habitants, en Fontaines perma-nentes ; c'est-à-dire, sur une quantité de 15 à 20 litres journellement par personne.

Nous avons dit (page 224), à l'article citerne, qu'il faut journellement 10 litres d'eau par per-sonne adulte, tant pour le besoin guttural que pour les ablutions; et que c'est là une des considé-rations d'après lesquelles on calcule les dimensions et la capacité des citernes.

Sans doute, 10 litres d'eau par jour et par per-sonne suffisent largement à tous les besoins lorsque l'eau est retenue en réserve et qu'elle ne peut pas se perdre, comme dans une citerne par exemple. Mais en Fontaines jaillissantes et à jet permanent, on doit compter à peu près sur le double; parce que l'eau n'étant pas récoltée incessamment, il s'en perd une bonne partie, par le trop plein du réservoir extérieur.

En France, pour l'établissement des Fontaines jaillissantes et à jet permanent, on compte qu'il faut de 15 à 16 litres par tête et par 24 heures.

En Hollande, où l'on est dans l'usage de laver souvent les planchers, on compte sur 20 litres par tête et par 24 heures.

Quand les sites qui avoisinent une localité sont susceptibles de fournir un volume d'eau considérable, on doit mettre à profit cet avantage naturel, et se ménager une abondance d'eau au delà du nécessaire, sans regarder à la dépense; car, l'économie la plus louable et la mieux étendue, quand il s'agit du bien public, c'est de se procurer l'abondance en ce genre, au plus haut degré de perfection.

On peut, à ce propos, citer quelques villes où les eaux jaillissantes sont répandues avec profusion.

A Liverpool, les Fontaines publiques fournissent un volume de 28 litres par individu et par 24 heures.

A Montpellier, le volume des eaux fournies par les Fontaines qui y sont amenées au moyen d'un aqueduc de 14800 mètres de long, est de 38 litres par tête et toujours par 24 heures.

A Manchester, 44 litres par tête.

A Edimbourg, 62 litres.

A Toulouse, 80 litres.

A Glascow, 100 litres.

A Carcassonne, la dérivation d'une portion de la rivière de l'Aude produit dans cette ville des Fontaines jaillissantes qui y sont amenées par un aqueduc de 8000 mètres de longueur, et qui donnent 180 litres par tête et par 24 heures.

Ce sont là des exemples de rare profusion dans la distribution et dans la fourniture des eaux potables.

Il est vrai de dire que les villes citées ci-dessus sont privilégiées par la nature. Elles doivent à leur position heureuse le précieux avantage de jouir d'une abondance extraordinaire d'eau potable.

Toutes les localités qui se trouvent dans les conditions des villes ci-dessus nommées sont largement pourvues par la nature et n'ont pas besoin de notre système de Fontaines.

Mais il existe une foule de localités beaucoup moins favorisées, qui possèdent seulement quelques Fontaines dont le produit donne à peine un ou deux litres par tête et par vingt-quatre heures. Dans ces localités on se garde bien de laisser couler les Fontaines continuellement. L'eau ne s'échappe que par des robinets à clapets qui se ferment d'eux-mêmes. Ces robinets arrêtent les eaux dans leur fuite, et les forcent à s'amasser dans des réservoirs intérieurs. On n'ouvre un robinet que lorsqu'on veut recueillir de l'eau pour les besoins des ménages.

D'autres localités totalement déshéritées de Fontaines n'ont pas d'autre eau que celles de quelques ruisseaux éloignés, ou celle de pauvres puits ou de mauvaises citernes qui se trouvent souvent à sec. Celles-là sont les plus malheureuses ; car, elles manquent du fluide le plus nécesaire à la vie, après l'air que nous respirons. C'est là principalement qu'on doit s'ingénier à se procurer de la bonne eau en quantité suffisante.

Dans ces localités qui manquent d'eau et de moyens faciles d'en obtenir, l'application de notre système général de Fontaines naturelles, produira un bien immense.

A un bon nombre d'entre elles notre système amènera une grande abondance d'eau potable ;

A d'autres il fournira de l'eau au delà du nécessaire ;

Et au restant il donnera au moins l'indispensable.

C'est pour ces localités en souffrance que nous avons travaillé. Car, nous le répétons, en terminant :

Le principal but de notre ouvrage, c'est de

donner de la bonne eau potable aux villes, aux
communes rurales, aux localités quelconques dont
la soif cherche inutilement des Fontaines.

FIN.

TABLE ANALYTIQUE DES MATIÈRES.

LIVRE PREMIER.

NOTIONS PRÉLIMINAIRES.

CHAPITRE PREMIER.

DE LA VAPEUR D'EAU.

§ 1er. *Formation de la vapeur.*

§ 2. *Mesure de l'évaporation.*

§ 3. *Mesure de la chaleur latente.*

§ 3. *Constitution de la surface du globe.*

CHAPITRE III.

DE L'ATMOSPHÈRE.

§ 1er. *Constitution de l'atmosphère.*

§ 2. *Limite de l'atmosphère.*

§ 3. *Pression atmosphérique.*

§ 4. *Des vents.*

CHAPITRE IV.

HYGROMÉTRIE ET MÉTÉOROLOGIE.

§ 1er. *Degrés d'humidité de l'air.*

CHAPITRE V.

ÉQUILIBRE ET MOUVEMENT DE L'EAU.

§ 1er. *Équilibre de l'eau. (Hydrostatique).*

§ 2. *Mouvement de l'eau (Hydrodynamique).*

§ 3. *Phénomènes capillaires.*

§ 4. *Des Conduites.*

LIVRE DEUXIÈME.

QUALITÉS DES EAUX.

CHAPITRE VI.

DÉFINITIONS.

Affluent, Bassin, Citerne, Eaux artificielles ou machinales,
Eaux courantes, Eaux folles, Eaux jaillissantes, Eaux naturel-

CHAPITRE XVI.

EAU D'ÉTANG.

CHAPITRE XVII.

EAU DE MARAIS.

CHAPITRE XVIII.

CLASSIFICATION DES EAUX.

LIVRE TROISIÈME.

DES FONTAINES.

CHAPITRE XIX.

SOURCE. — FONTAINE. — FONTAINIER.

CHAPITRE XX.

DIVERSES SORTES DE FONTAINES.

CHAPITRE XXI.

VOLUME DES FONTAINES. — POUCE FONTAINIER.

CHAPITRE XXX.

AUTRES OPINIONS.

CHAPITRE XXXI.

CONSIDÉRATIONS GÉNÉRALES SUR LES DIVERS SYSTÈMES.

CHAPITRE XXXII.

SYSTÈME ACTUEL SUR L'ORIGINE DES FONTAINES.

CHAPITRE XXXIII.

OBJECTIONS CONTRE LE SYSTÈME ACTUEL SUR L'ORIGINE DES FONTAINES.

LIVRE CINQUIÈME.

CRÉATION DE FONTAINES NATURELLES.

CHAPITRE XXXIV.

SYSTÈME GÉNÉRAL DE FONTAINES NATURELLES.

CHAPITRE XXXV.

APPLICATIONS.

CHAPITRE XXXVI.

THÉORÈMES SUR LE SYSTÈME GÉNÉRAL DE FONTAINES NATURELLES.

CHAPITRE XXXVII.

DESCRIPTIONS DES TRAVAUX.

CHAPITRE XXXVIII.

OBJECTIONS CONTRE LE SYSTÈME GÉNÉRAL DE FONTAINES NATURELLES.

CHAPITRE XXXIX.

CONSÉQUENCES ET CONCLUSION.

FIN DE LA TABLE ANALYTIQUE DES MATIÈRES.

VALENCE, IMPRIMERIE DE CHALÉAT, RUE ST-FÉLIX, 17.

ERRATA.

Page 93, ligne 6 ; chapitres, *lisez :* paragraphes.
Page 97, ligne 16, Nord-Ouest, *lisez :* Sud-Ouest.
Page 168, ligne 21, creuses, *lisez :* crues.
Page 293, ligne 10, physiciens de, *lisez :* physiciens déjà connus de.
Page 294, ligne 7, aussi, *lisez :* ainsi.
Page 320, ligne 20, sentil, *lisez :* sextil.
Page 374, ligne 14, 2°, *lisez :* 3°.
Page 381, ligne 10, sources minimes, *lisez :* sommes minimes.
Page 382, ligne 8, choisissez donc, *lisez :* choisissez dans.
Page 404, ligne 4, savons, *lisez :* devons.
Page 413, lignes 1 et 28, quatre, *lisez :* trois.
Page 413, lignes 3 et 30, cinquième, *lisez :* quatrième.
Page 425, ligne 25, goût, *lisez :* goût particulier.

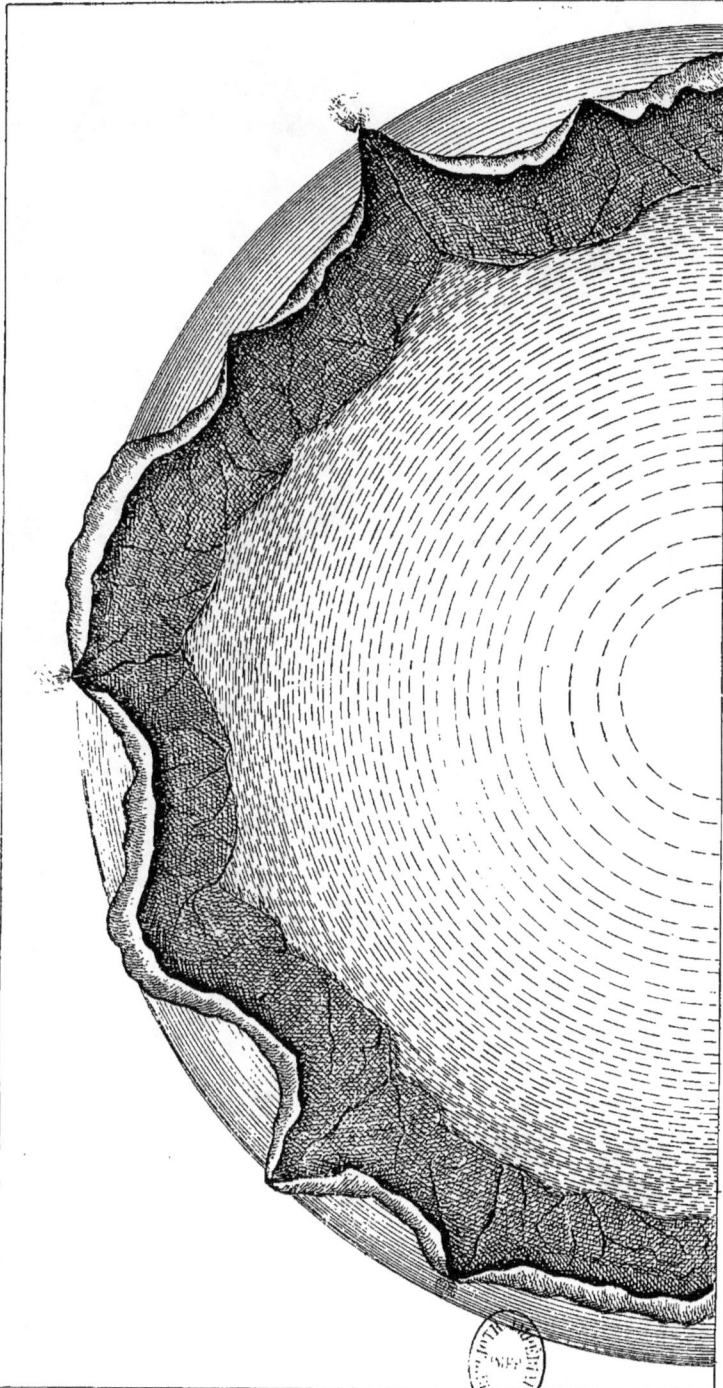

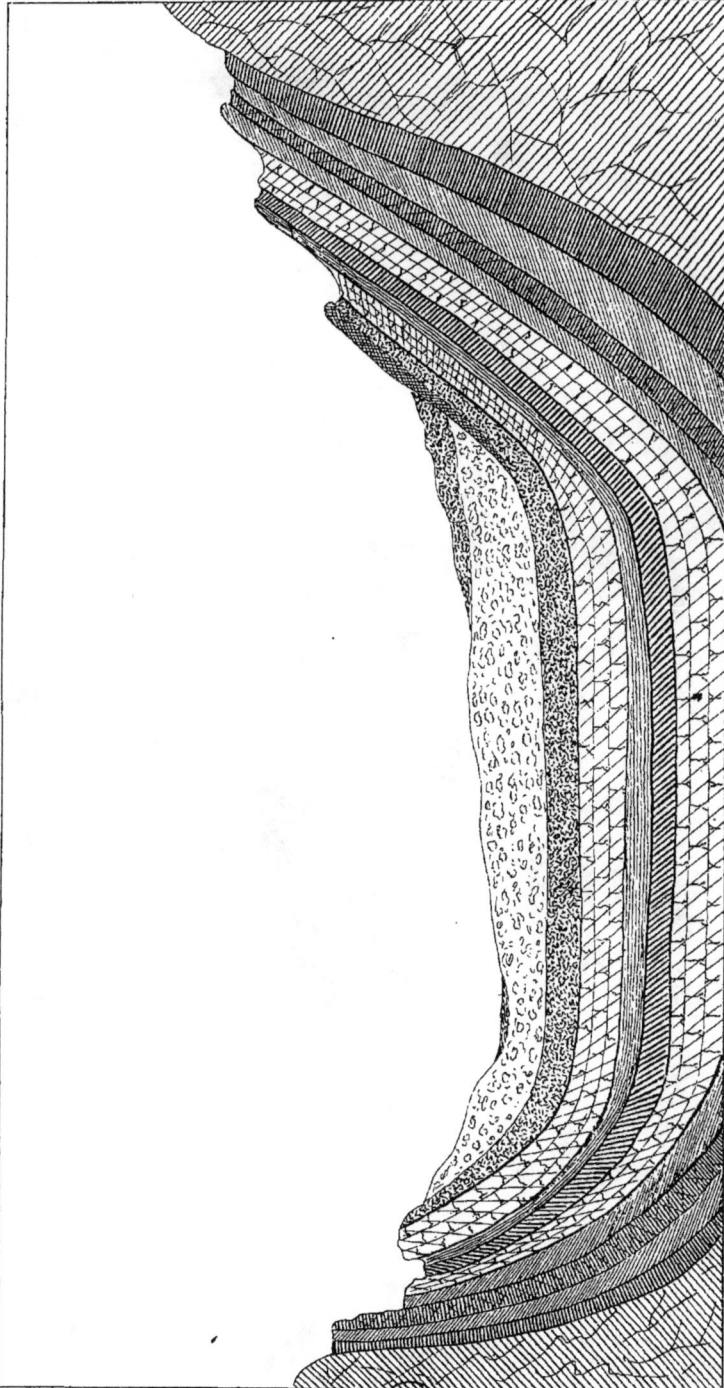

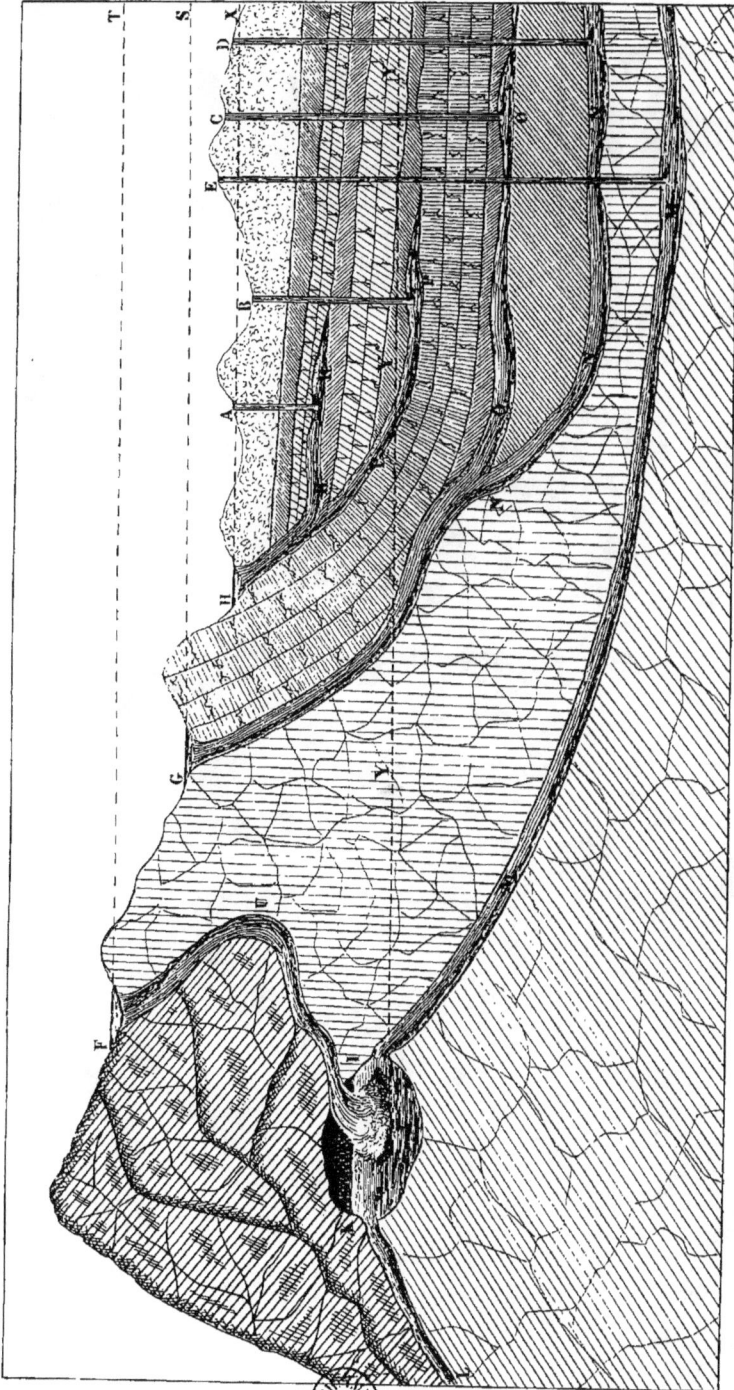

Planche III

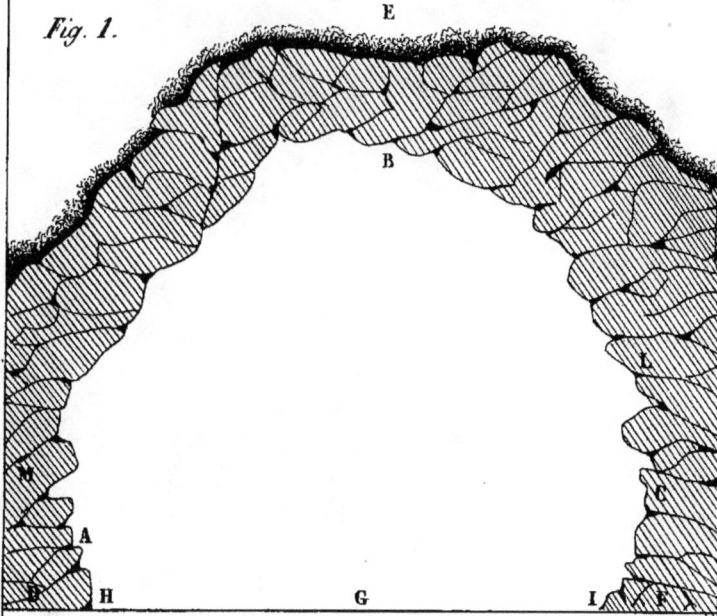

Fig. 1.

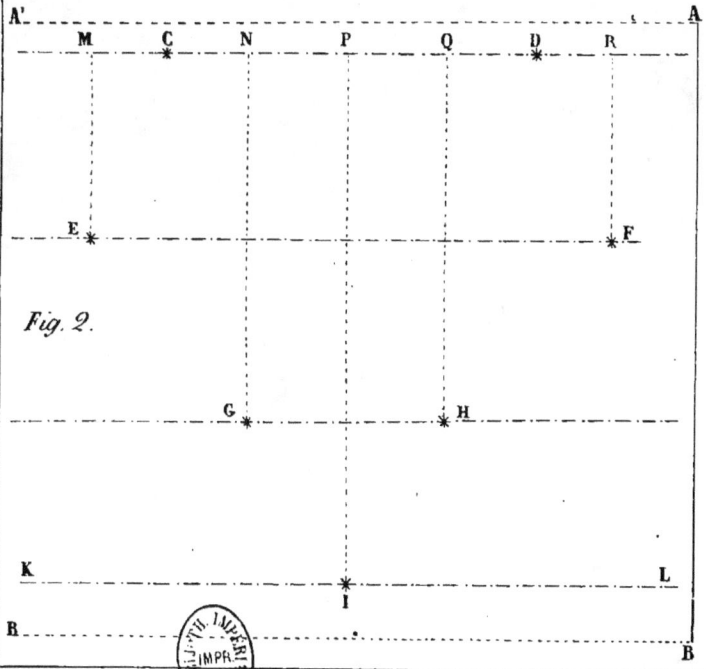

Fig. 2.

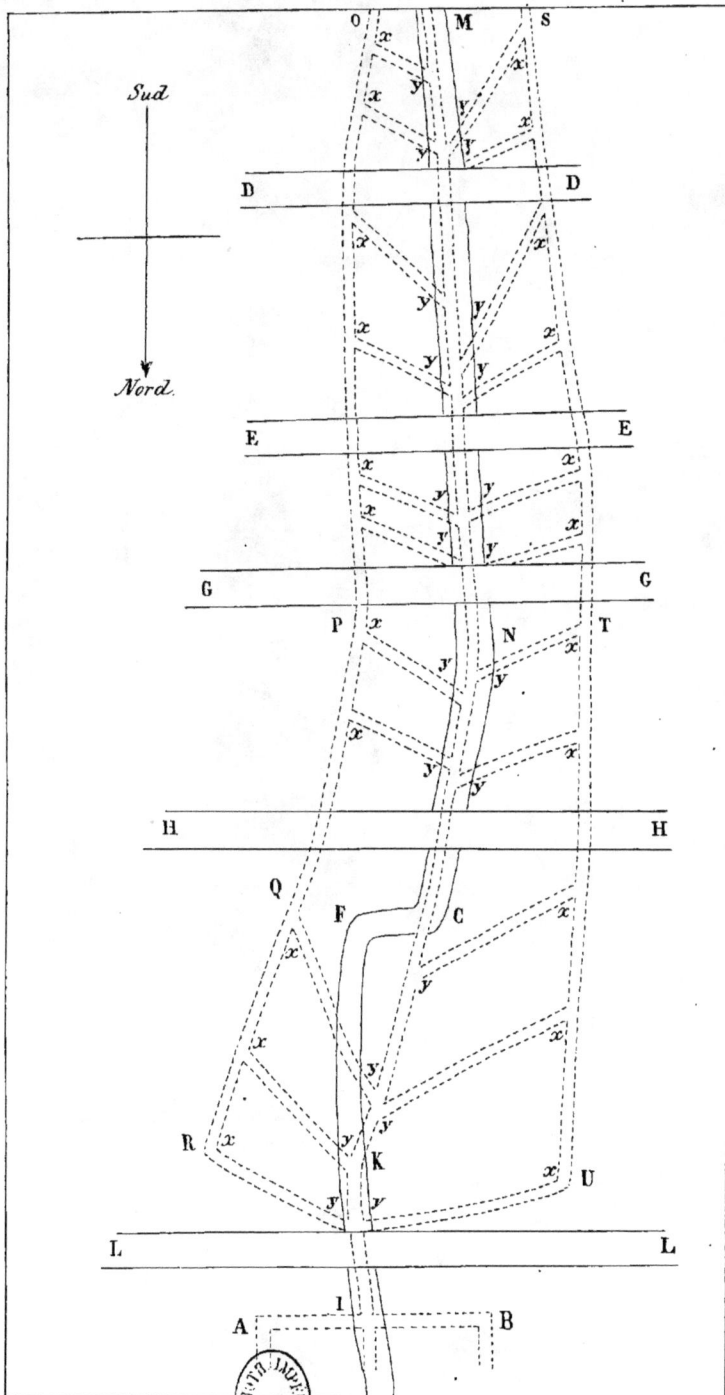

Planche V.

Sud

Nord.

Lith. J. Parnin, à Tournon.

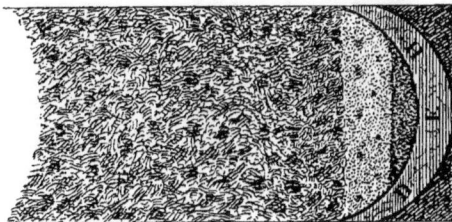

Fig. 4.

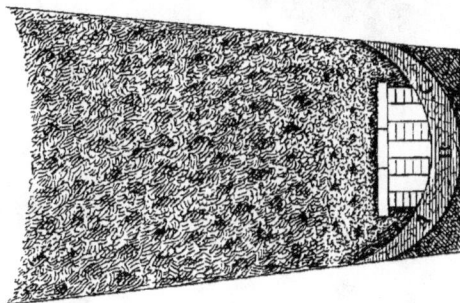

Fig. 3.

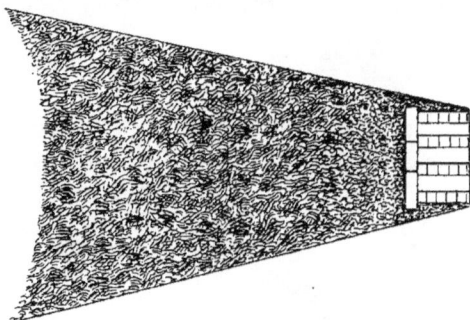

Fig. 2.

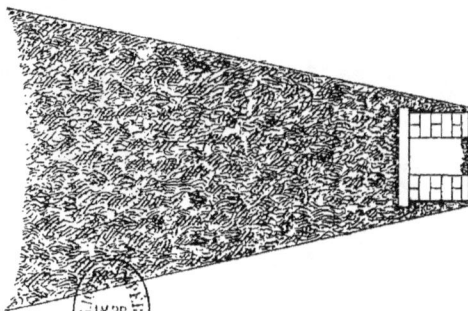

Fig. 1.

Lith. J.Parnin, à Tournon

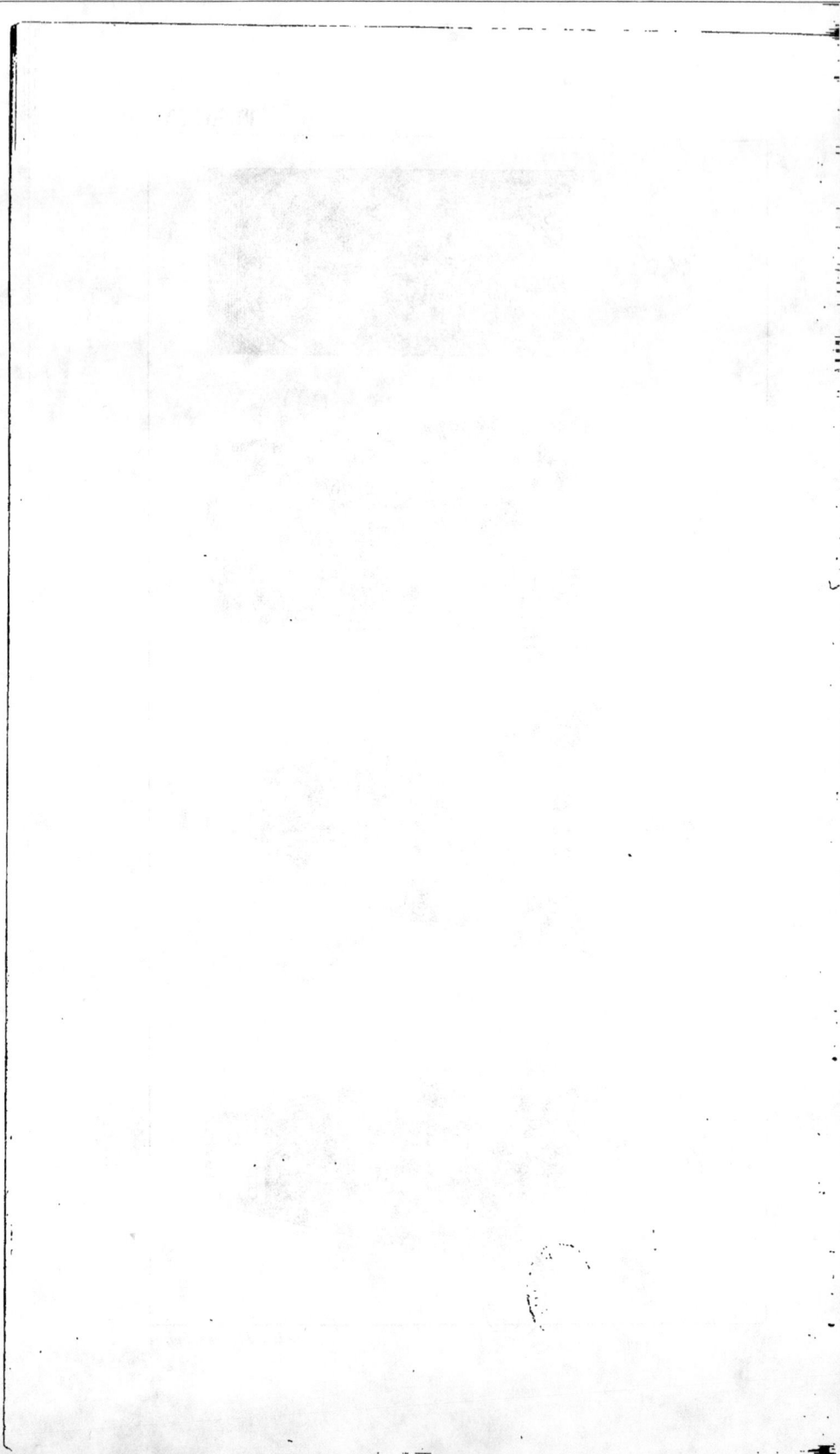

S   M   C   E   R

Fig. 1.

A   B

L   D   H

K   E. ———— O.   F

Nord.

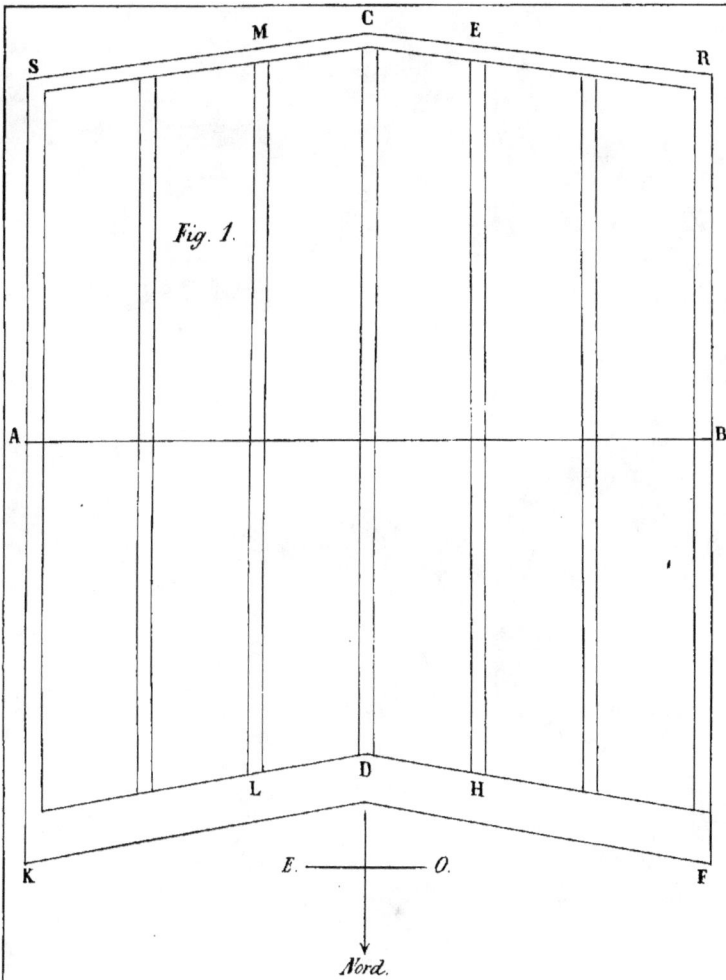

Coupe verticale suivant A B, *ou profil des voûtes.*

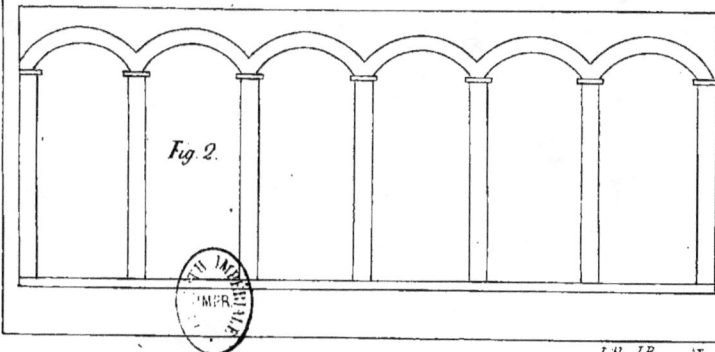

Fig. 2.

Planche VIII.

1re Coupe verticale du Bassin Régulateur suivant **C D**, ou vue d'un mur intérieur de ce bassin.

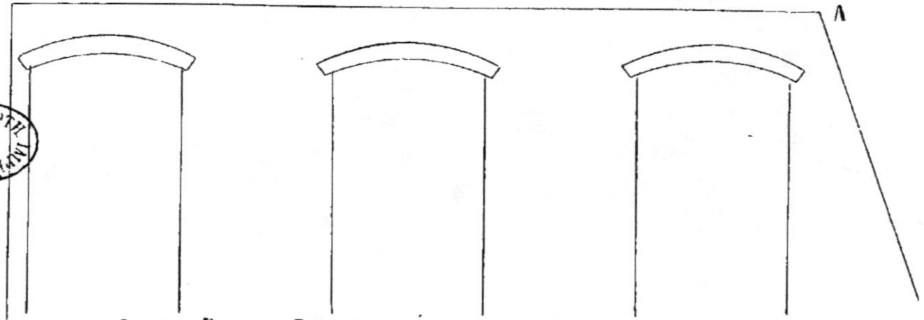

2me Coupe verticale du Bassin Régulateur, suivant **M L**, ou vue d'un mur intérieur qui fait face au mur **C D**.

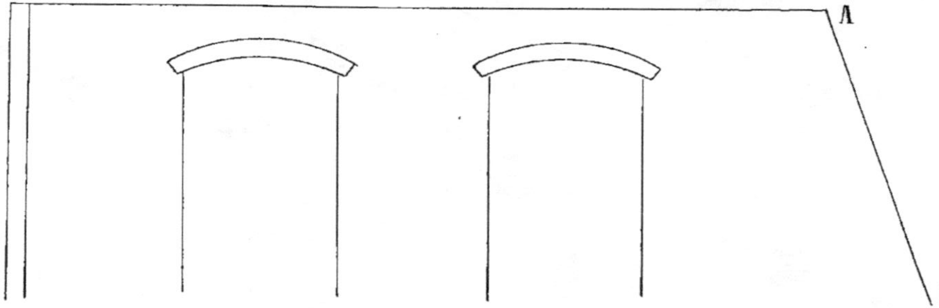

Lith. I. Parisin, a Tournon.

Planche IX

Sud

E. —————————— O

Nord

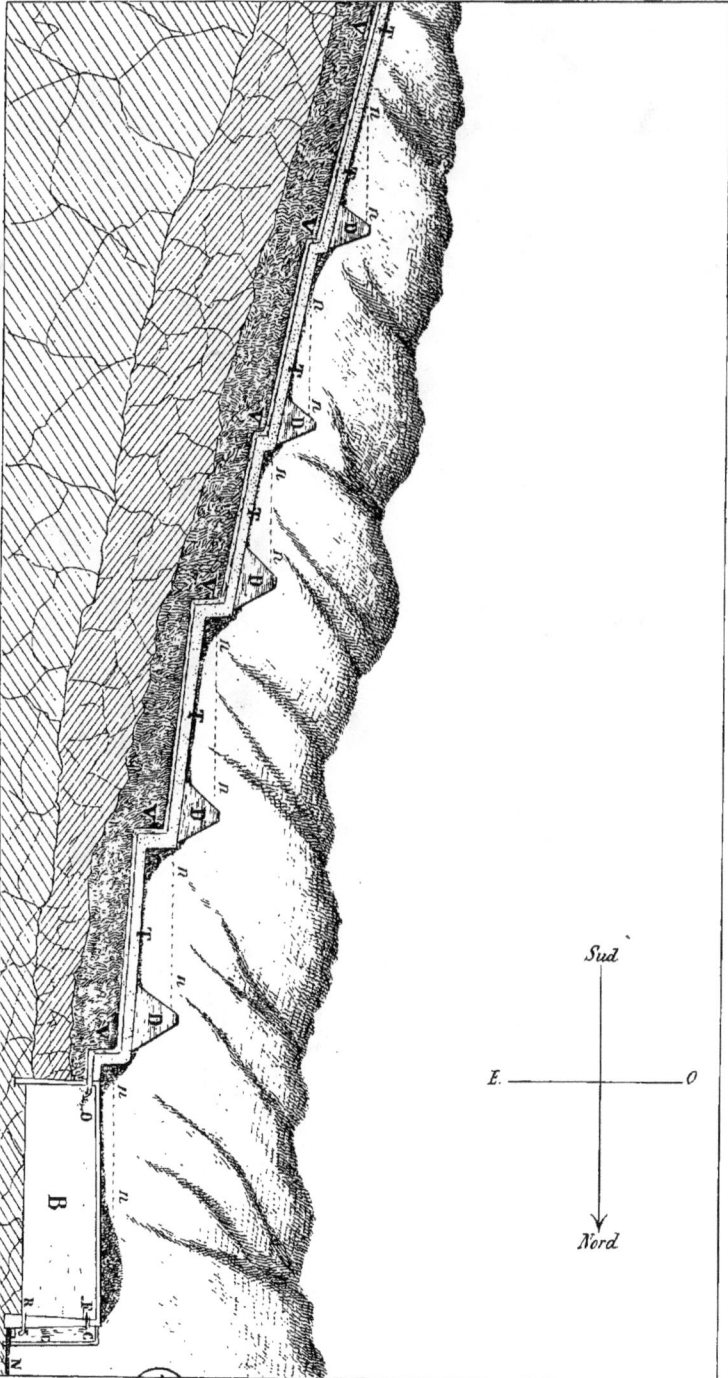

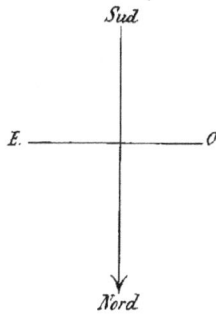

Lith. J.Parnin à Tournon

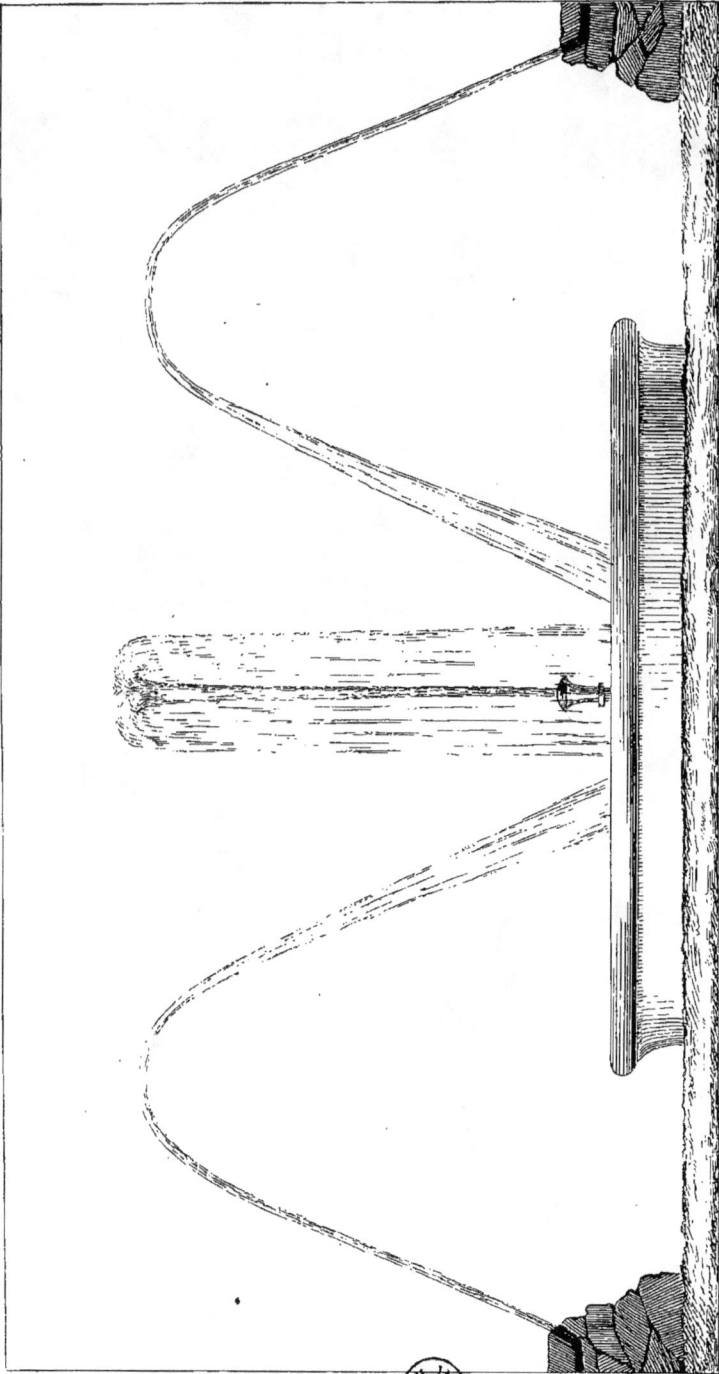

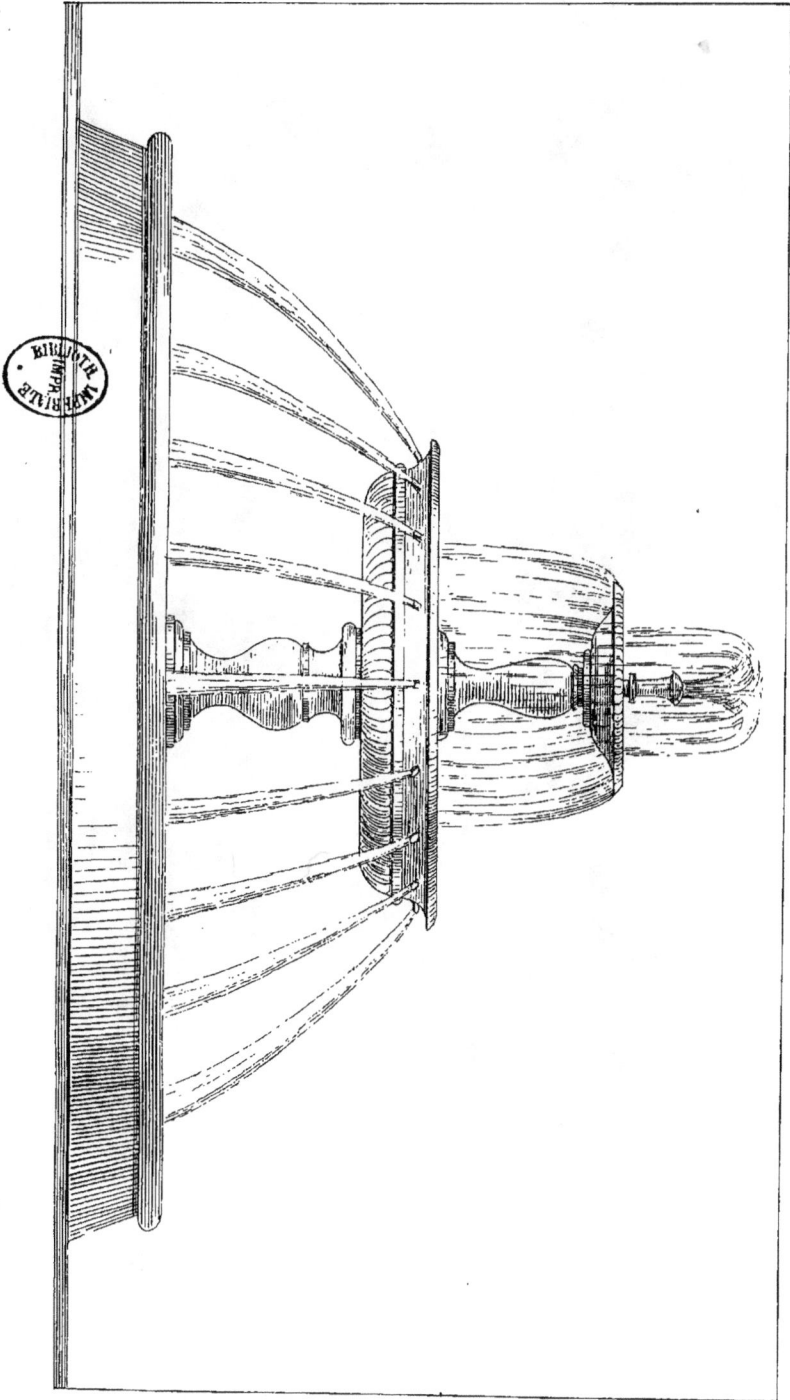

www.ingramcontent.com/pod-product-compliance
Lightning Source LLC
Chambersburg PA
CBHW052058230326
41599CB00054B/3051